普通高等教育艺术设计类专业『十二五』规划教材

服装CAD应用

主　编／王威仪
副主编／赵倩　彭璐　暴巍　王式竹

D application

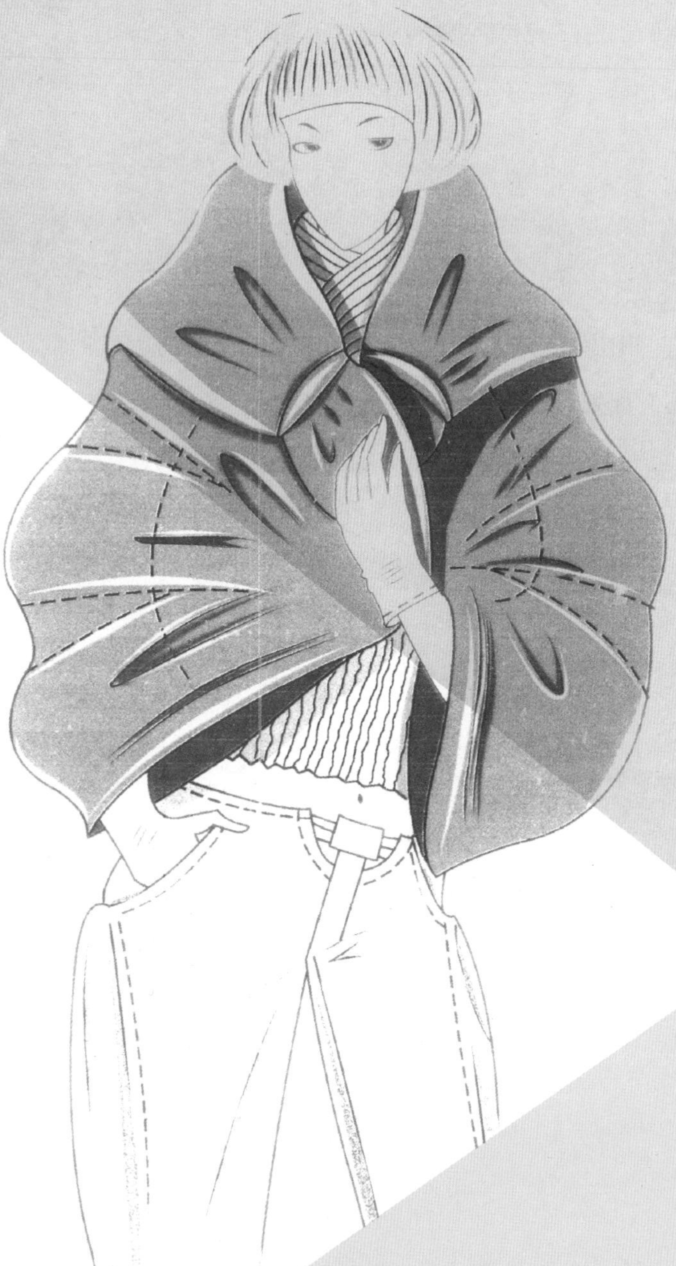

中国水利水电出版社
www.waterpub.com.cn

内容提要

本教材以最新的第四代个性化服装CAD系统——日升NacPro服装CAD系统和富怡服装CAD系统V8版本为基础，系统地介绍了服装CAD技术在服装设计与生产领域中的应用，主要讲授了如何利用计算机辅助设计软件进行服装结构设计、制作工业纸样、服装推板和排料。通过本教材读者可以全面了解服装CAD在服装各生产环节中起的作用和地位，掌握日升、富怡服装CAD软件的使用方法和操作技巧。

本教材配有下载包，包括丰富的软件功能讲解、演示的视频资料，与教材内容相呼应，为教学和学生自学提供了有效的途径，下载地址：http://www.waterpub.com.cn/softdown。

本教材可作为高等院校本科及专科服装类专业的教材，也可供服装专业技术人员阅读和参考。

图书在版编目（CIP）数据

服装CAD应用 / 王威仪主编. -- 北京 : 中国水利水电出版社, 2012.5
普通高等教育艺术设计类专业“十二五”规划教材
ISBN 978-7-5084-9787-7

Ⅰ. ①服… Ⅱ. ①王… Ⅲ. ①服装－计算机辅助设计－高等学校－教材 Ⅳ. ①TS941.26

中国版本图书馆CIP数据核字(2012)第102613号

书　　名	普通高等教育艺术设计类专业“十二五”规划教材 **服装CAD应用**
作　　者	主编　王威仪　副主编　赵倩　彭璐　暴巍　王式竹
出版发行	中国水利水电出版社 （北京市海淀区玉渊潭南路1号D座　100038） 网址：www.waterpub.com.cn E-mail：sales@waterpub.com.cn 电话：（010）68367658（发行部）
经　　售	北京科水图书销售中心（零售） 电话：（010）88383994、63202643、68545874 全国各地新华书店和相关出版物销售网点
排　　版	北京时代澄宇科技有限公司
印　　刷	北京嘉恒彩色印刷有限责任公司
规　　格	210mm×285mm　16开本　9.5印张　225千字
版　　次	2012年5月第1版　2012年5月第1次印刷
印　　数	0001—3000册
定　　价	38.00元

前　言

本教材以日升 NacPro 服装 CAD 系统和富怡服装 CAD 系统 V8 版本为基础，采用由易到难的方式叙述。整个内容划分为：理论篇、基础篇、实践篇。每个部分两个软件采用了平行讲述的方式进行，旨在使读者不仅能掌握两个软件的使用方法，更重要的是能够总结出服装 CAD 软件的基本操作规律，做到举一反三，融会贯通。

第 1 部分“理论篇”介绍了服装 CAD 的基础知识，帮助读者了解服装 CAD 的发展状况及国内外的最新技术。

第 2 部分“基础篇”介绍了 NacPro 服装 CAD 系统和富怡服装 CAD 系统的工具和菜单，并给出了每个工具的简单介绍，以图的形式显示出来，便于初学者浏览查阅。还介绍了两个软件的基本操作流程，提纲挈领地概述了每个模块的主要操作步骤。

第 3 部分“实践篇”以实例为基础，详细地讲解了所有的制作步骤，详细真实地制作信息可以帮助你再现每个实例。在编排此书时，采用了配图与讲述的内容紧密配合的版式，每个步骤最后放置的图片与实例相应的步骤一一对应。

对于两个软件的学习，读者要学会看状态栏的操作提示，在一些情况下，我们还会介绍一些操作说明中没有讲解的功能和实际应用，以“技巧”的形式放在最有用的地方。每个“技巧”都是独立的信息，因此读者只需快速浏览全书中的“技巧”提示即可快速学到很多有用的知识。

因作者水平有限，加之时间仓促，书中难免有错漏之处，还望广大读者批评指正。

编　者

2012 年 3 月

目录

前言

第1部分　理论篇/1

第2部分　基础篇/17

第3部分　实践篇/55

Unit 1

第1部分 理论篇

课题1 服装与计算机技术

1.1 什么是服装 CAD/CAM

服装 CAD——Computer Aided Design 计算机辅助服装设计，主要应用于设计阶段，辅助产品的创作过程。

服装 CAM——Computer Aided Manufacture 计算机辅助制造，主要应用于生产过程，用于控制生产设备或生产系统。

服装 CAD，即计算机辅助服装设计技术，是利用计算机的软、硬件技术对服装新产品、服装工艺过程，按照服装设计的基本要求，进行输入、设计及输出等的一项专门技术，是一项综合性的，集计算机图形学、数据库、网络通信等计算机及其他领域知识于一体的高新技术。它被人们称为艺术和计算机科学交叉的边缘学科，是以尖端科学为基础的不同于以往任何一门艺术的全新的艺术流派。服装 CAD 技术融合了设计师的思想、技术经验，通过计算机强大的计算功能，使服装设计更加科学化、高效化，为服装设计师提供了一种现代化的工具，它是未来服装设计的重要手段。

服装 CAM，用于控制生产设备或生产系统，自动裁床、自动针织机、自动梭织机都属于 CAM 系统。每种设备在运行时都需要利用计算机控制活动部件的运动，并通过计算机将操作人员的指令传输给机器。

需要注意的是，一个优秀的服装 CAD 系统，可以大大地提高生产效率，合理地使用 CAD 系统，可以为用户提供更加灵活、便捷的服务。但计算机技术只是对设计和生产过程起辅助作用，并不能代替人实现自主操作，因此，只有结合人和计算机两方面的优势，才能最大限度地发挥服装 CAD 的作用。

1.2 服装 CAD/CAM 发展简史

1.2.1 CAD/CAM 系统在其他行业的应用

作为一种多学科综合应用产生的设计方法，CAD 技术经历了 50 余年的发展，已广泛应用于机械、电子、服装、建筑、航空航天、汽车、化工、冶金、环境工程等领域。

自 20 世纪 40 年代第一台计算机问世以来，计算机科学技术飞速发展，60 年代末，美国麻省理工学院 (MIT) 的 Evansouthland 教授发明了计算机图形处理技术，从而使计算机不仅能进行科学计算和处理文字信息，而且有了处理和显示图形的能力，为 CAD 技术的发展开辟了道路。在航空、汽车、电子等技术密集型行业中，CAD 系统首先研制成功，并在以下行业领域被推广应用。

● 建筑业——利用 CAD 可以绘制建筑、结构、设备、电气、道桥等土木建筑专业的施工图及三维模型。

● 航天工业——三维技术模拟飞机飞行，监控飞机和火箭上的气流。

● 电子制造业——电子工程师依靠此技术制造微型集成电路片，印刷线路板，板上布置电子元件。

● 机械制造业——CAD 技术作为机械工程设计中最具活力的技术手段，主要应用于计算机二维绘图、三维实体造型及性能分析、结构优化。

● 电影电视业——2D、3D 模拟技术，制作电影特效甚至数字电影。

1.2.2 CAD/CAM 系统在服装行业的应用

CAD 技术在服装行业的应用可以分为以下四个阶段：

第一阶段——开始阶段；

第二阶段——功能完善阶段；

第三阶段——智能 CAD 阶段；

第四阶段——个性化 CAD 阶段。

CAD 技术在服装行业的应用始于 20 世纪 70 年代初。1972 年美国研制出首套 MARCON 服装 CAD 系统，在此基础上美国格柏（Gerber）公司开发出具有放码和排料两大功能的服装 CAD 系统，并将其推向市场，取得了良好的效果。当时的服装 CAD 对缓解工业化大批量生产过程中的瓶颈环节即推档和排料起了重要的作用。不仅生产效率得以显著提高，生产条件和环境也得到很大的改善。在世界各国拥有数千用户的美国格柏公司占据了服装 CAD 技术的首领地位并形成了新的技术产业。之后，一些技术发达国家如法国、日本、英国、西班牙、瑞士等也纷纷向这一技术领域进军，推出了类似的系统，在世界范围内进行激烈的竞争。由于当时个人计算机还没有出现，这些系统是基于单片机设计的，因此庞大而且昂贵，安装 CAD/CAM 系统的几乎全是大型服装生产企业。

随着计算机技术的高速发展，尤其在图形、图像处理上巨大潜力的发挥，计算机在艺术领域的应用取得长足进展。计算机极强的计算能力和辅助艺术创作的潜力，在服装设计领域中可以得到充分的发挥和施展。进入 20 世纪 80 年代，服装 CAD 系统从服装工艺设计环节，开始向服装款式设计和服装结构设计方向扩展，同时，国际上开发了计算机辅助制造系统和柔性缝制系统（即 CAM 和 FMS 系统）。

20 世纪 90 年代初以美国格柏公司为首又推出了打板系统，利用计算机进行样片设计逐渐被服装设计师们所接受。由服装款式设计、衣片结构设计和放码、排料等分系统组成的服装 CAD 系统，覆盖了服装设计的全部过程，从而完善了服装 CAD 和 CAM 系统。它使设计师的灵感和经验与科学的算法和信息处理紧密结合，大大缩短了设计周期，提高了服装企业的生产效率。

随着新一代计算机技术和人工智能技术的发展，知识工程、专家系统已逐渐渗透到服装 CAD 系统中，服装 CAD/CAM 向着智能化方向发展。服装 CAD 系统的人工智能化就是将各种服装设计人员多年积累的成熟经验及统计数据进行归类总结，编成软件存入计算机，从而使CAD系统拥有类似于专家解决实际问题的推理机制。服装款式模块中智能化主要体现在三维试衣和二维三维的转换。工艺模块的智能化主要体现在软件根据样板师打板习惯及经验公式，用户只需根据其需求输入相关数据，系统便会自动生成满足客户要求的样板，以及样板的自动校正，模拟拼接裁片，自动生成粘合衬、衬料等小样板。排料模块的智能化体现在排料过程中自动调节裁片位置，自动生成小裁片，填充排料空隙，并自动生成辅衬块等。国外部分CAD企业已经在软件中融入了智能化技术，如美国格伯通过软件接口使AccuMark样板设计软件与V—Stitcher 3DfJE服装设计及立体视像软件结合使用，实现实时的展示与修改；加拿大的PAD—LILANAS、德国艾斯特（Assyst Bullmer）也实现了三维试衣和二维、三维转换技术。

目前，服装CAD的发展在智能化的基础上又增加了个性化的设置。国内服装CAD品牌日升公司的NacPro服装CAD系统、深圳市盈瑞恒科技有限公司的富怡服装CAD系统V8.0版本可以设置个性化工具条，样板设计师不仅可以根据自己公司服装风格选定合适的工具条，包括男装工具条、女装工具条、童装工具条等，还可以根据个人的风格自定义设计个性化的工具条。新版服装CAD系统界面风格也有了多种选择，如洁净纸张风格、蓝色经典风格、冷静风格、柔和护眼风格等，系统提供多种服装款式板型素材库，样板设计师的经典板型也可随意添加进素材库，即调即用，方便快捷，更具人性化特点。

1.3 服装CAD/CAM系统的软件和硬件配置

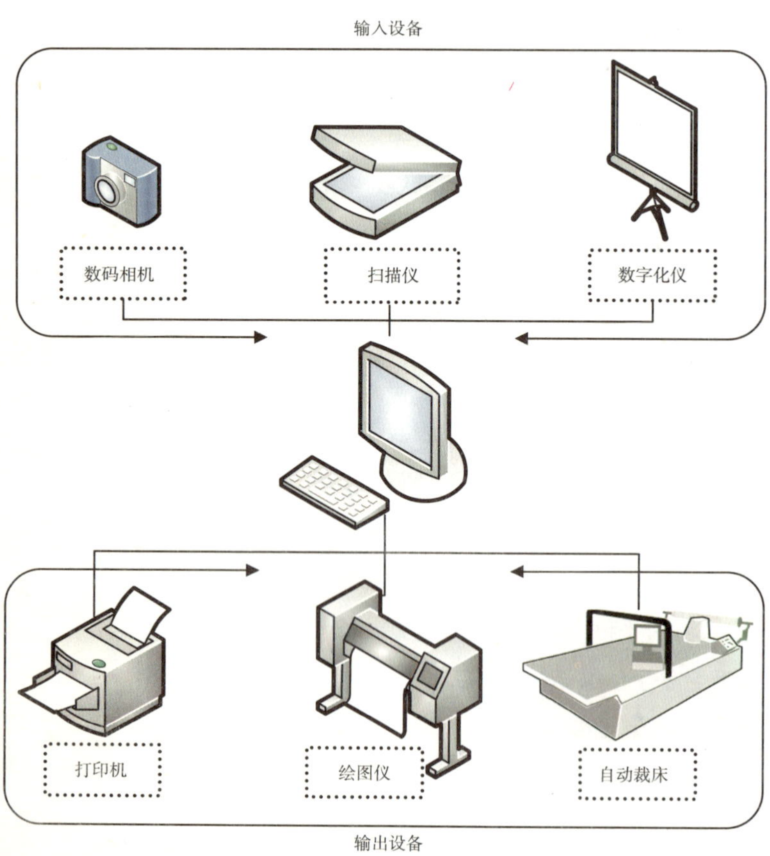

图1.3.1 服装CAD系统配置模式

服装CAD系统是以计算机为中心，由硬件和软件两大部分组成。计算机是核心，也是软件运行的基础；软件是为服装设计应用而专门编制的程序。软件是整个服装CAD系统的灵魂，在软件的控制下，计算机的外部设备才能够按照设计师的想法和意图完成设计、打板、推板、排料、打印、绘图等各项工作。

1.3.1 服装CAD/CAM系统的硬件配置

服装CAD系统的硬件部分主要由计算机、输入设备（包括数字化仪、扫描仪、数码相机、手写板）、输出设备（包括绘图仪、打印机、自动裁床）组成。图1.3.1为服装CAD系统配置模式，表1.3.1列出了服装CAD系统的主要硬件设备。

表 1.3.1　　服装 CAD 系统所用硬件设备

设备		说明	
计算机		兼容、品牌工业用、家用计算机都可以。工作在 Windows XP/2000/7 操作系统下。推荐使用 17 寸及以上屏幕平板显示器以保证图样效果	必须置备的设备
数码相机		用于将客户的照片、面料快速输入到计算机中，用来换衣、换面料。推荐使用 200 万以上像素的数码相机	可以使用在计算机试衣、款式设计系统中
扫描仪		一般的输入设备。将照片、图片、面料等输入到计算机中。扫描仪的价格决定扫描的速度，如果您对颜色要求较高，请选择专业扫描仪	可以使用在计算机试衣、款式设计系统中
彩色打印机		输出设备，打印效果图、照片、文字等。如果您想打印照片效果的图片，您必须选用至少 1440dpi 分辨率的打印机	可以使用在计算机试衣、款式设计、放码、排料、样板设计系统中
手写板		专业设计人员使用。替代鼠标，模拟手在纸上灵活绘图的效果，只不过屏幕变成了纸，一只压力笔模拟各种不同的绘图笔，帮助设计人员绘画。推荐使用 A4 幅面 WACOM 系列压感笔	款式设计系统中使用
摄像输入	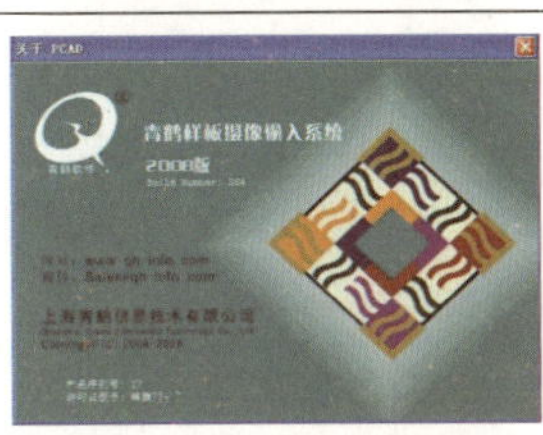	输入设备，输入速度更快。数码相机输入，软件自动识别衣片，在计算机屏幕上一点即可完成衣片的读入。比传统数字化仪逐点读片速度提高 5 倍，所见即所得，误差不到 1 毫米，准确无误	摄像输入系统使用
宽幅面绘图机（160～250 厘米绘图宽度）	笔式系列 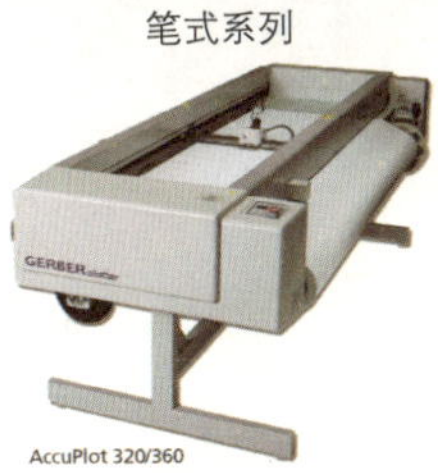	（160、190、240 厘米宽幅面）具有耗材便宜、速度快、维护和操作简单的特点。绘图宽度为 160～240 厘米，长度无限。依靠软件提供的分割绘图方式，进行多次拼接即可绘制出无限长度的排料图，由于其低廉的价格。受到企业的偏爱	可以使用在放码、排料、样板设计、摄像输入系统
	喷墨系列 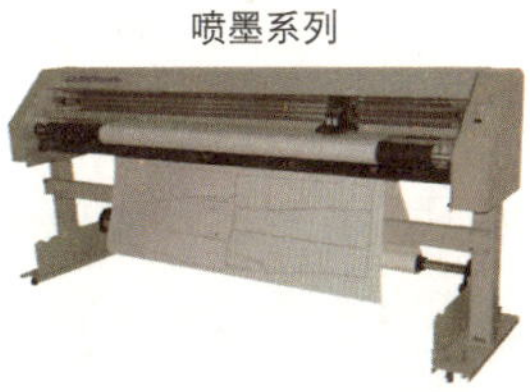	大幅面喷墨式绘图机（1.6 米），可以无接缝，一气呵成地绘制出 1.5 米宽，15 米长的排料图。同样有稳定可靠，高精度，高速度和便于操作和维护的特点。但与笔式绘图机相比价格较高	可以使用在放码、排料、样板设计、摄像输入系统
平板切割机		切割系统，将衣片切割下来，厚度可以达 3 毫米，材质可以是纸板、塑料、PVC 等	可以使用在放码、排料、样板设计、摄像输入系统

续表

设备		说明	
数字化仪		输入设备。通过大幅面数字化仪（A0）可以按 1 ： 1 的比例输入样板。幅面有 A00、A1、A2、A3、A4 等	可以在样板设计、放码系统使用
自动裁床	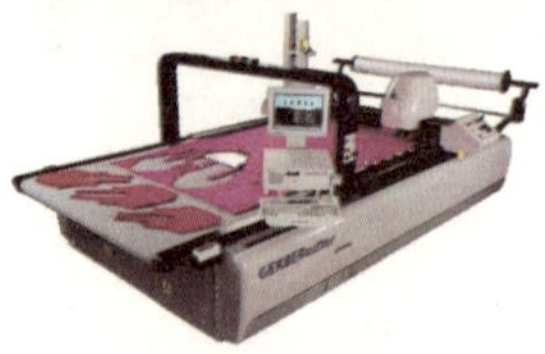	CAM 系统	用于裁剪面辅料

1.3.2 服装 CAD/CAM 系统的主要软件

服装 CAD/CAM 系统的主要软件可以分成通用服装 CAD 软件和专业服装 CAD 软件。图 1.3.2 为服装 CAD 软件构成。

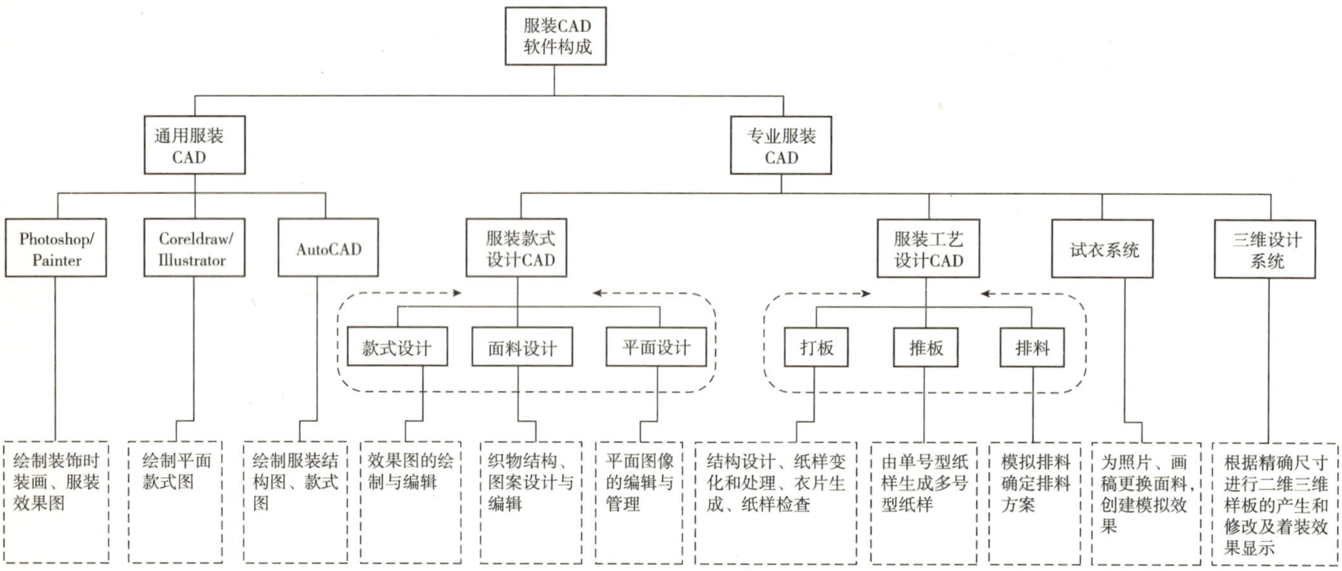

图 1.3.2 服装 CAD 软件构成

1.3.2.1 通用服装 CAD 软件

通用服装 CAD 软件是针对专业服装 CAD 软件而言的。是指使用通用设计制图软件完成服装设计及制图。

1. 使用通用服装 CAD 软件的意义

- 使用人数众多：Photoshop、Painter、CorelDraw、Illustrator、AutoCAD 都是在世界范围内使用最广泛的平面设计软件，目前从事艺术设计工作的人员大都能够掌握这些软件。
- 应用领域广泛：能够应用于广告、包装、装潢、室内、服装等各个艺术设计领域。
- 经济实用，容易获得：由于使用人数众多，所以软件的获取方便，而且经济实惠。

2. 通用服装 CAD 软件的工作任务

通用服装 CAD 软件要完成的任务与专业服装 CAD 一样，绘制服装效果图、服装款式图、装饰时装画、服装结构图、裁剪图、推板图、排料图等。图 1.3.3 ~ 图 1.3.5 为应用通用服装软件完成的各类型效果图。

图 1.3.3　通用软件 Photoshop 绘制的服装效果图（作者：谢丁）

图 1.3.4　通用软件 Painter 绘制的装饰时装画（作者：彭璐）

图 1.3.5　通用软件 Coreldraw 绘制的服装款式图

1.3.2.2　专业服装 CAD 软件

专业服装 CAD 软件是指使用专门针对服装生产的特点和要求开发的 CAD 软件完成服装设计及制图。服装制图有自身的特点，比如省道制作、省道转移、加放缝份、褶裥处理、纸样展开、合并调整等，专业服装 CAD 软件都有相应的工具完成这些特殊功能。专业服装 CAD 软件还具有专门建立的款式库、面料库、图案库等素材库。和通用服装软件相比使用专业服装 CAD 软件完成服装的设计及制板更快捷、更准确。

1.3.2.3　国内外服装 CAD 软件

市场上服装 CAD 系统很多，都有各自的特点。目前性能较好、功能比较完善、市场推广力强、商业化运作比较成功的国内外服装 CAD 软件见表 1.3.2。

表 1.3.2　　国内外服装 CAD 软件

软件	系统供应商	网址
国内服装 CAD 软件		
富怡	深圳市盈瑞恒科技有限公司	http://www.richpeace.com.cn
日升	北京市日升天辰电子有限责任公司	http://www.nissyo.com
ET	北京布易科技	http://www.chinaet.cn
比力	北京大全伟业科技有限公司	http://www.da-quan.com
航天	北京时尚一科技发展有限公司	http://www.arisa-cad.com.cn
爱科	杭州爱科电脑技术有限公司	http://www.iechosoft.com
丝绸之路	北京平安华艺科技发展有限公司	http://www.pinganhy.com
智尊宝纺	北京六合生科技发展有限公司	http://www.modasoft.com.cn
宝仙路	北京宝仙路服装信息技术公司	http://www.baossro.com
超泽	广东超泽科技有限公司	http://www.charse.com
时高	中国纺织总会服装技术开发中心	http://www.syscad.com
德卡	上海德卡服装科技有限公司	http://www.decocad.com
度卡	度卡软件科技有限公司（台湾）	http://www.docad.com
拓普	深圳市拓普顿科技开发有限公司	http://www.top3000.net

续表

软件	系统供应商	网址
彩路	深圳市艺丰彩路软件设计有限公司	http://www.yfcl.net
金合极思	北京金合海泰信息技术有限责任公司	http://www.jinhehightech.com
盛装	广州盛世万合数码科技有限公司	http://www.gmcad.net
国外服装 CAD 软件		
格柏	美国格柏科技有限公司	http://www.gerbertechnology.com.hk
力克	法国力克科技	http://www.lectra.com/zh-cn/
艾斯特	德国艾斯特公司	http://www.assyst-intl.com.cn
派特	加拿大 PAD（派特）公司	http://www.padchina.com
旭化成	日本旭化成 AGMS 株式会社	http://www.hanhe.com.cn
PGM	美国 PGM 专业 CAD/CAM 中心	http://www.pgm.com.cn
东丽	日本东丽 ACS 株式会社	http://www.toray-acs.com

1.4 服装 CAD 系统的主要功能

不论国内还是国外的服装 CAD 软件的主要功能基本都包括以下几个方面：服装款式设计系统、打板系统、放码系统、排料系统。随着服装 CAD 功能的不断补充与完善，目前专业服装 CAD 又开发了试衣系统、三维设计系统、信息管理系统等，基本覆盖了服装设计与生产的全过程。

1.4.1 服装款式设计系统

彩色图形、图像技术的发展，把计算机的应用领域拓展到了艺术的范畴。计算机提供的丰富的色彩表现能力，超强的图形、图像处理能力，快速高效的反应机制为艺术家充分展示和表现其灵感提供了最为广阔的空间，同时也极大地激发了其设计和创作的灵感。款式设计系统提供了各种绘画工具、各种色盘、颜色填涂模式和填充图案等，使设计师可以随心所欲地进行创作。另外，系统提供的各种效果工具可以完成许多充满艺术情调而用手工又难以完成的变幻无穷的效果。

1. 仿真三维款式设计

- 通过系统可以自行定义模特的号型尺寸，计算机自动生成所需的人体模型。
- 在三围人体上设计款式、加入阴影皱褶、面料。
- 可以模拟服装三维曲面构造，模拟服装扭曲、凹凸、折叠、烫缝、褶皱，可以完美体现服装的造型、花色、质感，可以控制光源，产生逼真的着装效果（见图 1.4.1）。

2. 创意绘画各种服装款式

- 利用系统提供的多种画笔，绘制各种效果图、款式图、花型图案，表现各种设计风格。
- 可以修改色调、亮度、饱和度，对局部更换面料及变形（见图 1.4.2、图 1.4.3）。

3. 针织毛衫设计

- 可将设计或扫描的任何图案转换成针织仿真效果。
- 可以进行针织提花及针款的设计（挑孔、扭花、滑针、伸延针……）。
- 智能计算每件毛衣的纱线用色比例（见图 1.4.4、图 1.4.5）。

图 1.4.1　仿真三维款式设计

图 1.4.2　夹克款式设计

图 1.4.3　T恤衫图案设计

图 1.4.4　针织毛衫设计 1

图 1.4.5　针织毛衫设计 2

4. 色彩组合

● 通过系统智能运算配置出多种颜色的系列组合。

● 可以根据设计需要，将新的颜色加入配色组合中，完全改变原有的配色组合（见图1.4.6）。

图 1.4.6 印花图案的色彩组合

5. 面料设计

● 可以进行面料基础纹理组织设计、经纬纱线密度调整。

● 可取多款图案、材质等进行变化组合，创造新的面料。

● 布料仿真效果（见图 1.4.7）。

图 1.4.7 面料设计

1.4.2 打板系统

20 世纪 80 年代末 90 年代初，随着计算机图形学和人机交互界面技术的迅速发展，格伯、Lectra、PGM 等多家公司相继推出了各具特色的“开头样”系统，即打板系统。打板系统的研制成功，使得打板这项科学与美学、技术与艺术紧密结合的工作终于摆脱原本只能依靠纸和笔，凭借直觉和经验操作的模式，也使得电脑的科学、快速运算与板型师的丰富经验得到完美结合。

打板系统从其设计原理和思路上可分为辅助设计、智能化设计和三维立体设计三个层次，其中辅助设计是现在已经实现并且较为成熟的层次，智能化设计是使打板系统极大地优于手工打板的发展方向，而三维立体设计则是服装打板从二维平面向三维立体转化的未来发展方向，真正实现服装 2D 与 3D 的相互转换。

目前的打板系统多数都具备支持款式输入、尺码建立、结构设计、衣片生成、纸样变化和处理、衣片输出等功能，完全能够满足服装平面打板的需要。

图 1.4.8 为应用服装 CAD 打板系统制作的女衬衫样板。

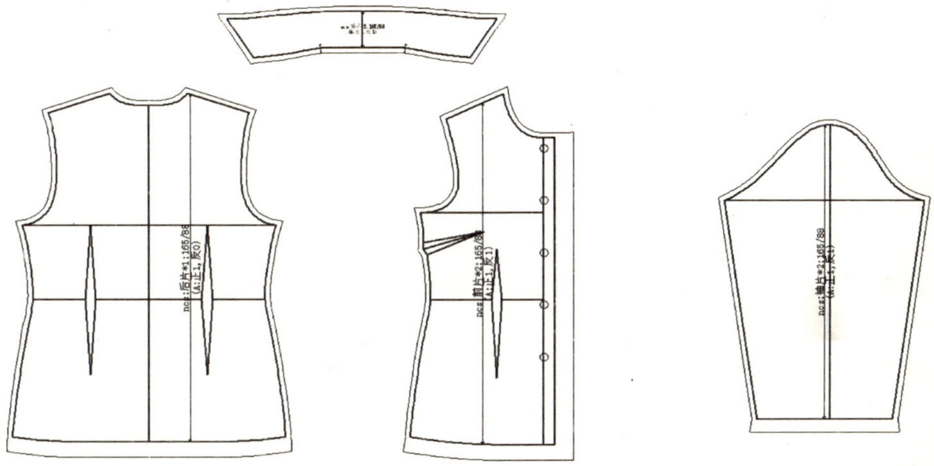

图 1.4.8 女衬衫纸样

1.4.3 放码系统

在所有的服装 CAD 系统中，放码系统是最早研制成功并得到最广泛应用的子系统，也是最成熟、智能化最高的子系统，自 20 世纪 70 年代研制成功以来就在世界各国的服装企业中得到广泛应用。

服装 CAD 软件中常用的放码方法有点放码、切开线放码、公式法放码、规则复制法放码等。操作中可对裁片进行对称、旋转、分割、组合、测量、加缝边、缩水等处理。

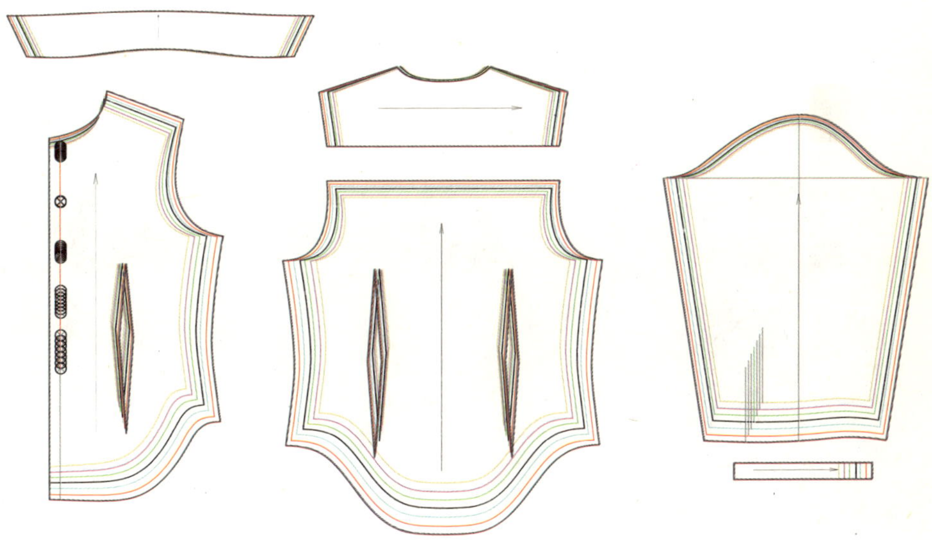

图 1.4.9 女衬衫放码图

图 1.4.9 为应用服装 CAD 放码系统制作的女衬衫放码图。

1.4.4 排料系统

如何在计算机屏幕上为排板师建立长、宽可任意调节的模拟裁台，并且使其操作更加灵活、方便，就是排料系统的设计目标。

服装CAD软件中常用的排料方法有人机交互排料、自动排料、对条对格排料等。工作区的每片裁片都可在可控的基础上进行方便、灵活的倾斜、微调以及布边借用。利用计算机强大的计算功能，对衣片进行挤压插空，可在短时间内制定出最节省布料的方案。

图 1.4.10 为利用服装 CAD 排料系统制作的排料图。

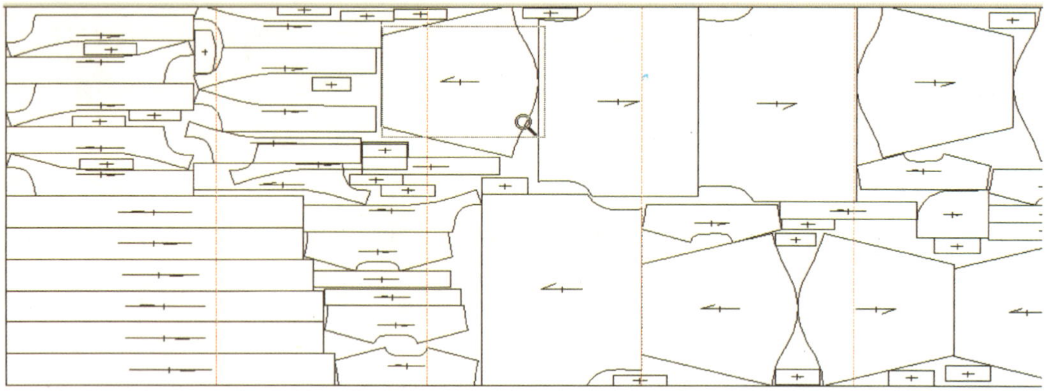

图 1.4.10 衬衫的排料图

1.4.5 计算机试衣系统

在图像处理和多媒体技术相结合的基础上研制出来的计算机试衣系统是服装 CAD 系统中的新成员。计算机试衣的基本原理是：通过连接在视频卡上的数码相机，为模特或顾客摄像，并将其照片显示在计算机屏幕上，在对其进行测量后，即可调用系统款式库中已有服装款式对模特或顾客进行试衣，试衣款式可连续在计算机屏幕上显示，供顾客浏览和挑选，只需轻轻一按鼠标，顾客即可在计算机屏幕上看到自己的着装效果，对于细节部位不满意还可以随时修改，从而帮助其挑选和设计服装。除了系统本身提供的款式以外，设计师还可以自己用扫描仪或数码相机输入想要的服装图片，并为其建库，建库后的图片同样可以用来试衣。试衣系统对于服装促销和导购具有积极的作用，三维试衣是其发展的方向。试衣效果见图 1.4.11。

图 1.4.11 试衣系统

1.4.6 三维设计系统

从二维向三维的转变是服装 CAD 行业和计算机技术发展的一个必然趋势。三维服装设计系统是指在三维数字人体模型的基础之上，生成服装初始模型，并通过个性化的尺寸参数变形和立体裁剪得到三维衣片，再对三维衣片进行展开后得到二维裁片，从而完成整个设计流程的 CAD 方法。

三维设计系统是将二维样板、面料信息及三维虚拟人体模型相结合，在计算机屏幕上显示人体穿着服装的直观效果，可以为顾客、设计者和零售商提供极好的沟通渠道，大大提高互相探讨、设计、修改服装的效率。

三维设计系统有三种主要应用：服装的合体性控制、款式设计与产品规格的制定以及服装款式的确认（见图 1.4.12 ~ 图 1.4.14）。

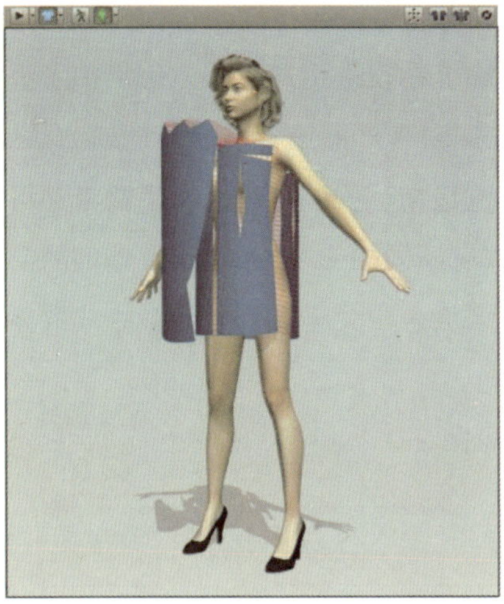

图 1.4.12 三维缝合

图 1.4.13 仿真模拟

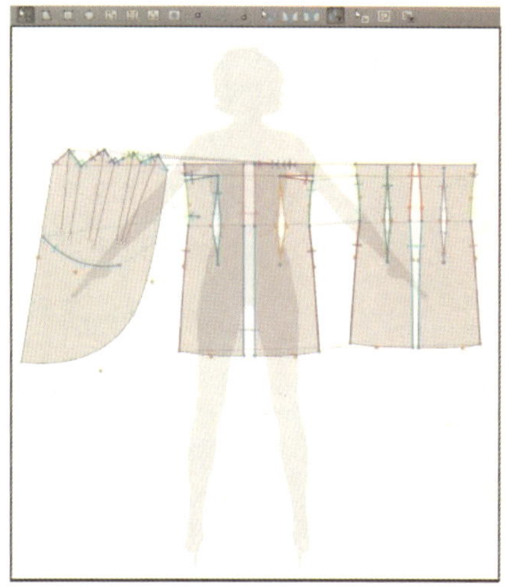

图 1.4.14 二维样板生成

1.4.7 度身定制（MTM）CAD 系统

度身定制（即 MTM：Made to Measure）是 21 世纪新兴起的一种服装生产方式，它利用现代三维人体扫描技术、计算机技术和网络技术将服装生产中的人体测量、体型分析、款式选择、服装设计、服装定购以及服装生产等各个环节有机地结合起来，实现高效快捷的数字化服装生产链条。MTM 的核心就是根据顾客人体数据信息快速生成适合该顾客的样板，并形成与顾客体型高度吻合的成衣。国外已建立了比较完整的人体数据库系统，如欧洲人体数据库，美国人体数据库，目前我国也在积极建立人体数据库，这是 MTM 的研究中一个重要的组成部分。在今天 Internet 时代，MTM 技术又与互联网结合，顾客可以通过互联网，对服装的种类进行挑选，再在已选择的服装类别中选择自己想要的款式。同时，把个体需求通过人机交互的方式，录入到个性化服装定制系统的订单界面，这样公司的市场部门就可以快速地对用户的需求和订单做出反应，并把订单信息传送给技术部门及生产部门，从而形成从个性化定制、订单、到设计、生产的一体化解决方案。

MTM 的技术支持主要体现在：①三维非接触式人体测量技术；②企业 CAD/CAM 系统的应用；③ PLM 等产品数据管理系统。

MTM 生产形式，对客户而言，所得到的服装是定制的、个性化的；对服装企业而言，是采用批量生产方式制造成熟产品。

理想的个性化服装生产流程见图 1.4.15。

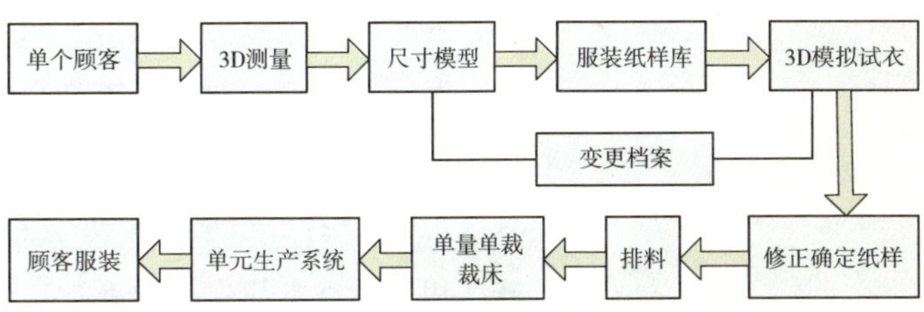

图 1.4.15 个性化服装生产流程图

课题 2 服装 CAD/CAM 与服装工业

20 世纪 70 年代以来，计算机技术（CAD/CAM 系统）在改进生产流程方面发挥了重要作用。近年来，服装行业利用 CAD/CAM 技术，又在探索着产品设计与展示的新方法。在服装和纺织工业中，纱线生产商、面料生产商、服装制造商、服装零售商及消费者都可以使用 CAD 系统，每类生产厂家都有其特殊的要求，并有不同的 CAD 系统满足他们的要求。这些企业如果能充分利用计算机技术，必将会在市场竞争中处于有利地位，并能取得显著的效益。

服装产业链上各厂商应如何使用服装 CAD/CAM，见图 2.0.1。

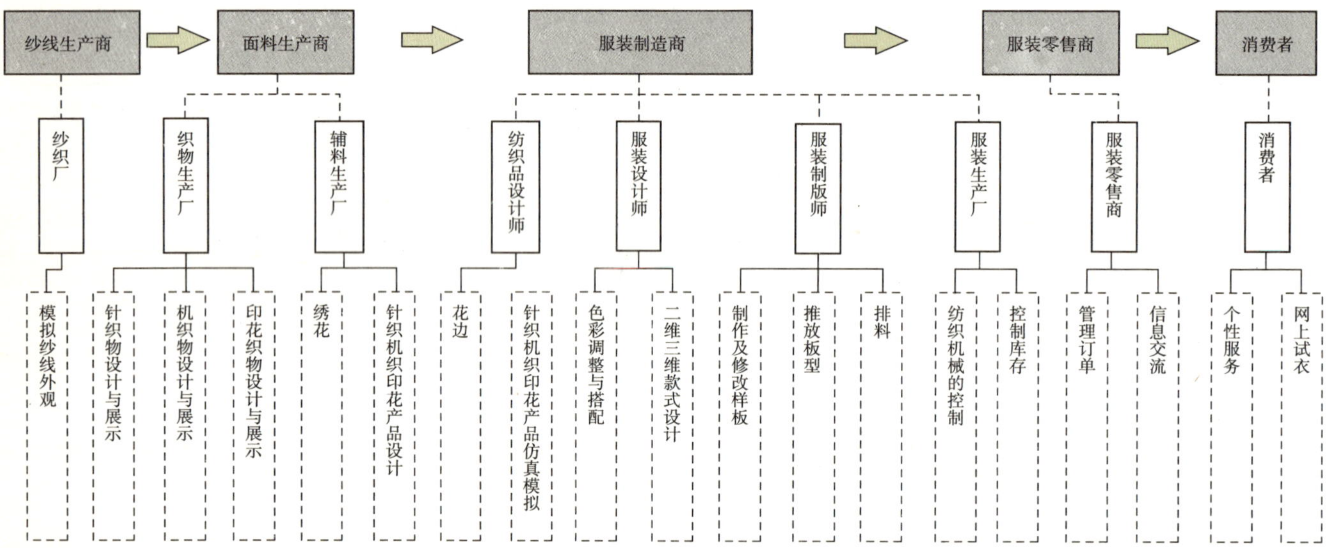

图 2.0.1　生产链上各厂商应用服装 CAD/CAM 示意图

1. 纱织厂

在纱线生产方面有很多工作可以用 CAD 系统来完成：使用 CAD/CAM 系统向潜在的用户展示用各种不同颜色和风格的纱线织成的机织或针织产品的外观效果。这些系统主要是用来模拟和展示织物的结构、纱线的细度及颜色搭配，由于这些系统还可以模拟纱线的结构，所以不必打样就可以得到纱线在不同捻度条件下的效果。

2. 织物生产厂

有三类生产面料的厂家都可以使用 CAD 系统：即：针织物生产厂、机织物生产厂和织物印花厂。纺织品设计师在产品设计、产品展示、产品生产三个领域使用 CAD/CAM 系统。CAD 在针织领域有两个主要用途：用方格图表示纱线排列及针图的构成方式，这些是用于最终产品生产的参数，这正是 CAD 系统将设计思想转变为可生产的产品的主要方式。

机织 CAD 系统与针织 CAD 系统一样，机织物生产厂家可以通过组织图颜色的变化表示出不同的纱线及组织结构。还可以设置织物的密度，纱线的颜色，模拟起毛等特殊的外观效果。

印花织物设计师利用 CAD 系统对图案进行各种处理，如改变颜色、增加、删除、移动、复制某些设计元素，从而生成一个循环单位，再把最终的设计结果转化为四色印花的色版。

织物生产厂使用 CAD 系统的另一个主要用途是用于生产织物最终成品的仿真效果图，这会大大减少打样所花的时间和费用。CAD 技术在织物生产厂与零售商之间的交流过程中取得了很好的效果。

CAD/CAM 技术的优势还在于 CAM 系统可以直接从 CAD 系统接收数据，节省了大量在设计部门和生产部门之间传数据的时间。印花织物图案的数据可以从 CAD 系统直接传输到激光雕刻机，生成醋酸脂分色膜。针织机也同样可以接收 CAD 系统的设计数据用于织造织物。

3. 辅料生产厂

刺绣和花边图案设计可以直接在计算机屏幕上进行，使设计师在一种新的理念上发挥设计才能。刺绣 CAD 设计系统可以直接与生产设备连接。设计结果可以通过线路直接输入生产设备进行生产。

4. 服装设计师、服装制板师

借助输入设备将纸样输入到 CAD 系统中，服装样板师就可以使用许多功能方便地对板型进行处理和变化。还可以通过比较接缝长度及剪口位置来检查板型的可缝性。服装纸样输入到 CAD 系统中加以保存供以后再次使用，或进行板型变化，作为新款式的基础板。

利用 CAD 系统放码的最大特点是速度快，精确度高，计算机系统会根据每个放码点各自的放码规则生产全部号型的纸样。用户可对每个号型纸样进行尺寸检查。放码规则也可反复修改，以便服装穿着更加合体。

使用 CAD 系统进行排料的最大好处就是可以随时监测面料的用量，用户还可以在屏幕上看到所排衣物的全部信息。在排料过程中有一个问题值得考虑，既可以用于的时间与可以接受的排料率之间的关系。CAD 排料系统成功的关键在于它可以使用户试验样板各种不同的排料方式，并记录下各阶段的排料结果。通过多次尝试就可以很快得出可以接受的排料利用率。仅此一项就可以节约出大量时间。

5. 服装生产厂

在服装生产厂，CAD/CAM 系统通常是生产过程中的一个重要组成部分。CAM 系统接受 CAD 系统传输的数据，并控制纺织机械，如针织机，机织机和印花机。CAD/CAM 系统也大量应用于服装裁剪加工。服装生产厂利用 CAD/CAM 系统使得生产工艺变得十分灵活，可以快速更新产品，使公司的生产效率、对市场的敏感性即在市场中的地位显著提高，适应目前快速反应的零售市场。

服装生产厂利用信息管理系统管理生产所需的各种数据，如销售订单的处理，发货单管理，库存的管理，生产管理，从而辅助制定相关决策。

6. 服装零售商

零售商使用服装 CAD 系统作为与生产商之间进行信息沟通的一种工具。因为许多零售商与世界各地的许多生产商都有业务往来，所以他们必须以一种鲜明的方式确定在设计、加工、号型和包装方面的要求，零售商必须向生产商提供诸如尺寸表、原型板等资料，CAD系统正是完成此类工作的一种工具。拥有CAD/CAM系统的生产商通过电子线路获得这些数据，既节省时间有可避免利用其他方式输入数据可能产生的错误。

服装CAD系统对于今天从事服装行业的人们早已不再陌生，随着CAD系统的研发逐渐走向规范和成熟，CAD技术已经成为服装工业生产现代化的重要标志。采用先进的服装CAD技术可大大提高设计质量、加快产品的研制速度、提高设计工作的科学性和创造性。我国加入WTO后，经济全球化将带来资本、市场、技术、服务、竞争的全球化。强烈的国际市场竞争要求更短的交货时间、更多样化的需求、更低的价格、更高的质量；技术的创新使新材料、新工艺、新设备不断涌现，服装企业进入了一个更具挑战的发展时期。激烈的市场竞争要求企业的自身效率、反应速度、创新能力、学习能力、计划性、协调能力、管理水平必须得到长足的提高，才有可能参与服装的全球性市场竞争、全球化交付、全球性经营管理和控制。服装产业要适应国际化大市场快节奏、多品种的需求，以最低成本、最短时间向市场提供优质产品，必须采用高新技术来改造和提升生产效率。因此，服装CAD技术在服装行业的推广应用是迅速提高纺织服装企业综合技术实力和市场竞争能力的一个重要途径。

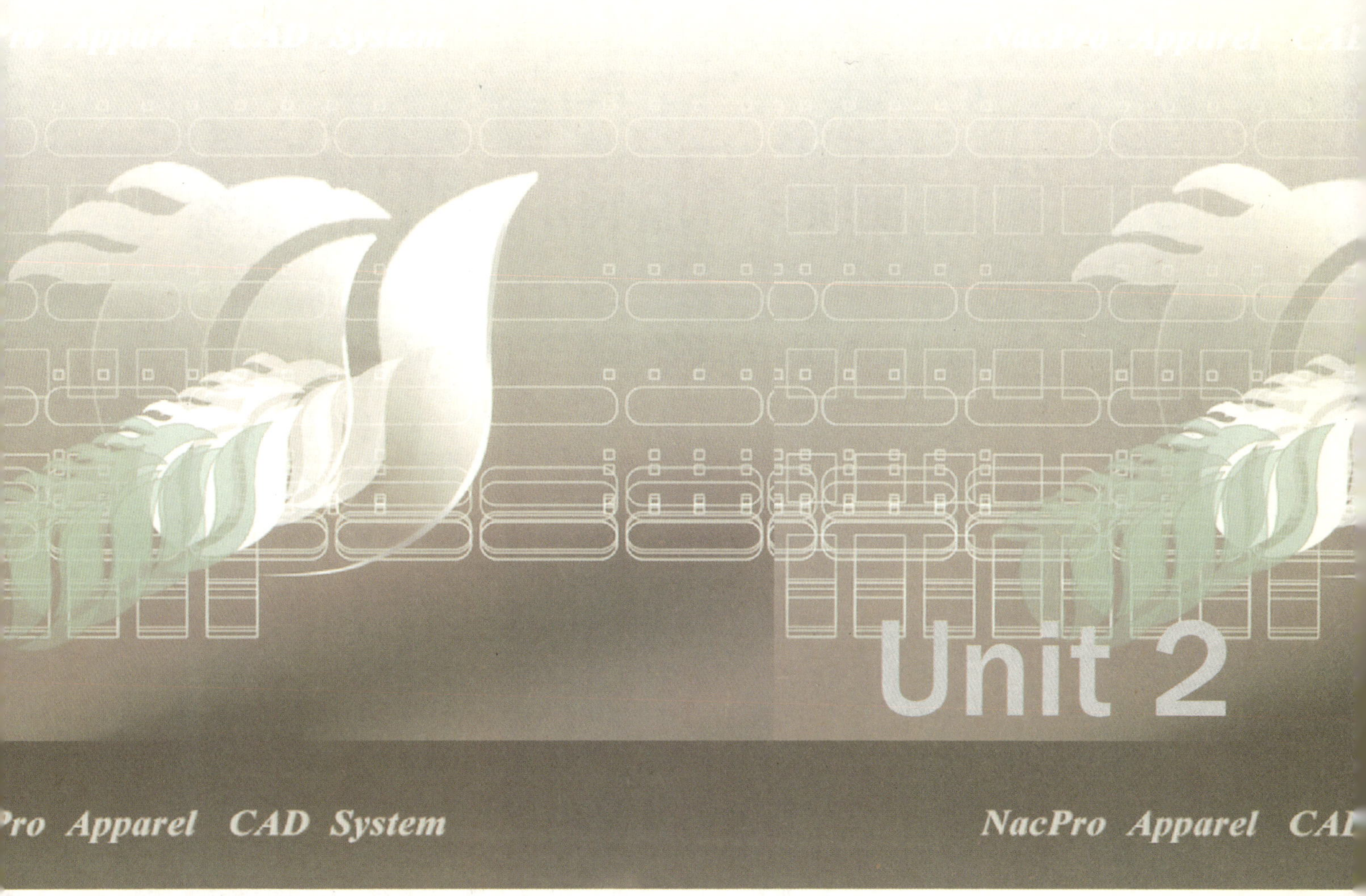

第2部分 基础篇

课题3 NacPro服装CAD系统

3.1 NacPro服装CAD系统简介

3.1.1 NacPro服装CAD系统简介

NacPro是继日升天辰公司Nac2000系统的基础上，积累了日升十几年的开发经验和海内外2000多家用户的需求反馈，开发出来的新一代智能化服装CAD系统。日升NacPro服装工艺设计CAD软件涵盖服装样板设计、放码、排料领域。

NacPro打板系统的一个亮点在于加入了尺寸表打板方式。当在基础号上打板或进行款式变化时，其余号型自动产生而无需再次推板；修改一条曲线，衣片相关部位曲线联动修改无需人工干预，这种修改模式保证了衣片缝合部位的准确吃量及曲线造型；同时新加入的自动打板方式大大节省工艺师起头板的重复性工作。

NacPro打板系统的另一个改进在于点方式的选取不仅加入了高亮显示，更直观，而且增加了“参数点”模式，摆脱了点选取的拘束与限制，更符合人体特征和手工习惯。此外，NacPro在保留原有产品的操作习惯上，简化了操作步骤，精炼多种工具合而为一，可以通过快捷键切换，提高了工作效率。

为使用方便，NacPro可根据用户要求自定义工具条、右键菜单及快捷键，将曲线板库、曲线库、部件库、文字库、面料库、记号库、线型库等改为完全开放式，多文件多任务可同时处理。

推板部分在保留原来切开线、点放码两种放码方式的同时加入了线放码——一种全新的放码方式，即使时尚企业对放码要求及其特殊也能满足。针对工装企业号型、板型众多的特点，先放型再放号的二次放码方式，使软件具备了归号和度身定做双重功能。同时，一点多规则、三种放码方式可组合使用，提高了放码的精确性。

排料部分从排料方式上推出手动、自动、半自动排料相结合的排料方式。操作者可随时、任意规定系统自动排料衣片，亦可随时干预手动排片，从而大大优化排料方案。在Nac2000的基础上，NacPro排料系统增加了针织面料、不规则面料等不同面料的排料方式，能满足多床、不规则面料、对条对格等特殊要求的自动排料。

3.1.2 系统的运行环境

NacPro可以在以下环境中运行：Window98、WindowsNT、Windows2000、WindowsXP

Windows Vista。

3.1.3 NacPro 服装 CAD 系统的安装

（1）双击安装程序中的安装图标，安装界面见图 3.1.1。

（2）单击【下一步】按钮，出现【选择安装文件夹】界面，见图 3.1.2。选择安装路径，系统默认为 C：\NacPro\，若要更改安装路径，可单击【浏览】按钮，重新选择安装路径。

（3）单击【下一步】按钮，出现【确认安装】界面，见图 3.1.3。

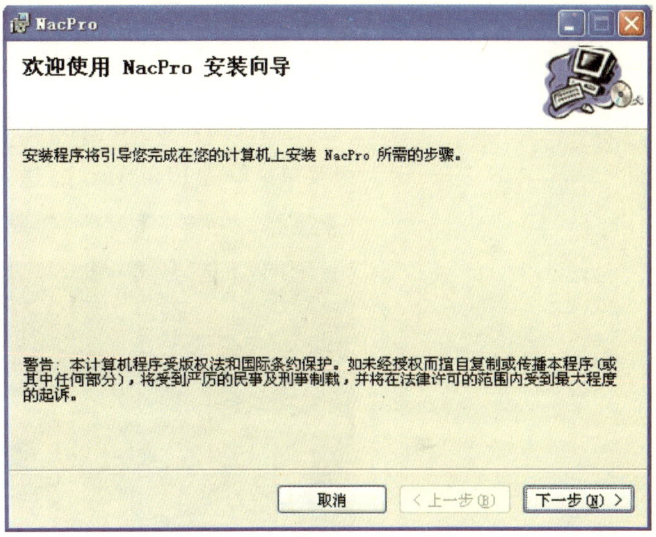

图 3.1.1 NacPro 安装向导

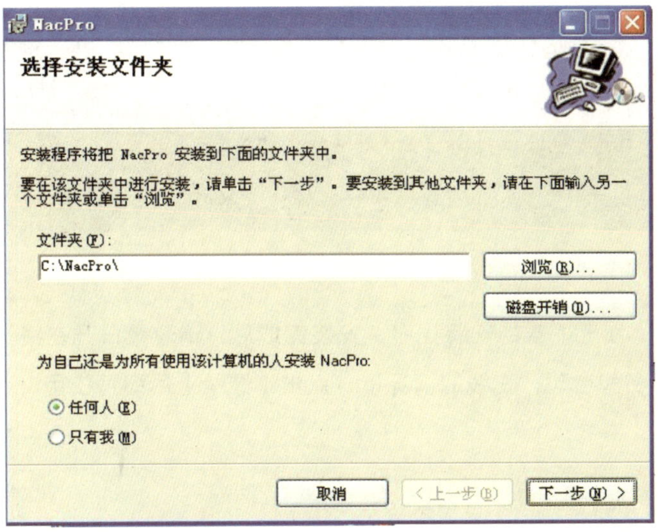

图 3.1.2 选择安装文件

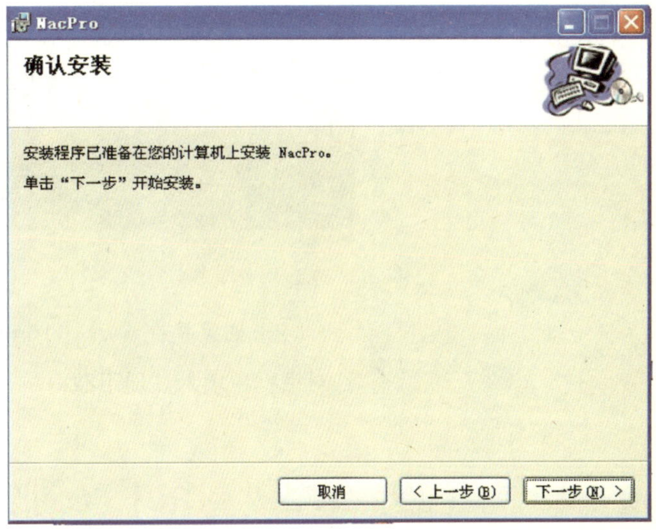

图 3.1.3 确认安装

（4）单击【下一步】，软件开始安装。见图 3.1.4。

（5）安装完成后，出现图 3.1.5 所示界面，单击【关闭】按钮，即完成了 NacPro 服装 CAD 软件的安装。在开始菜单中新增加了 NacPro 菜单。

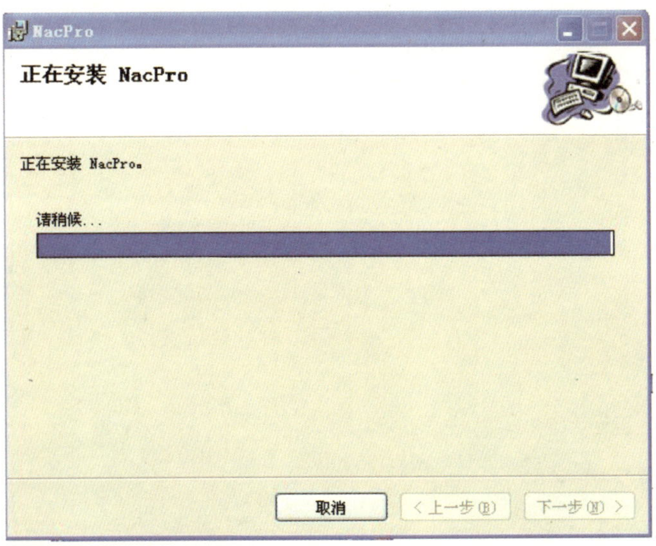

图 3.1.4 正在安装

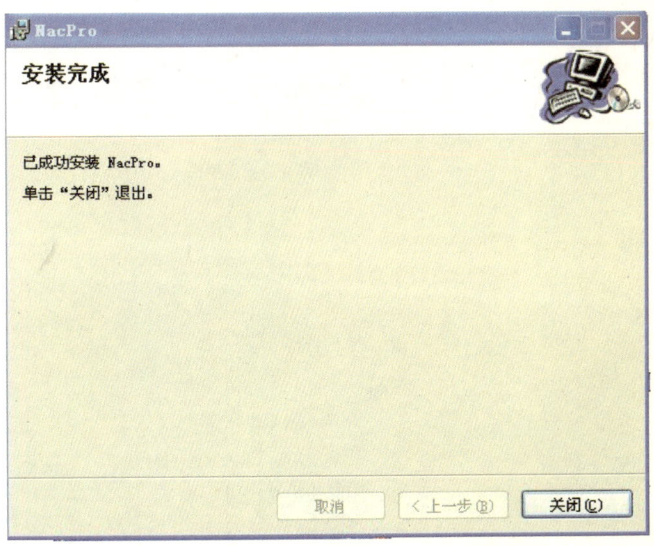

图 3.1.5 安装完成

3.1.4 NacPro 服装 CAD 系统的启动

（1）在 Windows 桌面左下角【开始】/【所有程序】中选择【Nacpro】，在弹出的二级菜单中单击【Nacpro】，进入 NacPro 服装 CAD 系统的主界面，见图 3.1.6。

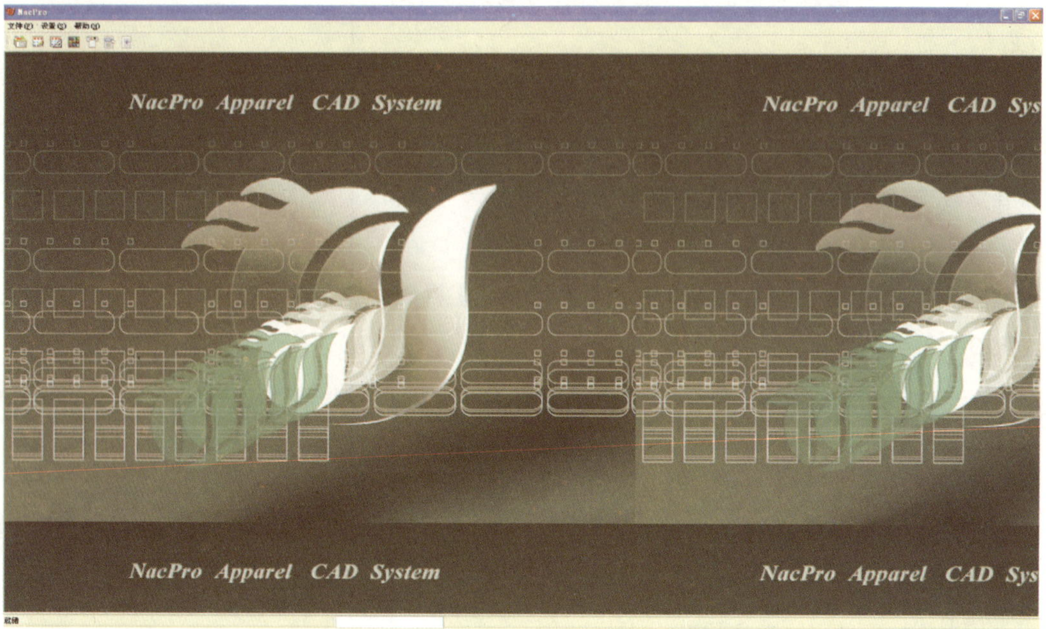

图 3.1.6 NacPro 主界面

（2）如果是在 www.51nacs.com 上下载的安装程序，安装完成后，请登录日升在线，在对话框中填入注册下载时的用户名和密码，在线的情况下，点击【登录】后即可使用。

3.2 NacPro 服装 CAD 打板系统

3.2.1 工作界面介绍

3.2.1.1 打板系统窗口布局

在 NacPro 系统主界面上，单击打板图标，可以进入打板系统界面（见图 3.2.1）。

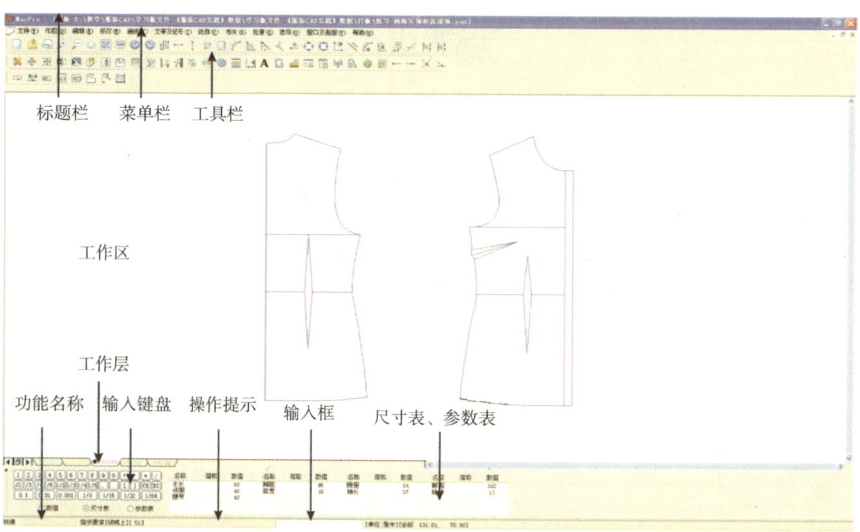

图 3.2.1 NacPro 打板系统主画面

● 标题栏

位于操作界面最上方的蓝色区域。标题栏的左端显示应用程序的图标和程序名称。

● 菜单栏

该区是放置菜单命令的地方，工具条中的所有工具均包含在内。对于常用命令，下拉菜单的右边给出了该命令的快捷键方式。

● 工具栏

常用的工具以图标的方式放在工具栏中，方便操作者选择。执行【窗口及画面】中的相应功能能够实现工具条的显示与隐藏。

● 工作区

操作界面中进行打板、编辑、修改的区域。

● 工作层

一个号型在一个工作层，单击层标签，可以浏览每层上的所有衣片，单击多层显示按钮可以同时显示所有层。

● 功能名称

显示当前所选择的功能的名称。

● 操作提示

显示当前功能的操作步骤及方法。NacPro 的操作提示是个很好的老师，每一步的操作方法都写得很清楚，只要操作者按照提示信息操作，就可以完成每一个功能。所以，操作者要学会看操作提示中的每一个信息提示。

[例 3. 2. 1]

选择【删除】工具，操作提示上显示如下信息（见图 3.2.2）。

图 3.2.2 操作提示的使用方法 1

技巧一：【领域上】表示要素的拾取模式，共有 6 种，分别是【要素】、【领域内】、【领域上】、【布片】、【连续要素】、【最小外周】。可以通过 F8 ~ F12 键切换，系统默认为【领域上】模式。

技巧二：【5】表示拾取的要素个数。当出现要素个数的提示时，选择完毕后需右键确认。

[例 3. 2. 2]

选择【画线】工具，操作提示上显示如下信息（见图 3.2.3）：

图 3.2.3 操作提示的使用方法 2

技巧一：【端点】表示点的拾取模式，共有 7 种，分别是【任意点】、【端点】、【中心点】、【交点】、【投影点】、【比例点】、【参数点】，可以通过 F1 ~ F7 键切换，系统默认为【端点】模式。

技巧二：【3】这个数值是通过键盘在输入框中输入的，表示距离指示端端点的距离。指示端端点为当鼠标靠近某要素时加亮显示的点。在此例中，数值输入框中输入“3”，即可找到距离指定端点 3 厘米的点。特别提醒，一定要在端点模式下输入数值，且按回车键，才能找到指定点，否则输入结果无效。

● 输入框

输入操作过程中所需要的数据及文字。

3.2.1.2 工具条内容

1. 工具条（见图 3.2.4）

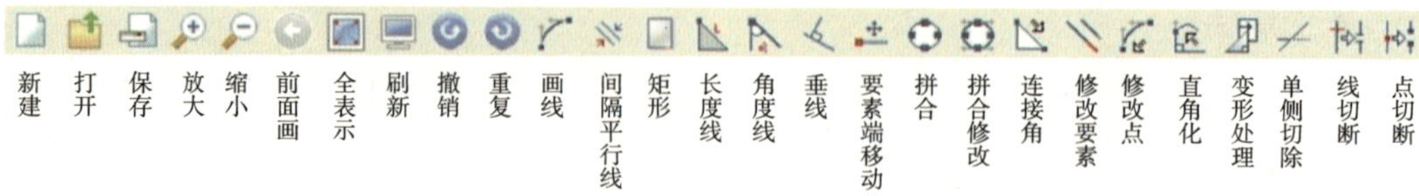

图 3.2.4 工具条

2. 纸样工具条（见图 3.2.5）

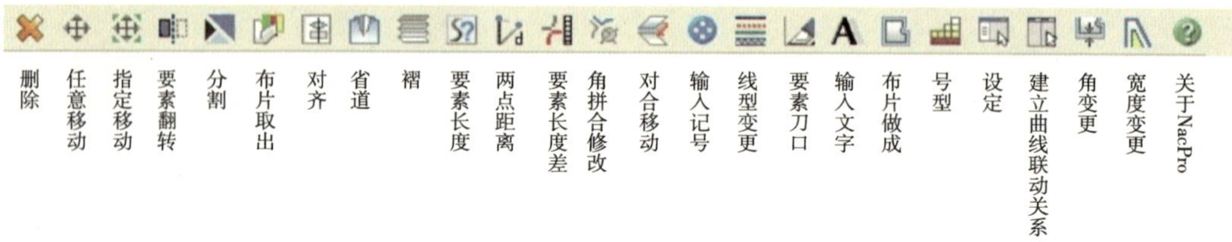

图 3.2.5 纸样工具条

3.2.1.3 定制工具条图标和右键菜单

NacPro 服装 CAD 系统中，选择某一工具有以下三种方法。

● 从菜单中选择。

● 从工具条中选择，使用者可以按自己的操作习惯定制工具条。

● 从右键菜单中选择，使用者可以按自己的操作习惯定制右键菜单。

1. 定制工具条

执行【选项】/【定制】命令，弹出【定制菜单和工具条】对话框，见图 3.2.6，点击【工具条】选项卡，显示桌面上的全部工具图标，拖动桌面上不常用的工具图标到此对话框中，可收回图标；拖动对话框中的图标到桌面工具条中的某个位置，可加入图标。

2. 定制右键菜单

执行【选项】/【定制】命令，弹出【定制菜单和工具条】对话框，点击【菜单】选项卡，见图 3.2.7，选中窗口左方下部命令中的工具，点击“增加”移动到右键菜单中，“删除”可从右键菜单中去掉。按【确定】键完成右键的定制。

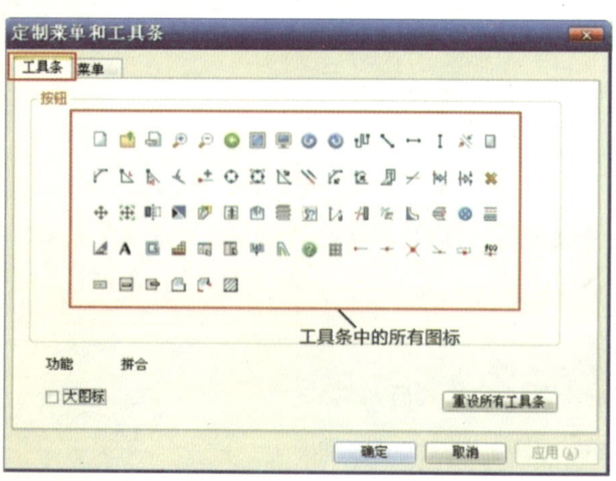

图 3.2.6 工具条的定制

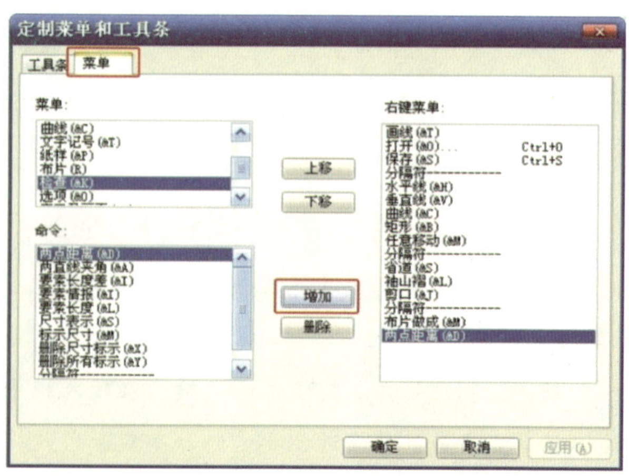

图 3.2.7 右键菜单的定制

3.2.1.4　菜单

NacPro 打板系统的菜单栏上排列了 12 大类命令（见图 3.2.8），应用菜单中的命令可以完成 NacPro 打板系统的所有任务。

图 3.2.8　NacPro 打板系统菜单

1. 文件

文件菜单包含了一系列的文件管理命令（见图 3.2.9）。

2. 作图

作图菜单包括了一系列的画图命令（见图 3.2.10）。

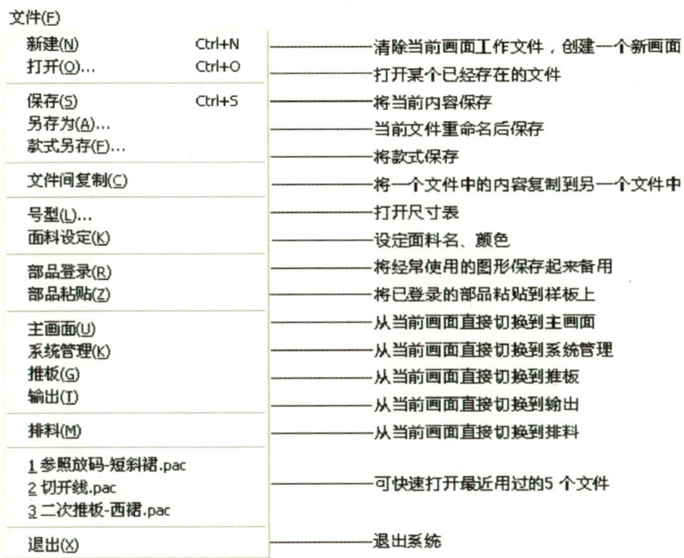

图 3.2.9　文件菜单

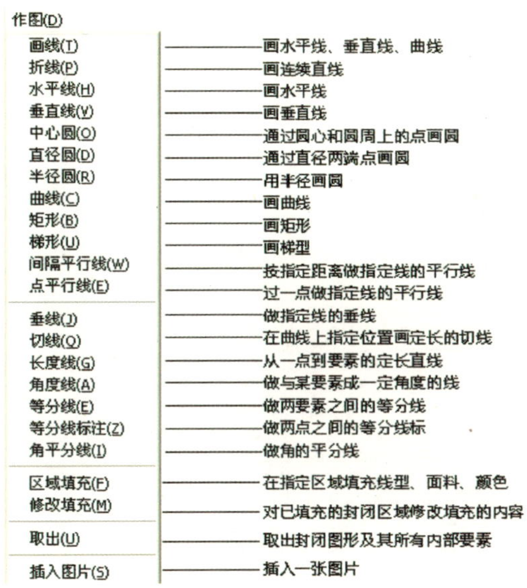

图 3.2.10　作图菜单

3. 编辑

编辑菜单包括了样板的移动、旋转、翻转等纸样编辑命令（见图 3.2.11）。

4. 修改

修改菜单包括了和修改相关的一系列命令（见图 3.2.12）。

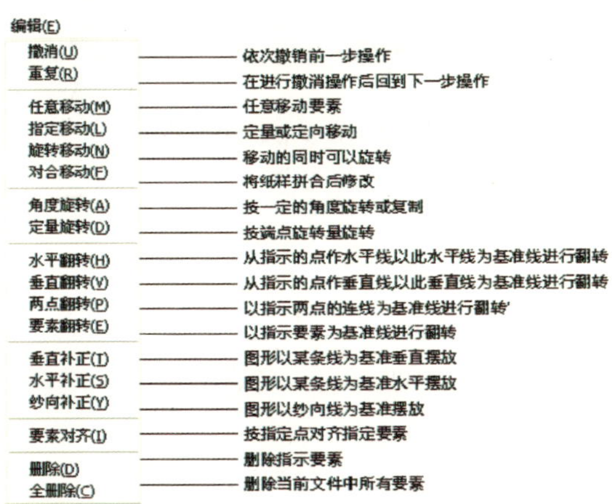

图 3.2.11　编辑菜单

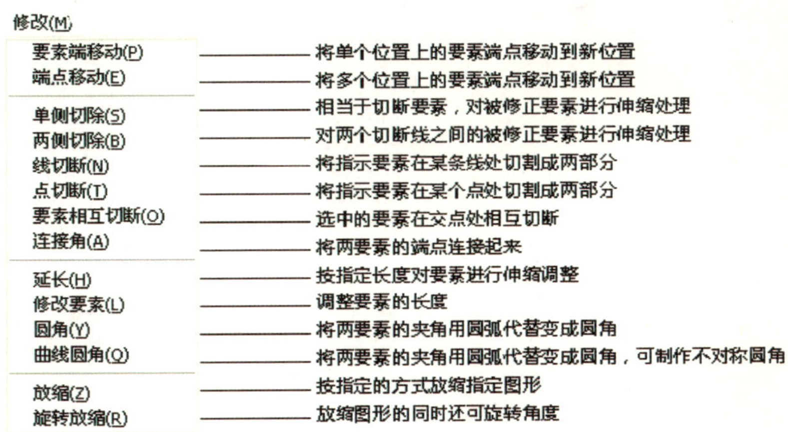

图 3.2.12　修改菜单

5. 曲线

曲线菜单包括了和曲线相关的一系列命令（见图 3.2.13）。

6. 文字及记号

文字及记号菜单集中了和文字、记号、线型相关的一系列命令（见图 3.2.14）。

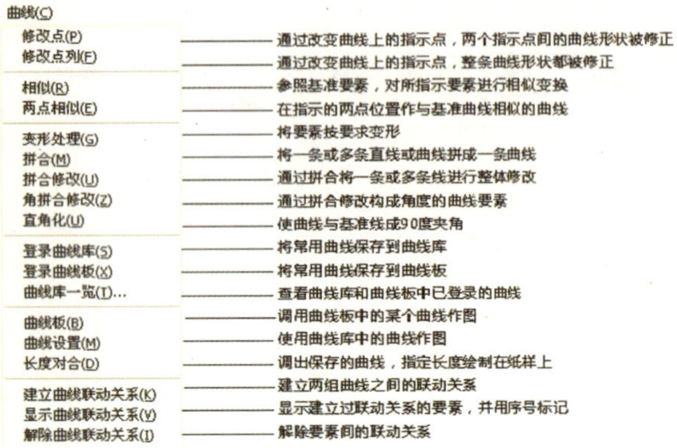

图 3.2.13 曲线菜单

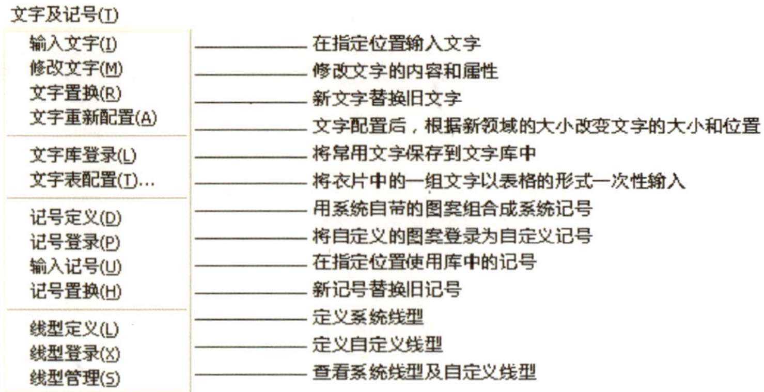

图 3.2.14 文字及记号菜单

7. 纸样

纸样菜单包括了对纸样操作的一系列命令，包括省、褶、剪口等（见图 3.2.15）。

8. 布片

布片菜单包括了和布片做成、缝边相关的一系列命令（见图 3.2.16）。

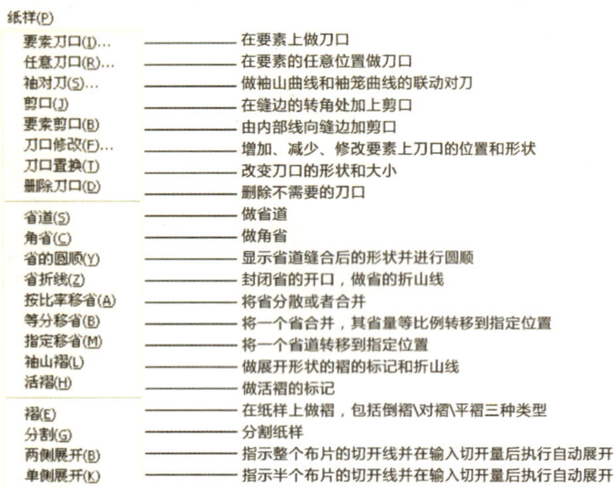

图 3.2.15 纸样菜单

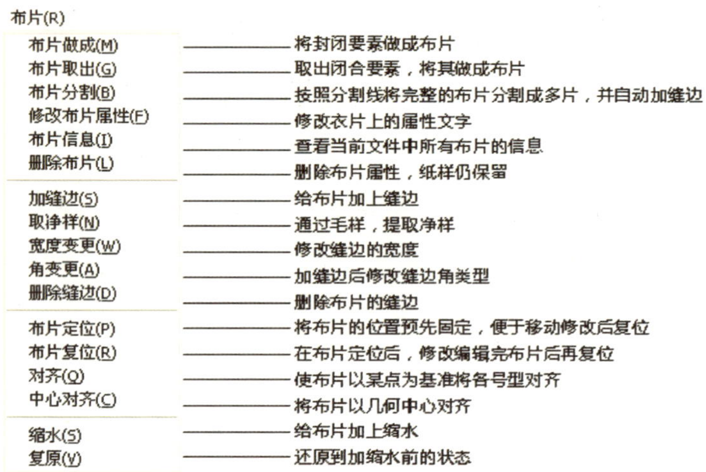

图 3.2.16 布片菜单

9. 检查

检查菜单包括了对样板进行检查和核对的相关命令（见图 3.2.17）。

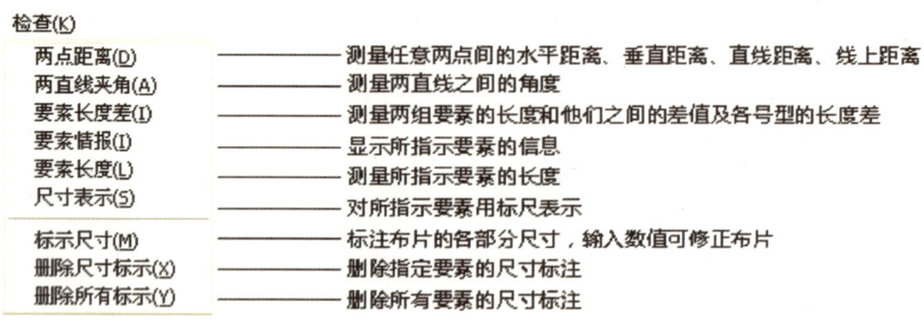

图 3.2.17 检查菜单

10. 选项

选项菜单包括了线型、切割、对称等辅助功能设置的命令（见图 3.2.18）。

11. 窗口及画面

窗口及画面菜单包括了窗口及画面管理的相关命令（见图 3.2.19）。

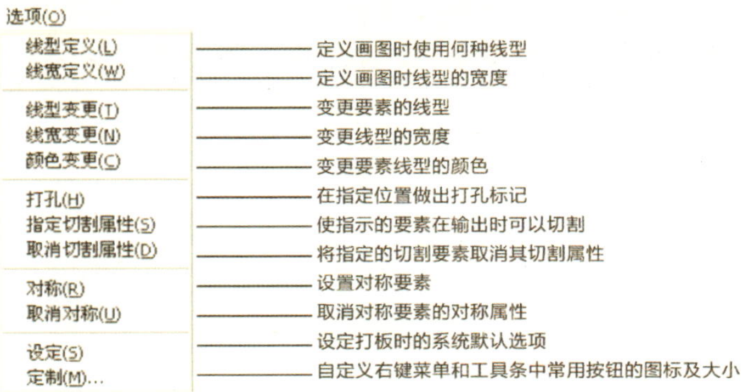

图 3.2.18 选项菜单

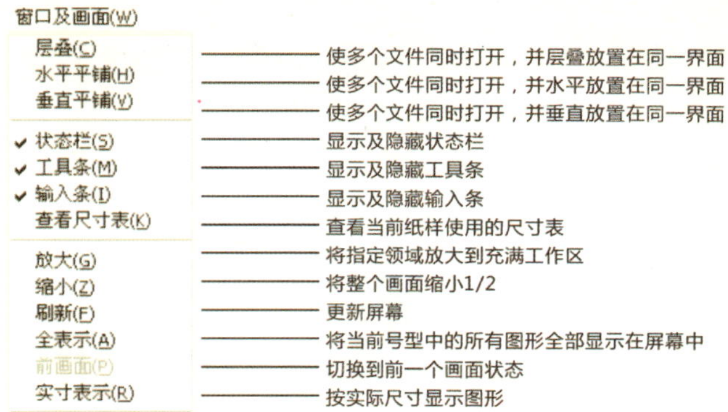

图 3.2.19 窗口及画面菜单

12. 帮助

帮助菜单包括了本系统工具、菜单的使用方法（见图 3.2.20）。

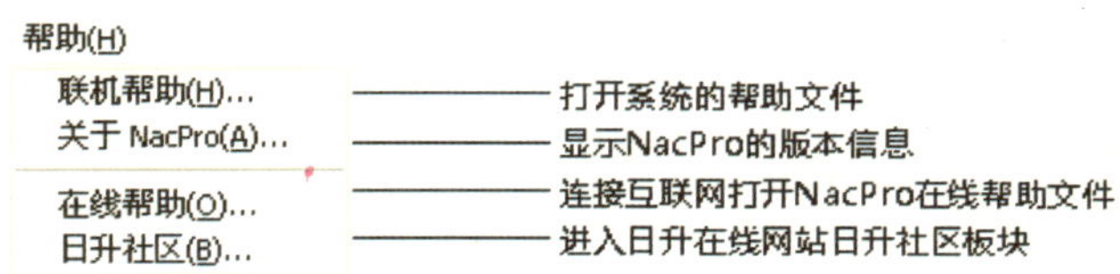

图 3.2.20 帮助菜单

3.2.2 点类型及要素的拾取模式

学习 NacPro 服装 CAD 系统，首先要理解掌握几种点模式和选取要素的方式，它们普遍存在于各个功能中，通过几种点和要素模式的变换，可以方便地找到你所需要的点和要素，更加快捷的绘制出理想的服装板型。

点的拾取模式默认选项为【端点】，要素的拾取模式默认选项为【领域上】，当要选择其他模式时，需要切换。

表 3.2.1 列出了七种点的拾取模式和六种要素的拾取模式的图标、快捷键及使用方法。

表 3.2.1 NacPro 服装 CAD 系统点的拾取模式和要素的拾取模式列表

名称	图标	快捷键	功能及使用方法	图 例
任意点		F1	工作区中任意位置点 例：画线段① 【画线】工具，指示点列［端点］：F1 切换成【任意点】，左键单击工作区任意位置▼1、▼2，右键结束	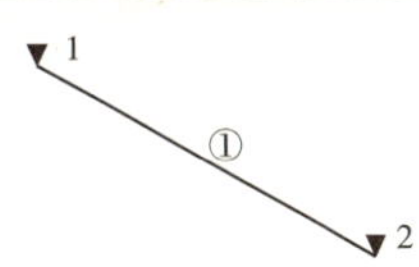
端点		F2	线段的端点及距离端点一定距离的点。输入正值代表点在要素上，输入负值代表点在要素的延长线上 例 1：连接 A、B 点，见图 a。 【画线】工具，指示点列［端点］：鼠标靠近线①，当 A 点加亮显示时单击线①；鼠标靠近线②，当 B 点加亮显示时单击线②；右键确认。 例 2：连接 C、D 点，C 点距 A 点 3 厘米，D 点距 B 点 5 厘米，见图 b。 【画线】工具，指示点列［端点］：输入框中输入 3，回车，鼠标靠近线①，当 C 点加亮显示时单击线①；输入框中输入 -5，回车，鼠标靠近线②，当 B 点加亮显示时单击线②，右键确认	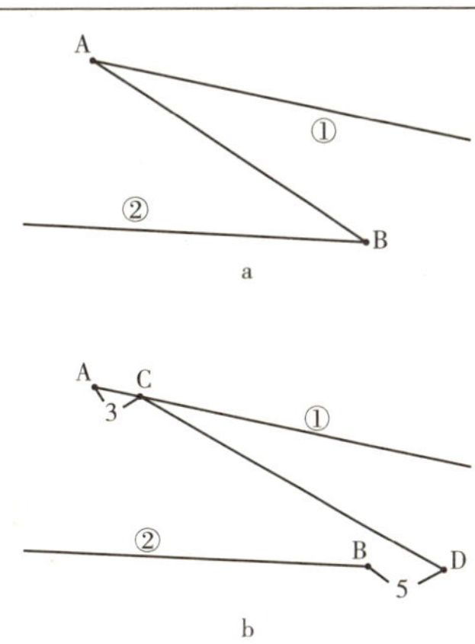
中心点		F3	要素的中点 例：连接 A、B 点，A 点为线①中点，B 点为线②中点。 【画线】工具，指示点列［端点］：F3 键切换成【中心点】，单击线①，找到线①的中点 A，单击线②，找到线②的中点 B，右键确认	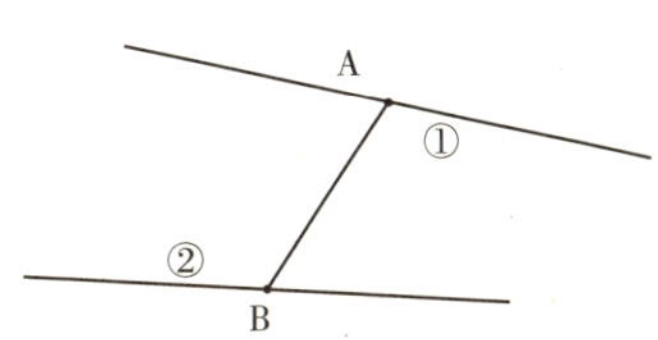

续表

名称	图标	快捷键	功能及使用方法	图　例
交点		F4	两条要素的交点 例：连接A、B点，A点为线①、线②的交点。 【画线】工具，指示点列[端点]：F4键切换成【交点】，单击线①、线②，找到两要素的交点A；F2键切换成【端点】，鼠标靠近线③，当B点加亮显示时单击线③，右键确认	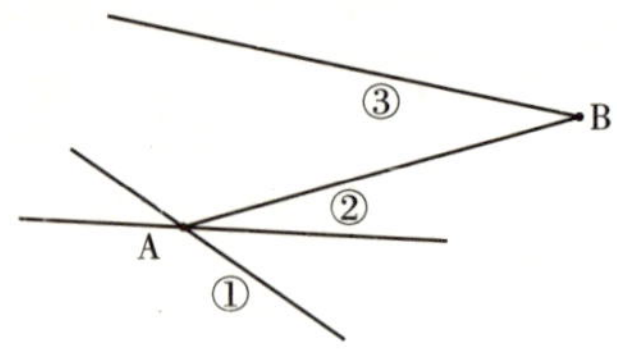
投影点		F5	要素上任意位置点 例：连接A、B点，A点、B点是线①、线②上的任意点。 【画线】工具，指示点列[端点]：F5键切换成【投影点】，单击线①，线②，右键确认	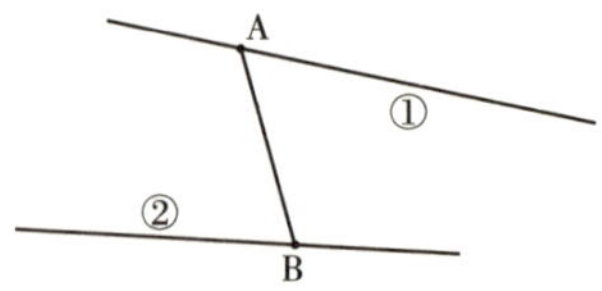
比率点		F6	要素上一定比例的点 例：连接A、B点，A点为线①的1/3点，B点为线②的1/4点。 【画线】工具，指示点列[端点]：F6键切换成【比率点】，输入框中输入0.33，回车，鼠标靠近线①，当A点加亮显示时单击线①；输入框中输入0.25，回车，鼠标靠近线②，当B点加亮显示时单击线②，右键确认。注意，输入框中只能输入小数	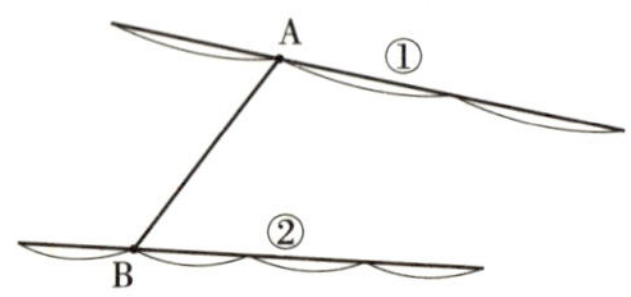
参数点		F7	与其他点有函数关系的点，与上述6个点组合使用。包括3种参数点模式：移动点、两点间移动点、要素上移动点 1. 移动点 例：连接B、C点。C点距A点横偏移3厘米，纵偏移6厘米。 【画线】工具，指示点列[端点]：F7键切换成【参数点】，弹出【参数点】对话框，选择"移动点"，【横偏移】中输入3，【纵偏移】中输入6，单击【确定】。指示点：A点（从A点按输入的偏移量找到C点），B点，右键确认	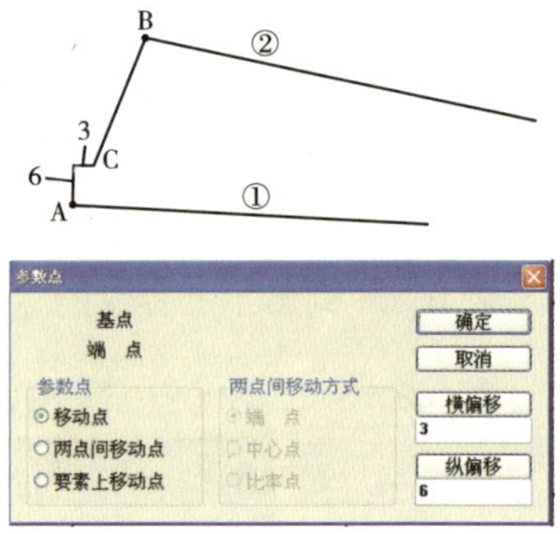
			2. 两点间移动点 例：连接A、B点。B点距C点3厘米。 【画线】工具，指示点列[端点]：F7键切换成【参数点】，弹出【参数点】对话框，选择"两点间移动点"，"两点间移动方式"选择"端点"，【移动量】中输入3，单击【确定】。指示两点：C点，D点（沿C、D连线距C点3厘米找到B点）；指示点列：A点，右键确认	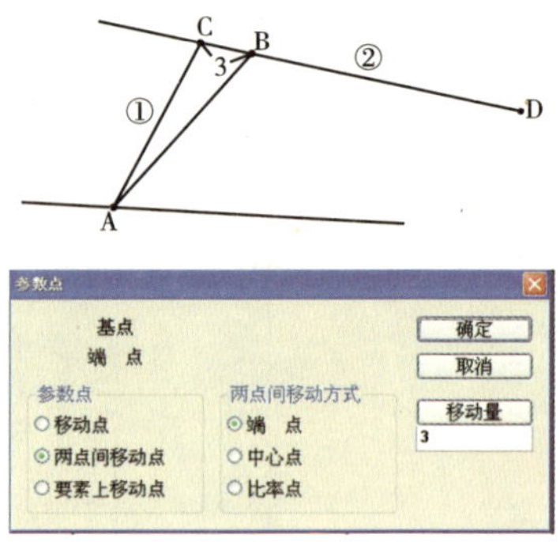
			3. 要素上移动点 例：连接A、B点。B点距C点3厘米。 【画线】工具，指示点列[端点]：F7键切换成【参数点】，弹出【参数点】对话框，选择"要素上移动点"，【移动量】中输入3，单击【确定】。指示点：C点，指示要素：靠近D点点击线①，指示点列：A点，右键确认	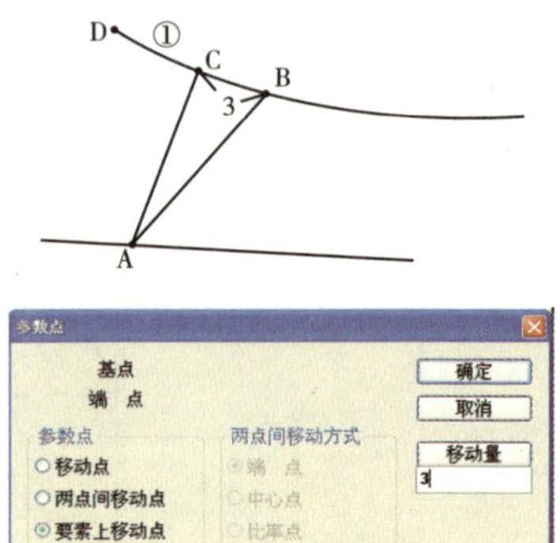

名称	图标	快捷键	功能及使用方法	图　例
要素		F8	指单一的线段、圆、文字、记号等，需要用鼠标一个一个指示。当鼠标滑过要素时，要素变蓝 例：删除线①，线②。 【删除】工具，指示要素［领域上］：F8 键切换成【要素】，一条一条选取。单击线①、线②，右键确认，删除完成	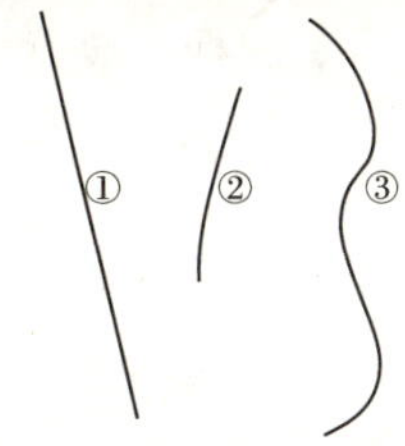
领域内		F9	选择框内完全包含的要素 例：删除线②。 【删除】工具，指示要素［领域上］：点击图标或按 F9 键切换成【领域内】，指示选择框对角两点▼1、▼2，线②被选中，变蓝色，右键确认，删除完成	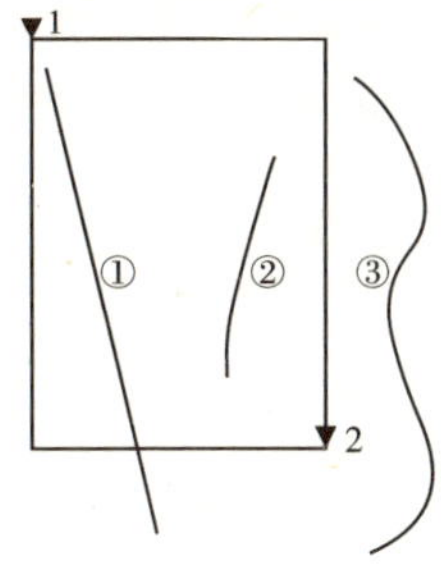
领域上		F10	选择框内完全包含的要素及和选择框相交的要素 例：删除线①，线②。 【删除】工具，指示要素［领域上］：指示选择框对角两点▼1、▼2，线①、线②均被选中，变蓝色，右键确认，删除完成	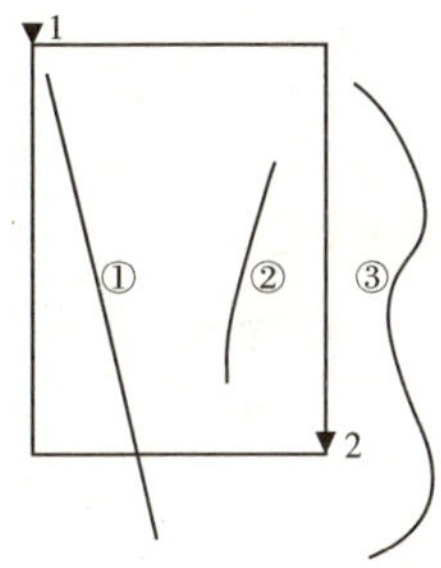
布片		F11	选取做成的布片，包括布片上的全部要素 例：删除领片。 【删除】工具，指示要素［领域上］：F11 键切换成【布片】，鼠标变成“手形”，指示领片，右键确认，删除完成	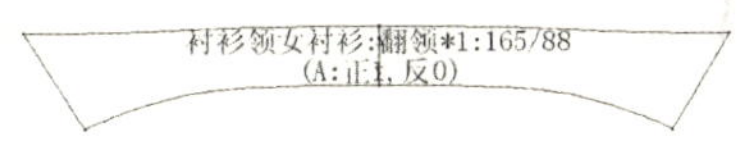
连线要素			选取首尾相连的多个要素 例：删除线①、线②、线③。 【删除】工具，指示要素［领域上］：点击图标，切换成【连线要素】，单击⧓1，右键确认，则线①、线②、线③一起选中被删除	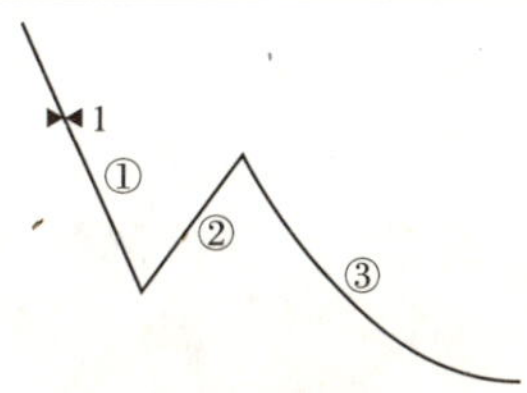
最小外周		F12	选择框内最小封闭区域 例：填充 【作图】/【区域填充】工具，指示填充区域：指示封闭领域 1，右键确认；指示基准点：任意一点，弹出【填充设定】对话框，按提示选择填充面料，单击【确定】	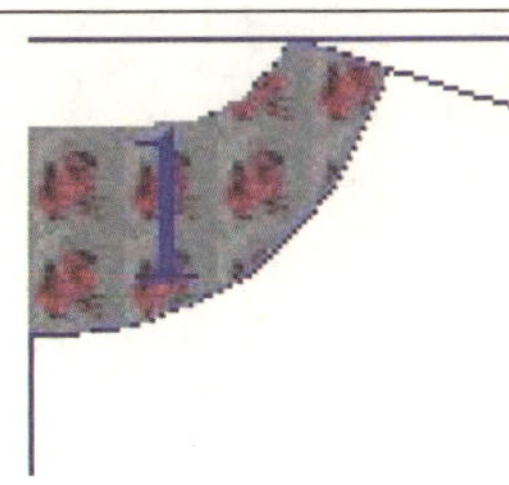

3.2.3　操作基本流程

1. 建立尺寸表

单击【新建】，进入【尺寸表】对话框，设定号型、尺寸（见图 3.2.21）。

2. 选择打板方式

在打板界面的左下方选择打板方式，见图 3.2.22，主要有两种：数值表法和尺寸表法。数值表法是指通过输入数值控制制图过程，尺寸表法是指通过输入公式控制制图过程，而且，尺寸表法制图在绘制基础层纸样的同时其他各号型纸样都将一并画出。单击【多层显示】图标，显示为网状图，即打好板即推好板。参数表法不是独立的制板方法，是在打板过程中产生的尺寸再利用到制板中的一种方法。

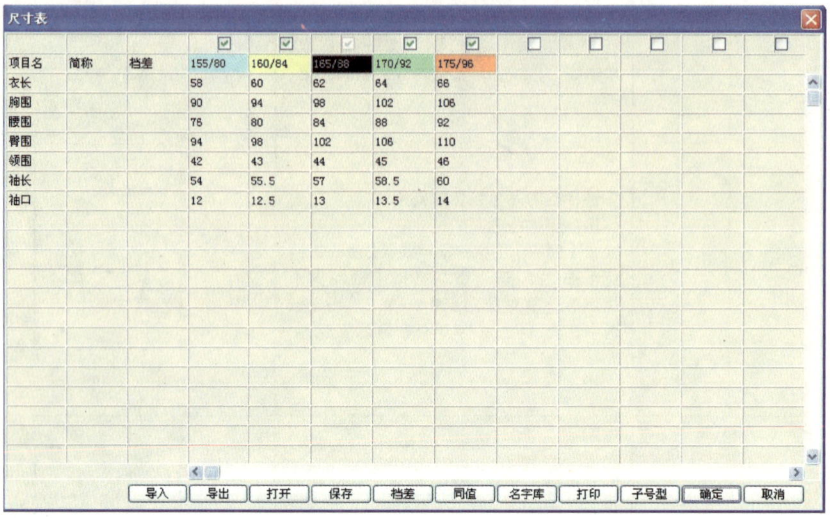

尺寸表

项目名	简称	档差	155/80	160/84	165/88	170/92	175/96
衣长			58	60	62	64	66
胸围			90	94	98	102	106
腰围			76	80	84	88	92
臀围			94	98	102	106	110
领围			42	43	44	45	46
袖长			54	55.5	57	58.5	60
袖口			12	12.5	13	13.5	14

导入 导出 打开 保存 档差 同值 名字库 打印 子号型 确定 取消

图 3.2.21 尺寸表

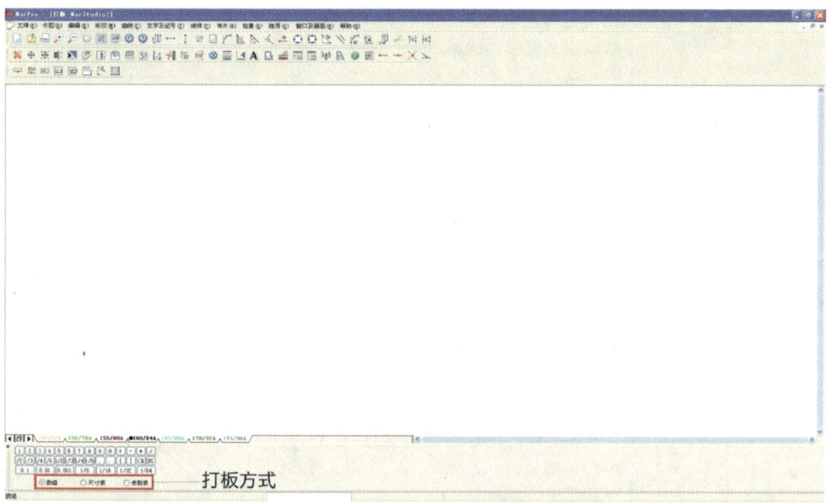

图 3.2.22 选择打板方式

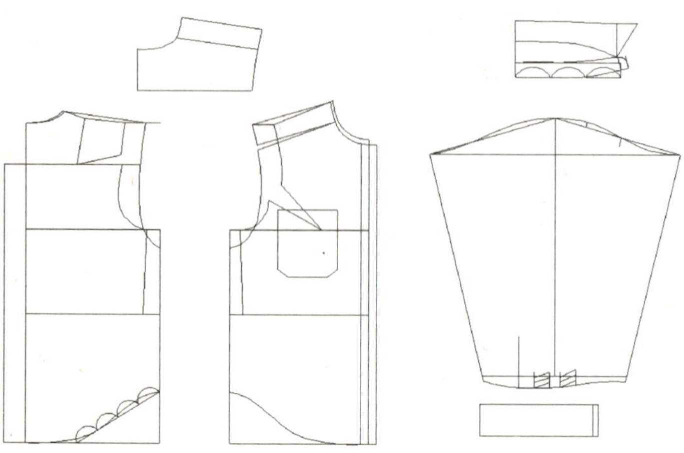

图 3.2.23 宽松式女衬衫结构图

3. 制作纸样并检查

利用系统提供的各种纸样设计、编辑、修改工具制作纸样，利用检查工具，可以对样板进行如下方面的复核。

（1）对设定尺寸的复核。

（2）对缝合线吻合关系的复核。

（3）对各对位记号的复核。

（4）对布纹线、缝份的复核。

图 3.2.23 为宽松式女衬衫的结构图。

4. 生成布片

利用【布片生成】工具把衣片从结构图中

分解出来，并根据缝制工艺的要求加缝边、纱向、剪口、文字，使之具有布片的特性（见图 3.2.24）。

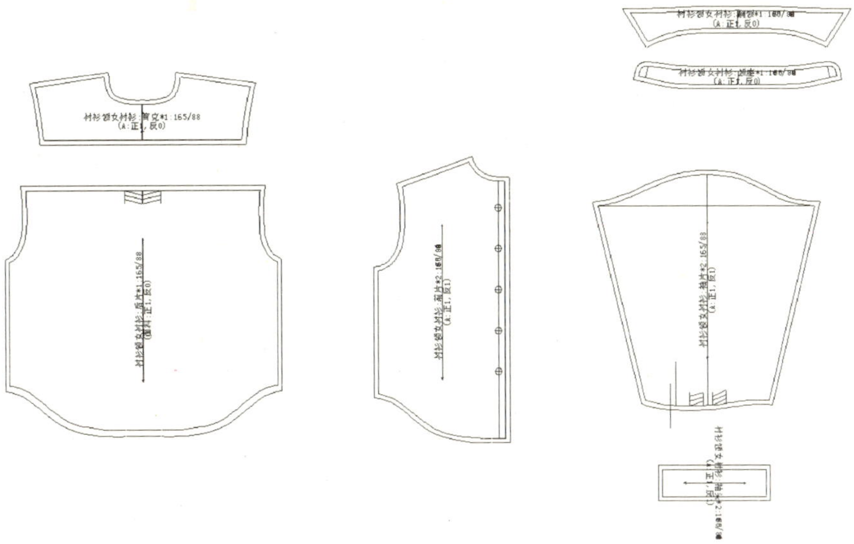

图 3.2.24 生成布片

5. 保存

纸样制作完成后，单击【保存】工具，将其保存到指定目录下。打板文件保存的格式为“*.pac”。

3.3 NacPro 服装 CAD 推板系统

放码系统即推板系统，是把一个服装基础号型样板推放成多号型样板的操作模块。在服装 CAD 应用中，是通过数字化仪输入基础号型样板到软件中，或者通过软件打板模块制做好基础号型样板，再到推板模块中进行操作，实现纸样的推放。日升 NacPro 推板系统功能强大，操作简洁，能方便地实现板师的各种技术要求。

3.3.1 工作界面介绍

3.3.1.1 放码系统窗口布局

在 NacPro 系统主界面上，单击推板图标，或者在打板系统中，选择【文件】/【推板】命令，可以进入推板系统界面（见图 3.3.1）。

推板界面组成部分和打板界面相同的地方从略，不同的地方是衣片选择区。

单击衣片选择区中的布片，该布片进入工作区，也可单击【编辑】菜单下的【布片全选】、【布片收回】、【布片全部收回】，使布片进入或离开工作区。衣片选择区和键盘输入区的切换是通过界面左下方的布片按钮来完成的。

3.3.1.2 工具条内容（见图 3.3.2、图 3.3.3）

3.3.1.3 桌面工具图标和右键功能的定制

定制方法和打板系统完全相同，区别在于推板系统的右键也可以设置打板系统中的工具。

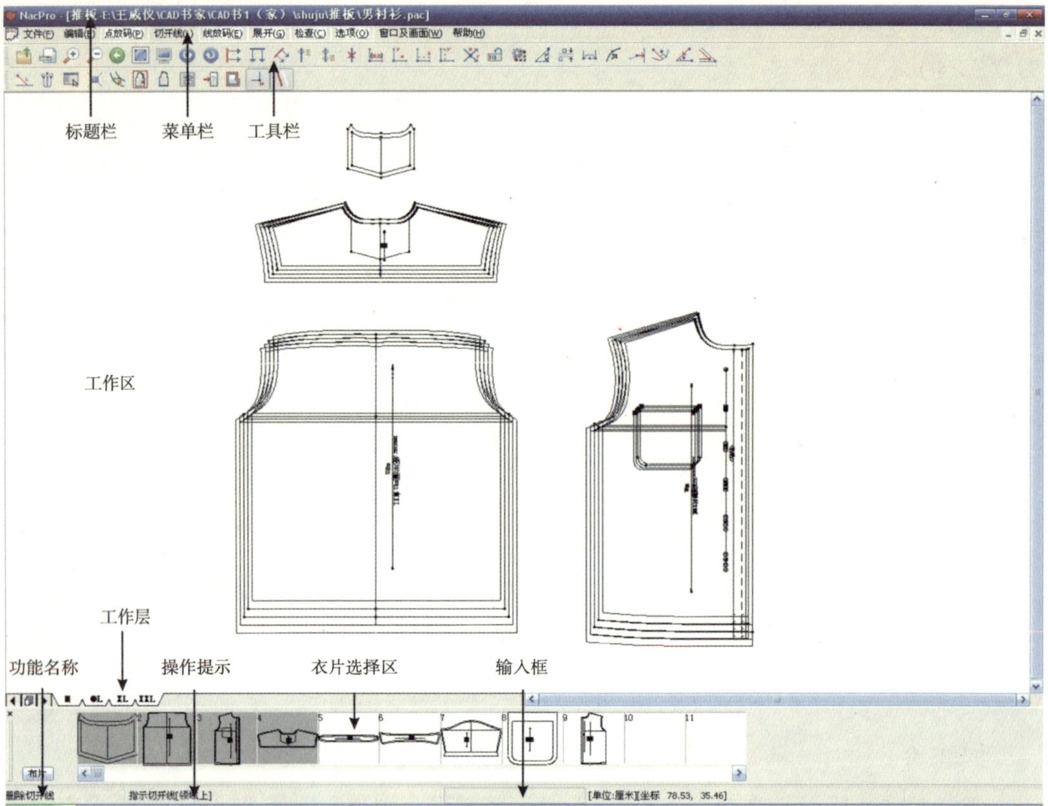

图 3.3.1　NacPro 推板系统主画面

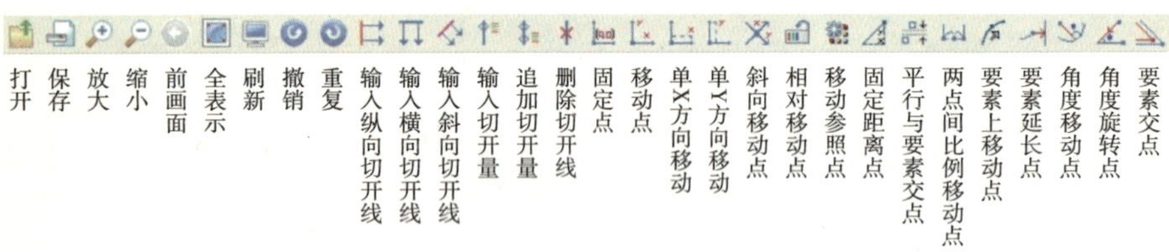

图 3.3.2　推板工具条 1

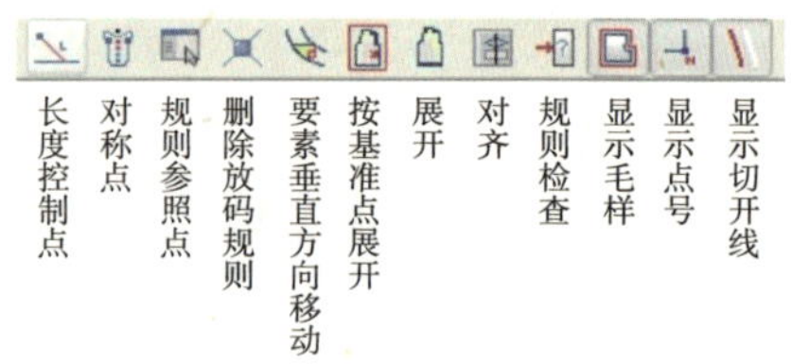

图 3.3.3　推板工具条 2

3.3.1.4　菜单

NacPro 推板系统的菜单栏上排列了 10 大类命令（见图 3.3.4），应用菜单中的命令可以完成 NacPro 推板系统的所有任务。

图 3.3.4　NacPro 推板系统菜单

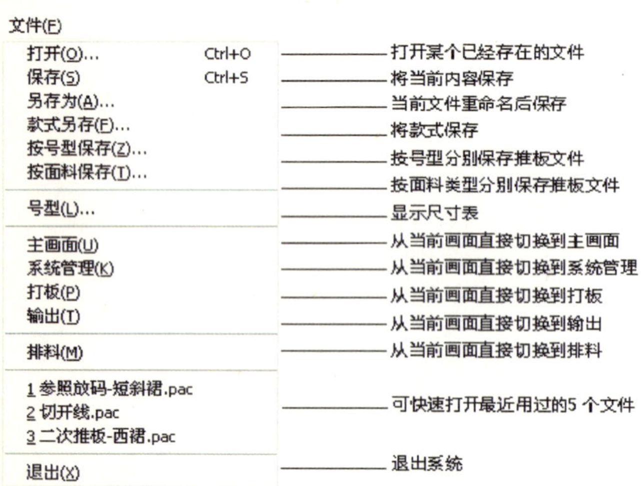

图 3.3.5　文件菜单

1. 文件

文件菜单包括了一系列的文件管理工具（见图 3.3.5）。

2. 编辑

编辑菜单包括了放码点的增删和布片的放收等一系列对纸样的编辑命令（见图 3.3.6）。

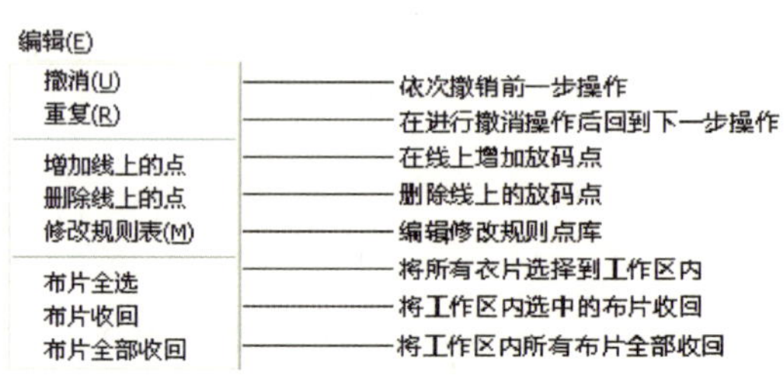

图 3.3.6　编辑菜单

3. 点放码

点放码菜单包括了一系列的点放码命令（见图 3.3.7）。

4. 切开线

切开线菜单包括了一系列的切开线放码命令（见图 3.3.8）。

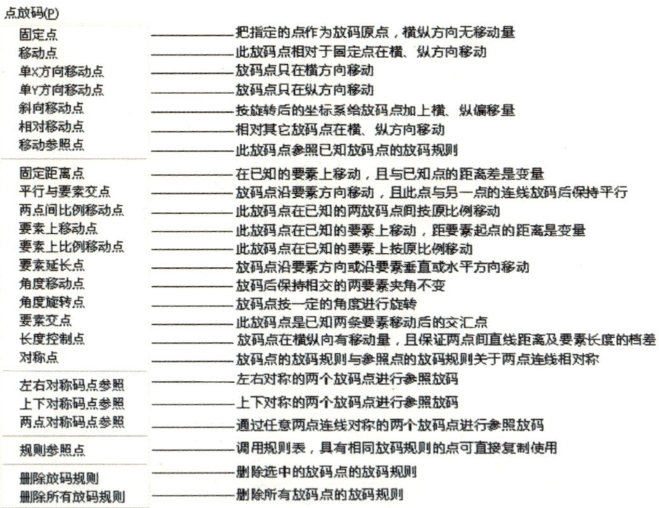

图 3.3.7 点放码菜单

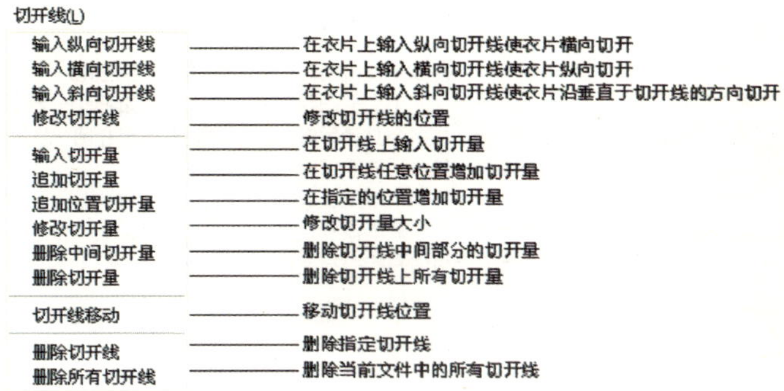

图 3.3.8 切开线菜单

5. 线放码

线放码菜单包括了一系列的线放码命令（见图 3.3.9）。

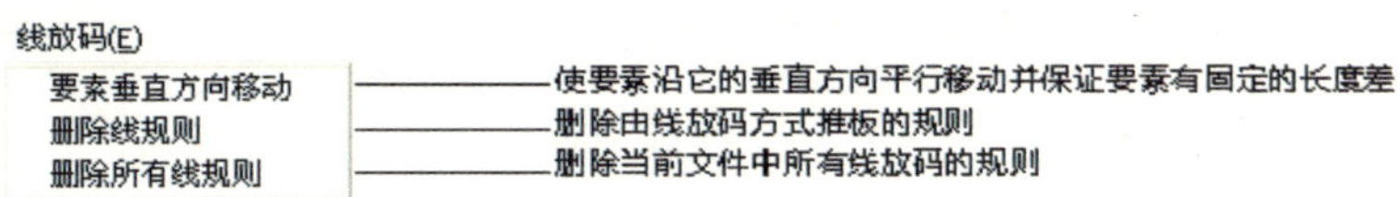

图 3.3.9 线放码菜单

6. 展开

展开菜单包括了纸样展开命令（见图 3.3.10）。

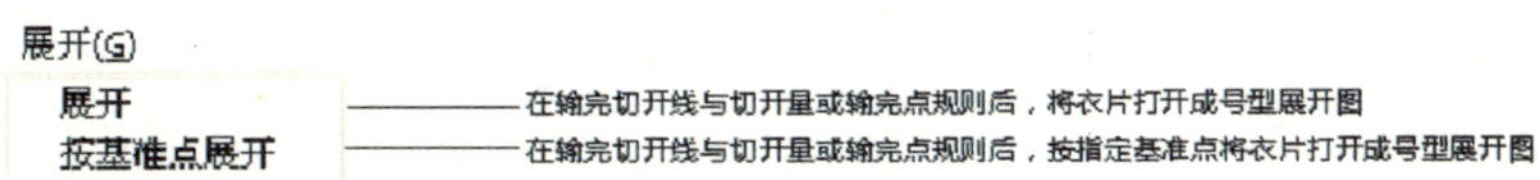

图 3.3.10 展开菜单

7. 检查

检查菜单包括了对推板的检查和核对的命令（见图 3.3.11）。

8. 选项

选项菜单包括了放码系统默认选项设定的命令（见图 3.3.12）。

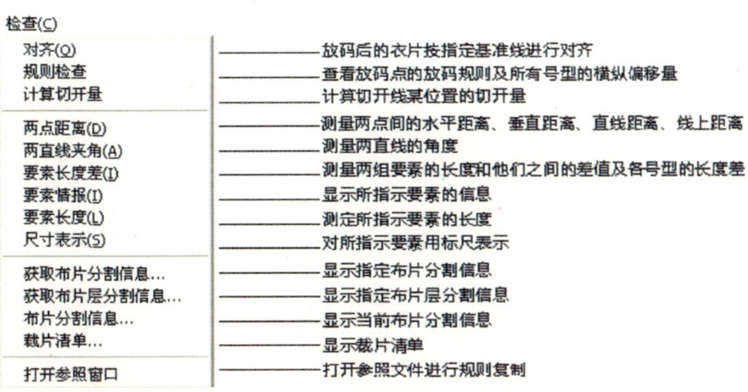

图 3.3.11 检查菜单

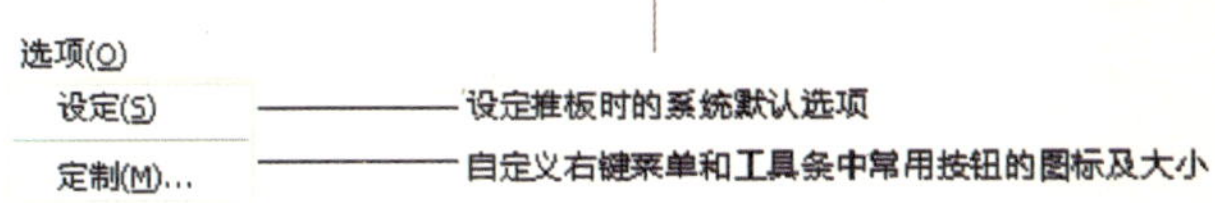

图 3.3.12 选项菜单

9. 窗口及画面

窗口及画面包括了管理窗口及画面的命令（见图 3.3.13）。

10. 帮助

帮助菜单包括了操作说明、版本等相关信息（见图 3.3.14）。

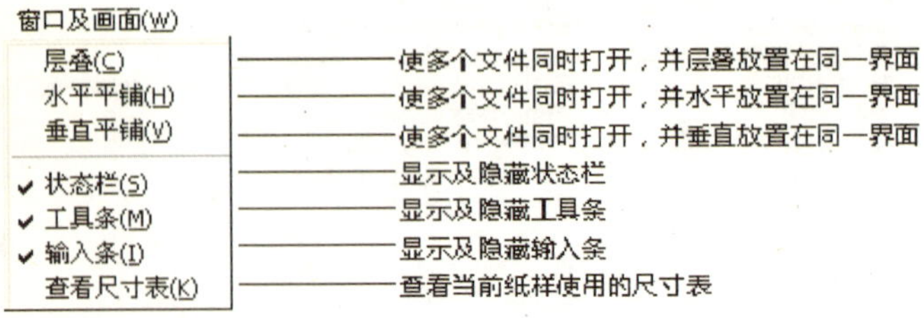

图 3.3.13 窗口及画面菜单

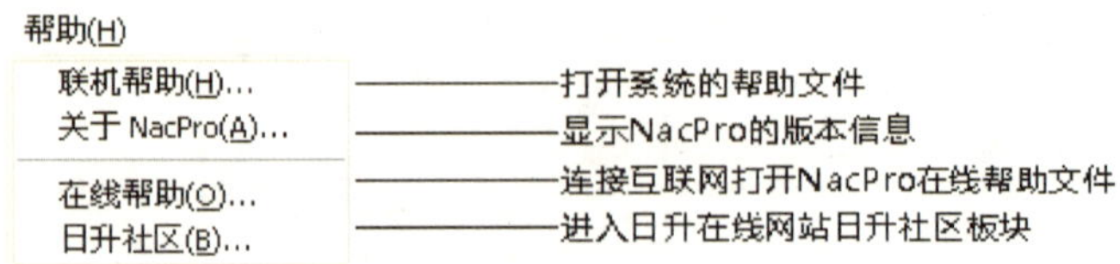

图 3.3.14 帮助菜单

3.3.2 操作基本流程

1. 建立尺寸表

如果纸样文件是在打板系统中制作完成的，那么尺寸表就是建立好的；如果文件是通过数字化仪输入的，想在推板系统中采用尺寸表方式推板，就必须建立尺寸表。尺寸表是尺寸表方式推板的数据依据。

2. 选择推板方式

NacPro 提供“数值表”和“尺寸表”两种推板方式。

（1）数值表方式：各放码点的放码量在长度、围度方向以数值的形式输入。

（2）尺寸表方式：各放码点的放码量依据制板方式在长度、围度方向以代数式的形式输入。

在“键盘显示”状态下，屏幕左下方可以在“数值”和“尺寸表”方式中切换（见图 3.3.15）。“参数表”不能单独使用，它是在推板过程中使产生的尺寸再利用的一种方式。

图 3.3.15 选择打板方式

3. 利用推板的各种工具推板并检查样板

通过使用推板中的点放码、切开线、线放码等各种工具条或菜单中的工具完成推板过程，图 3.3.16 为女衬衫的推板结果。推板过程中可以利用检查工具，对放码结果进行以下方面的检查。

（1）基准板正确。

（2）档差无误。

（3）放码规则准确。

（4）网状图均匀。

（5）测量相关部位尺寸。

放码系统中的检查功能主要有以下几方面。

（1）对齐工具：对齐功能是按指

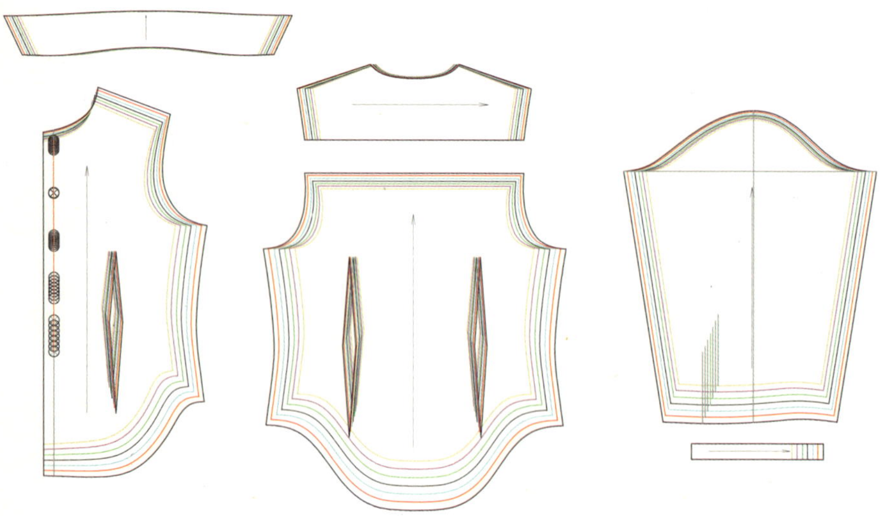

图 3.3.16 女衬衫推板

定的点或要素对齐各号型纸样。NacPro 分成点对齐和方向对齐。选择点对齐后还可以选择自己对齐或参照对齐两种方式；选择方向对齐后，也可以选择自己对齐或参照对齐两种方式。

（2）规则检查工具：框选某个放码点，显示出【放码规则】对话框，可以查看放码规则，显示出的档差值可以存入尺寸表、规则表，也可以修改档差、再计算。

（3）要素长度差工具：可以检查相应缝合线的长度是否一致或缩缝量是否准确。如前后侧缝、前后肩线、袖窿与袖山等，测量结果可以存入参数表供以后使用。

（4）要素长度、两点距离工具：可以检查各号型样板各部位的尺寸。

4. 保存

推板文件保存格式为“*.pac”，NacPro 推板系统中增加了【按号型保存】工具，可以按照每个号型一个文件的方式保存。

3.4　NacPro 服装 CAD 排料系统

3.4.1　工作界面介绍

3.4.1.1　排料系统窗口布局

在 NacPro 系统主界面上，单击排料图标，或者在桌面上单击图标，或者在打板、推板系统下的【文件】菜单中选择【排料】命令，可以进入排料系统界面（见图 3.4.1）。

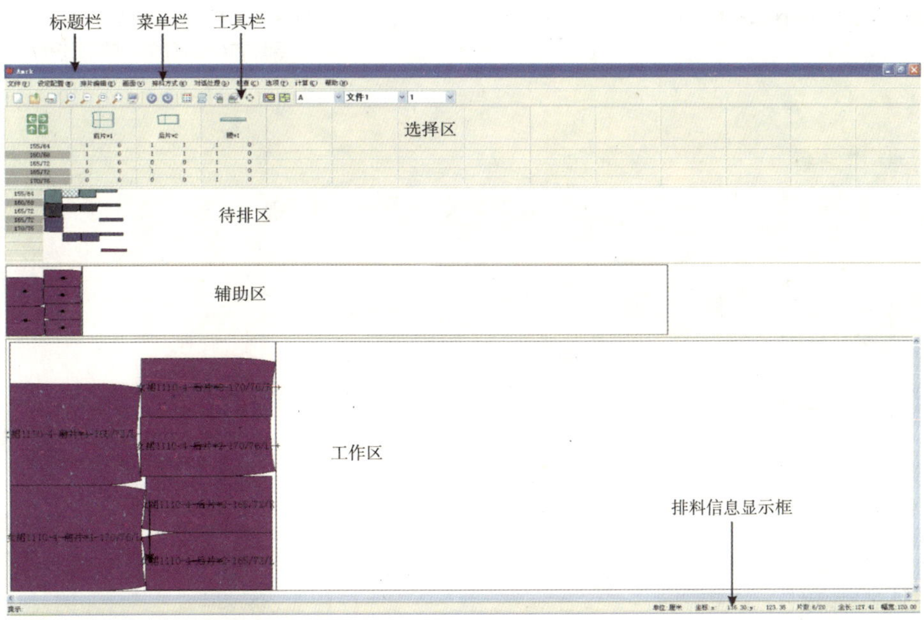

图 3.4.1　NacPro 排料系统主画面

- 选择区：显示布片号型、图形、片数。
- 待排区：所有未排布片在此区域显示。
- 辅助图区：不论工作区是否局部放大，此区域可完整显示排料图。
- 工作区：在此区域完成排料的操作。

3.4.1.2 工具条内容（见图 3.4.2）

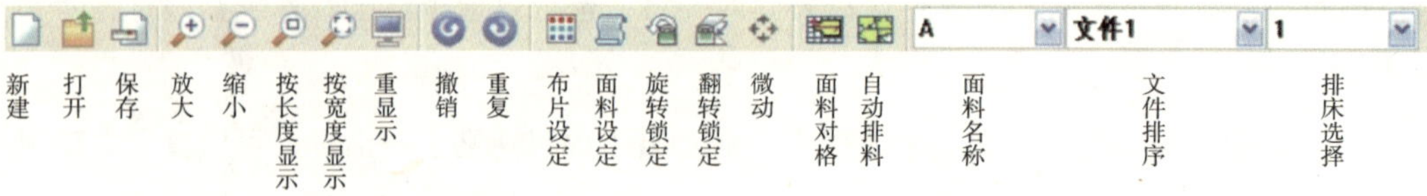

图 3.4.2 排料工具条

3.4.1.3 右键的定制

同打板和推板一样，可以把常用工具设制在右键菜单上，设制方法同打板、推板系统。

3.4.1.4 菜单

NacPro 排料系统的菜单栏上排列了十大类命令（见图 3.4.3），应用菜单中的命令可以完成 NacPro 排料系统的所有任务。

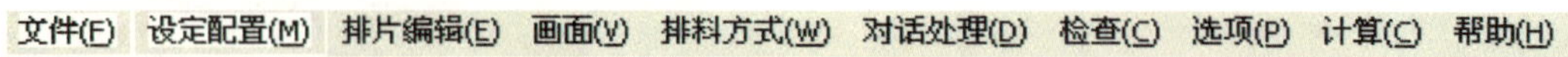

图 3.4.3 NacPro 排料系统菜单

1. 文件

文件菜单包括了一系列文件管理的命令（见图 3.4.4）。

2. 设定配置

设定配置菜单包括了布片、面料参数设定的命令（见图 3.4.5）。

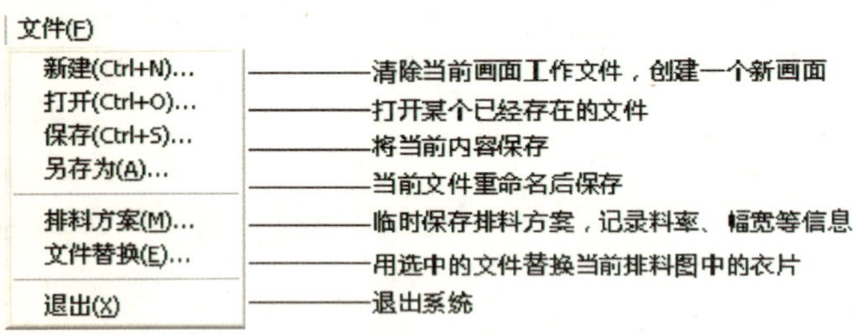

图 3.4.4 文件菜单

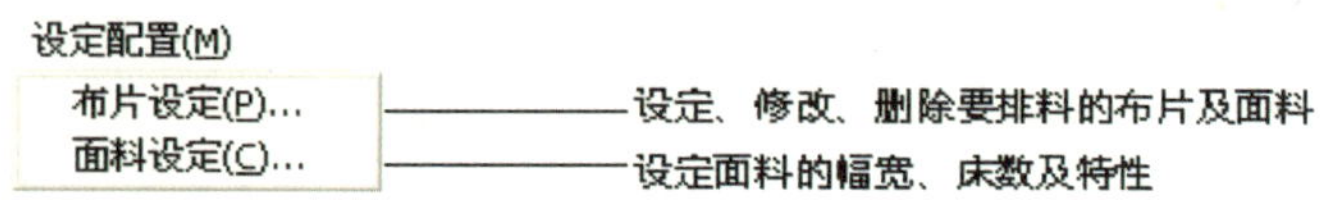

图 3.4.5 设定配置菜单

3. 排片编辑

排片编辑菜单包括了一系列排片的收放命令（见图 3.4.6）。

4. 画面

画面菜单包括了一系列画面显示的命令（见图 3.4.7）。

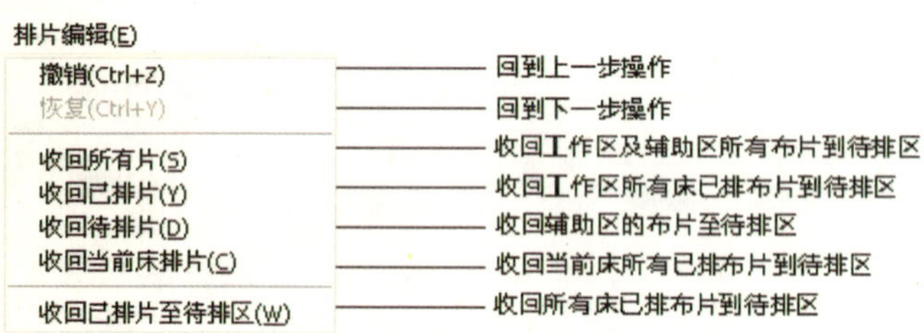

图 3.4.6 排片编辑菜单

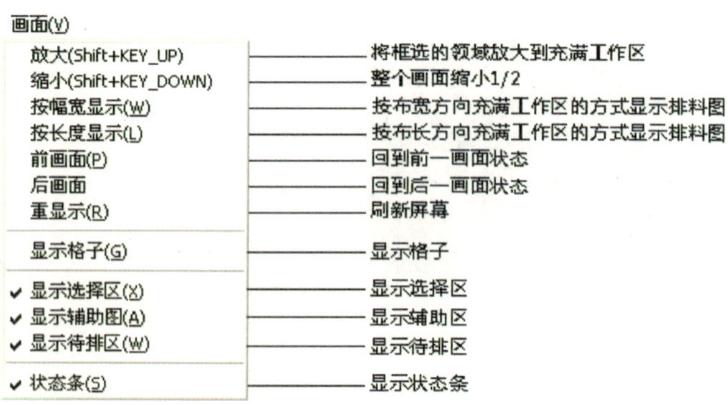

图 3.4.7 画面菜单

5. 排料方式

排料方式菜单包括了一系列排料方式的命令（见图 3.4.8）。

6. 对话处理

对话处理菜单包括了一系列和排片编辑相关的命令（见图 3.4.9）。

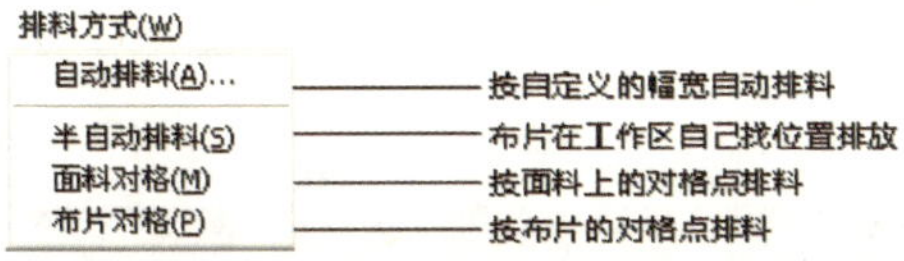

图 3.4.8 排料方式菜单

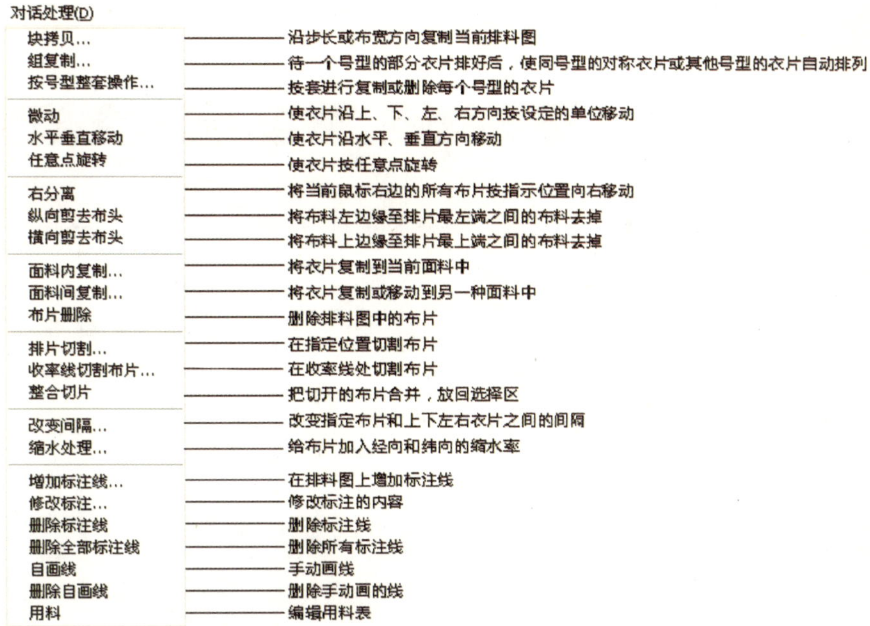

图 3.4.9 对话处理菜单

7. 检查

检查菜单包括了一系列检查排片的命令（见图 3.4.10）。

8. 选项

选项菜单包括了一系列排料参数设定的命令（见图 3.4.11）。

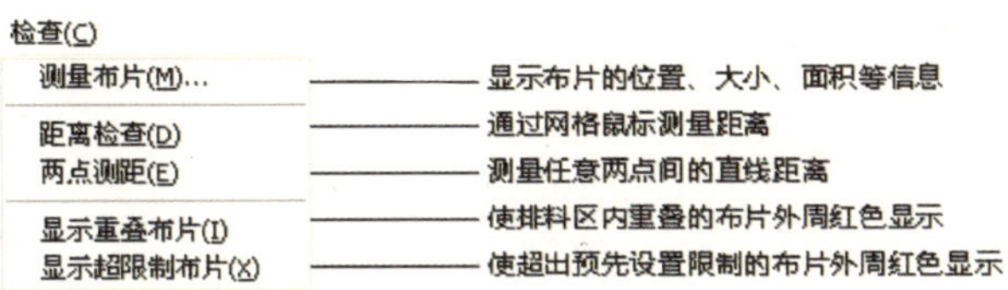

图 3.4.10 检查菜单

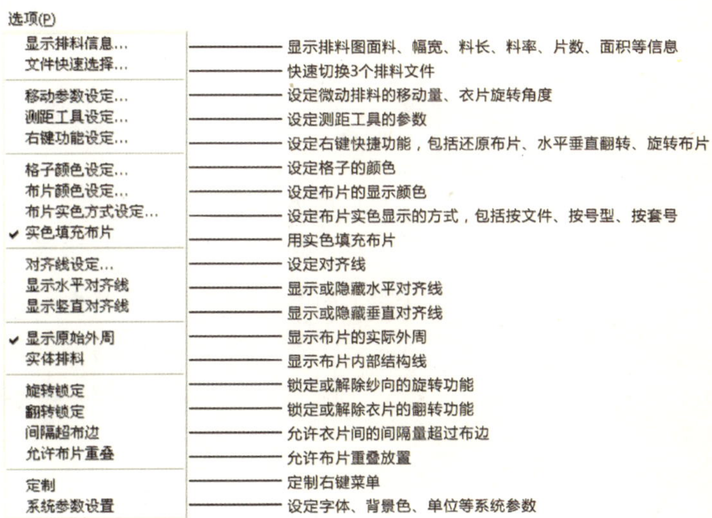

图 3.4.11 选项菜单

9. 计算

计算菜单包括了一系列计算布长、重量的命令（见图 3.4.12）。

10. 帮助

帮助菜单包括了系统各工具、菜单的定义及使用方法（见图 3.4.13）。

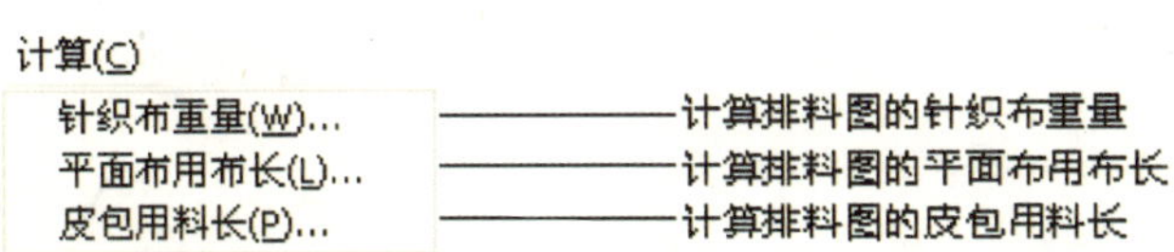

图 3.4.12 计算菜单

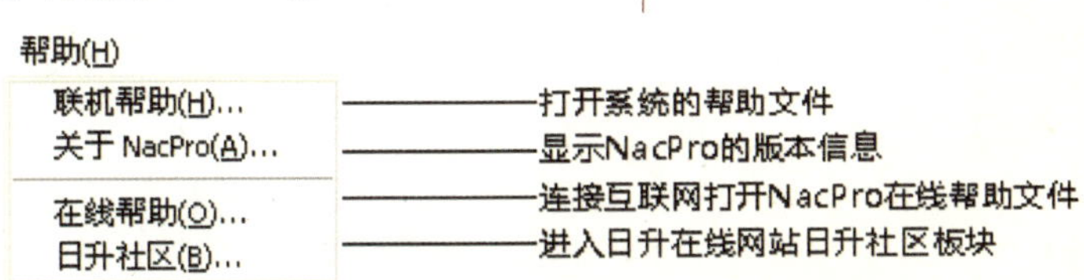

图 3.4.13 帮助菜单

3.4.1.5 常用快捷键

排料过程中，为提高工作效率，可以使用快捷键。表 3.4.1 列出了 NacPro 排料系统常用快捷键。

表 3.4.1　　　　NacPro 排料系统常用快捷键

快捷键	功能	操　作
F1 ~ F8	F1	水平翻转
	F2	垂直翻转
	F3	顺时针角度旋转，每按一次鼠标旋转的角度在【参数设定】中设制
	F4	逆时针角度旋转，每按一次鼠标旋转的角度在【参数设定】中设制
	F5	顺时针最大角度旋转，每按一次鼠标旋转的角度在【参数设定】中设制
	F6	逆时针最大角度旋转，每按一次鼠标旋转的角度在【参数设定】中设制
	F7	180° 旋转
	F8	角度复归
Ctrl	多片移动	按住【Ctrl】键的同时鼠标左键依次点选衣片，可以把选中的衣片一起移动
	强制布片重叠	先将衣片移动到与另一衣片重叠位置，按下【Ctrl】键，松开鼠标
Shift	多片移动	按住【Shift】键的同时，鼠标左键拖动框选衣片，可以把选中的衣片一起移动
	成组与解组	【Shift】/【Ctrl】+ 鼠标左键框选衣片 +【A】键，使选中的衣片成组
		【Shift】/【Ctrl】+ 鼠标左键框选衣片 +【S】键，使选中的衣片解组
Delete	收回衣片	选中已在选择区中要收回的衣片，按【Delete】键，即可完成衣片的收回
↓←→	方向键	选中衣片，按↑↓←→方向键，可以使衣片沿所在位置的垂直下方、垂直上方、水平左方、水平右方的方位移动

技巧：【Ctrl】和【Shift】键都可实现布片的多片移动，区别在于使用 Ctrl 键需要点选衣片，使用 Shift 键需要框选衣片。

3.4.2 操作基本流程

1. 布片设定

在排料界面点击【新建】或【设定配置】/【布片设定】命令，进入【布片设定】对话框（见图 3.4.14）。单击 增加 按钮，找到要进行排料的文件，设定进行排料的号型、设定每个号型排料所需的套数及布片其他的一些特性设置。

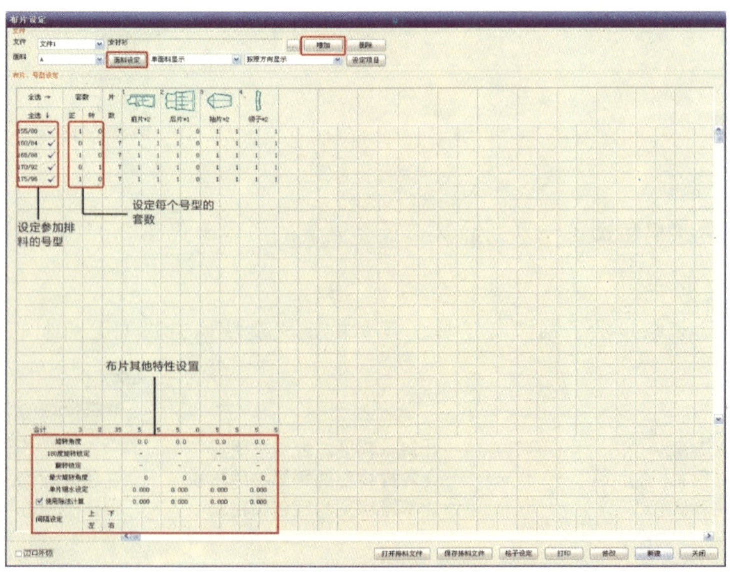

图 3.4.14　布片设定

2. 面料设定

选择【设定配置】/【面料设定】命令或选择【布片设定】对话框中的【面料设定】，设定各种面料的幅宽、料长和床数，按【确定】按钮完成设定（见图 3.4.15）。

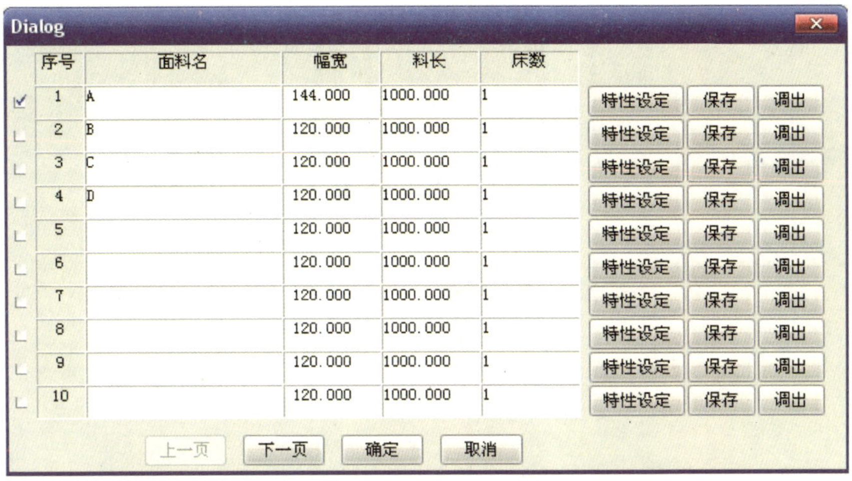

图 3.4.15　面料设定

3. 选择排料方式，进行排料

NacPro 提供 3 种排料方式：人机对话式排料、自动排料、半自动排料。用户可根据需要在菜单【排料方式】中选择所需的排料方式。图 3.4.16 为 NacPro 的排料结果。

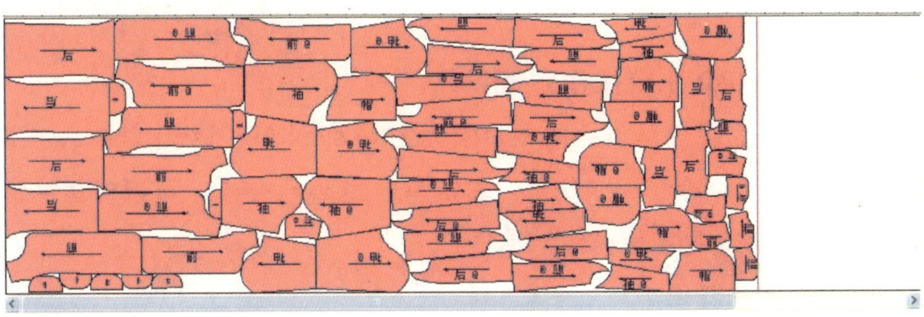

图 3.4.16　NacPro 的排料结果

4. 保存

排料图完成后，单击【保存】按钮，存储排料图，保存的格式为“*.amk”。

3.5　NacPro 服装 CAD 文件管理系统

3.5.1　工作界面介绍

NacPro 服装 CAD 系统不仅具有管理自有文件的功能，能够建立数据库将文件进行集中、分类、备份、共享、读取等一系列操作，还能将不同类型的原型进行分类储存建立常用原型库，便于用户修改使用。另外，还能集中管理各种 DXF 文件，并进行必要的分类处理。

NacPro 文件管理系统既能管理自有文件格式 *.pac 纸样文件和 *.amk 排料文件，也能管理 NAC2000 的 *.pa1、*.mrk、*.mk1 等格式文件，同时还兼容 CAD 行业的通用文件格式 *.plt、*.dxf、*.hpgl 等。

图 3.5.1 为 NacPro 文件管理系统的主界面。

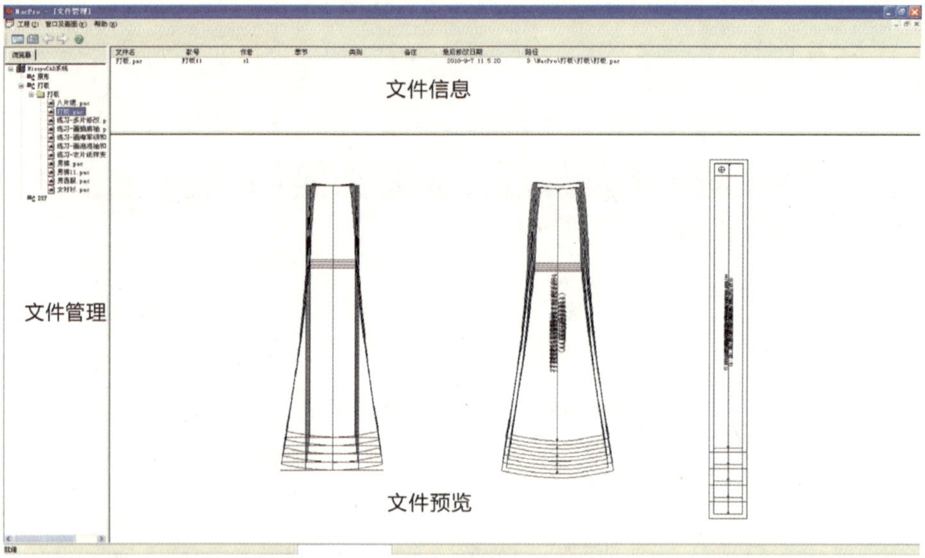

图 3.5.1 NacPro 文件管理系统主界面

单个文件预览：左键单击某个文件，文件预览区显示文件，文件信息区显示文件的名称、款号、作者等信息。

整个文件夹预览：左键单击某个文件夹，文件预览区显示文件夹中的文件，最多显示 6 个。

3.5.2 文件管理系统操作方法

3.5.2.1 NissyoCAD 系统操作方法

在系统初始状态下，文件管理器的根目录为【NissyoCAD 系统】，NissyoCAD 系统又由【原型】和【DXF】两个子目录构成。右键单击 NissyoCAD系统，可以对文件管理器做新建、参照、备份、恢复、刷新等操作。

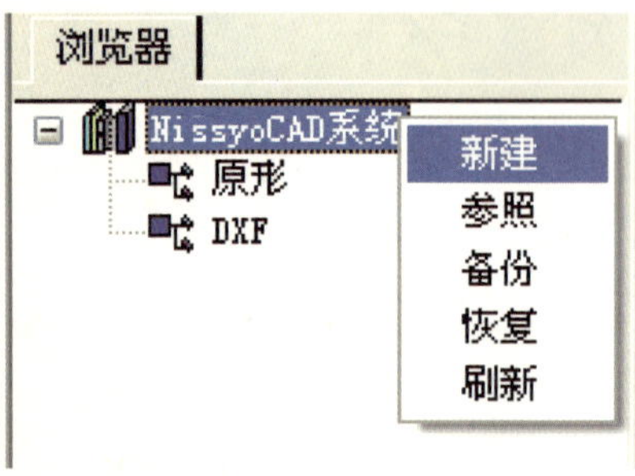

图 3.5.2 右键选择功能界面

1. 右键选择功能

右键选择功能（见图 3.5.2）。

在 NissyoCAD系统 上单击右键，弹出【新建】、【参照】、【备份】、【恢复】、【刷新】5 个选项。

2. 新建

在文件管理器中添加新数据库。单击【新建】，弹出【新建数据库】对话框。输入名称、选择路径后，在 NissyoCAD 系统下新建了一个数据库（见图 3.5.3）。

图 3.5.3 新建界面

3. 参照

把文件从其他文件夹中调入当前数据库或从网上邻居里共享其他计算机中的文件。单击【参照】，弹出【数据源参照】对话框，选择要调入的文件后，单击【确定】，即把文件调入了 NissyoCAD 系统（见图 3.5.4）。

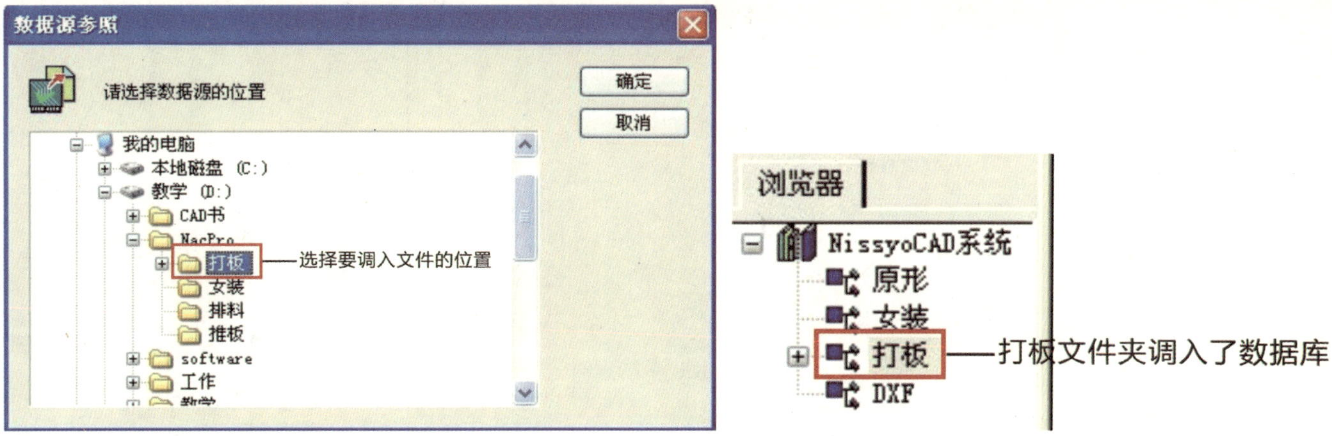

图 3.5.4 参照界面

4. 备份

备份当前数据库，防止数据丢失。左键选择【备份】，弹出【系统备份】对话框，勾选备份内容，选择备份位置，按【确定】键，在相应位置生成一个按照备份时间命名的备份文件夹（见图 3.5.5）。

5. 恢复

调出以前备份的数据库。左键选择【恢复】，弹出【系统恢复】对话框，勾选恢复内容，选择备份所在位置，按【确定】键（见图 3.5.6）。

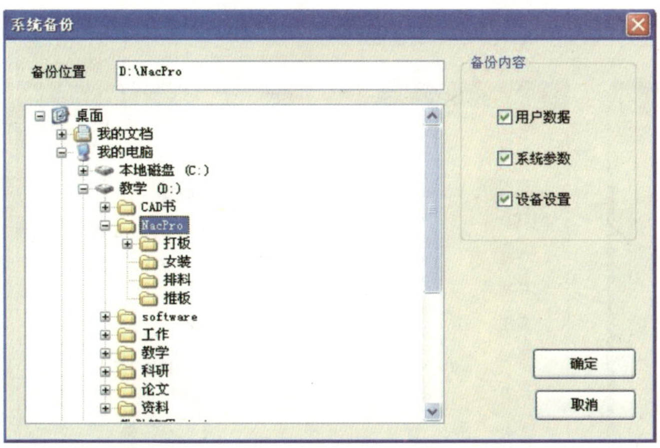

图 3.5.5 备份界面

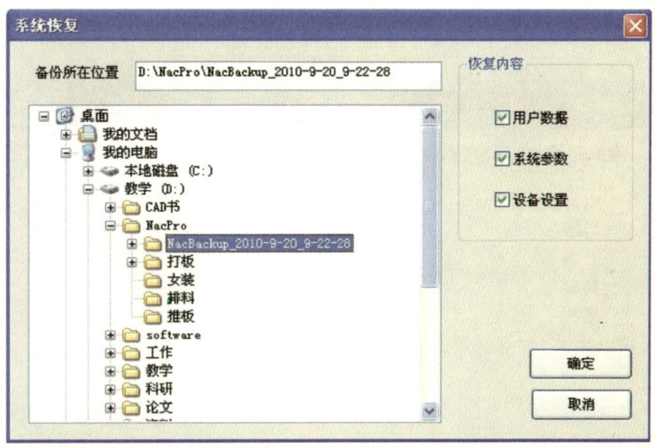

图 3.5.6 恢复界面

6. 刷新

刷新整个管理器及画面。常在删除某个文件或数据库后，需要刷新。

3.5.2.2 第二级数据库操作说明

在【NissyoCAD 系统】下任意一个子目录上单击右键，弹出新建、导入、导出、刷新、搜索、属性、压缩并 E-mail 7 个选项。以【原型】为例，说明操作方法。

1. 新建

在原型数据库下新建文件夹。操作方法同【NissyoCAD 系统】的【新建】功能，此处从略。

2. 导入

在原型数据库下导入 *.pac 纸样文件。选择已存在的纸样文件，点击【打开】，可把纸样文件调入原型数据库（见图 3.5.7）。

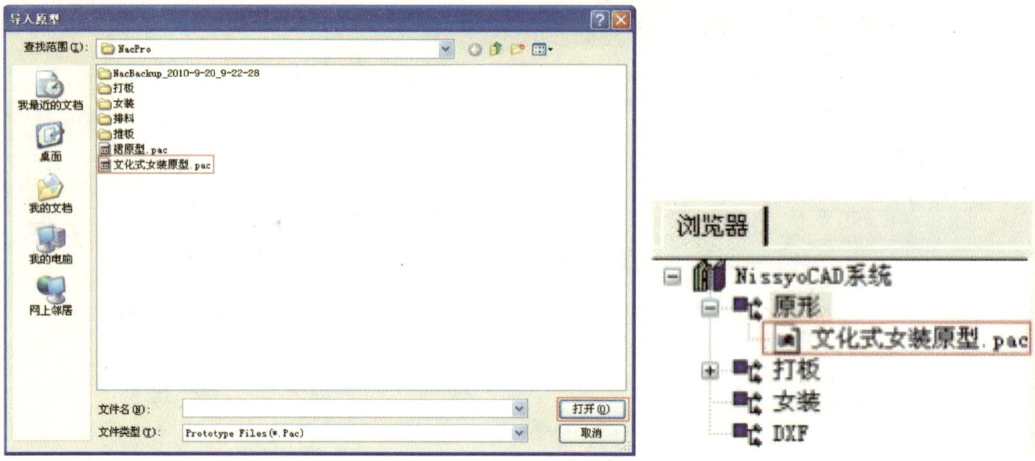

图 3.5.7 导入界面

3. 导出

将原型数据库下的所有文件夹及纸样文件全部导出，另存在其他位置。选择导出路径，单击【导出】即可（见图 3.5.8）。

4. 刷新

刷新原型数据库及所有文件内容。

5. 搜索

搜索文件。点击...可以浏览文件夹，选择搜索路径，也可按款号、作者、类别、面料等搜索，还可根据修改日期、文件类型搜索（见图 3.5.9）。

图 3.5.8 导出界面

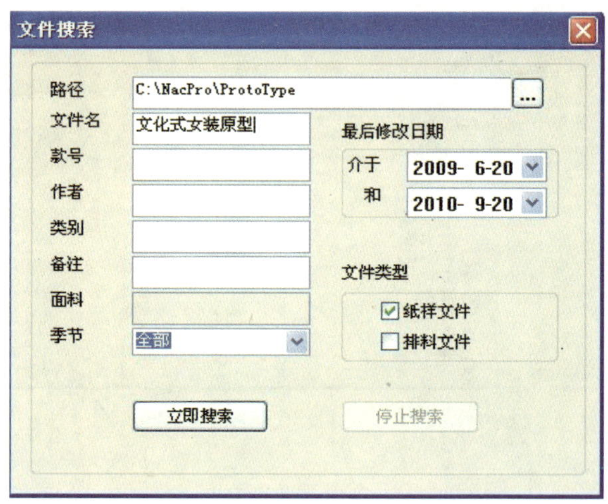

图 3.5.9 搜索界面

6. 属性

查看原型数据库的属性。

7. 压缩并 E-mail

将原型数据库文件夹压缩成 *. rar 格式，并切换到 outlook 发送。

课题4 富怡服装 CAD 系统

4.1 富怡服装 CAD 系统简介

4.1.1 富怡服装 CAD 系统简介

富怡服装 CAD 系统 V8 版本是在 V6 版本的基础上开发的新一代全中文环境的专业服装工艺软件，可进行服装的纸样设计、放码、排料，以及输入和打印各种比例纸样图、排料图等。

和 V6 比较，富怡服装 CAD 系统 V8 版本设计与放码系统的主要改进在于拓展了智能笔的功能，一支笔中包含了 20 多种功能，一般的款式在不切换工具的情况下可以一气呵成；另一个主要的变化是数据输入方式更快捷，在制作结构图时，在不弹出对话框的情况下可以直接输入数据定尺寸，还加入了就近定位功能，在线条不剪断的情况下，能就近定位。用点放码表放码时，软件能自动判断各码放码量的正负，减少了出错的几率。此外，用户不仅可以根据自己公司服装风格选定合适的工具条，如男装工具条、女装工条、童装工具条等，还可以根据个人的风格自定义设计个性化的工具条和界面风格。

排料系统的主要改进在于增加了超级排料功能，只需简单的设置排料时间、面料利用率等参数，电脑即可在短时间内进行几十万甚至几百万次的全局运算，选出一种最节省布料的方案，并可对工作区纸样进行捆绑、固定、组合、抖动等特殊处理，使纸样更紧凑，料率达到更高。强大的避色差功能可根据面料的色差特性进行排料，解决了面料色差对排料带来的困扰。

4.1.2 富怡服装 CAD 系统的安装

（1）以富怡服装 CADV8.0（下载版）为例，运行 Setup.exe，弹出【许可证协议】界面（见图 4.1.1）。

（2）单击【是】按钮，接受许可证协议后，出现【安装类型】界面（见图 4.1.2），在这里选择使用的绘图仪类型。

（3）单击【下一步】按钮，出现【安装目录】界面，默认安装路径是：C：\Program Files\ 富怡服装 CAD V8.0 下载版（见图 4.1.3）。

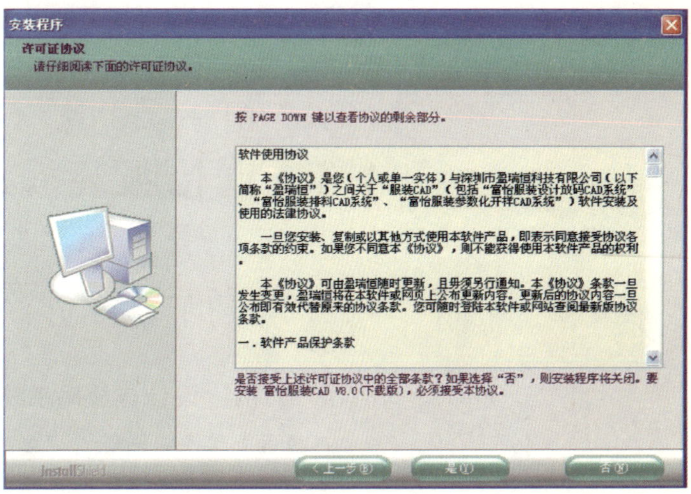

图 4.1.1 许可证协议界面

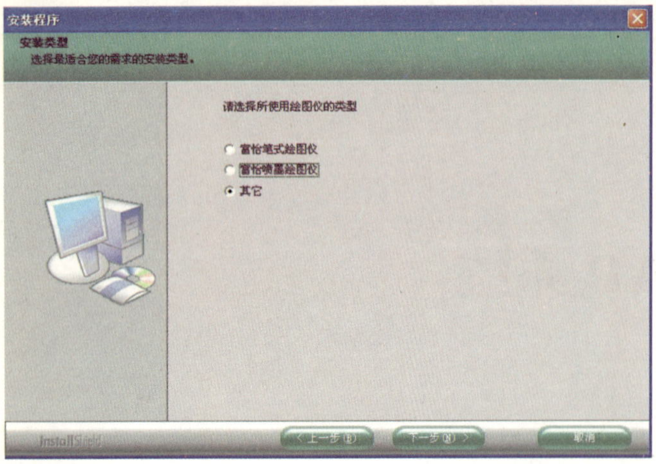

图 4.1.2 安装类型

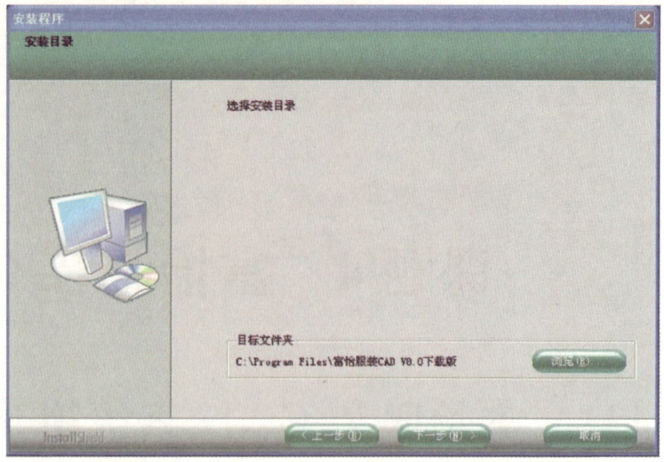

图 4.1.3 安装目录

（4）单击【下一步】按钮，系统开始自动安装（见图 4.1.4）。

（5）安装完成后出见图 4.1.5 的界面，单击【完成】按钮，即完成了富怡服装 CAD 软件的安装。

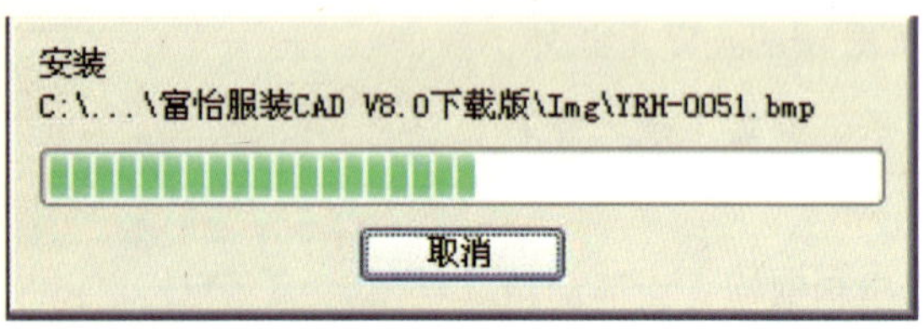

图 4.1.4 开始安装

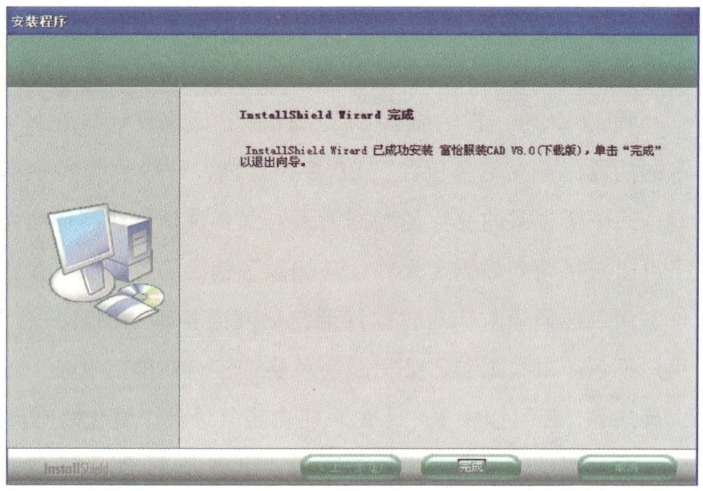

图 4.1.5 安装完成

4.1.3 富怡服装 CAD 系统的启动

富怡服装 CAD 系统安装完成后，就可以开始使用。通过【开始】菜单或双击桌面快捷图标均可启动程序。

4.2 富怡服装 CAD 设计与放码系统

4.2.1 工作界面介绍

4.2.1.1 设计与放码系统窗口布局

在桌面上单击图标，可以进入设计与放码系统（见图 4.2.1）。

● 菜单栏：该区是放置菜单命令的地方，每个菜单的下拉菜单中又有各种命令及子菜单。对于常用命令，子菜单的右边给出了该命令的快捷键方式。

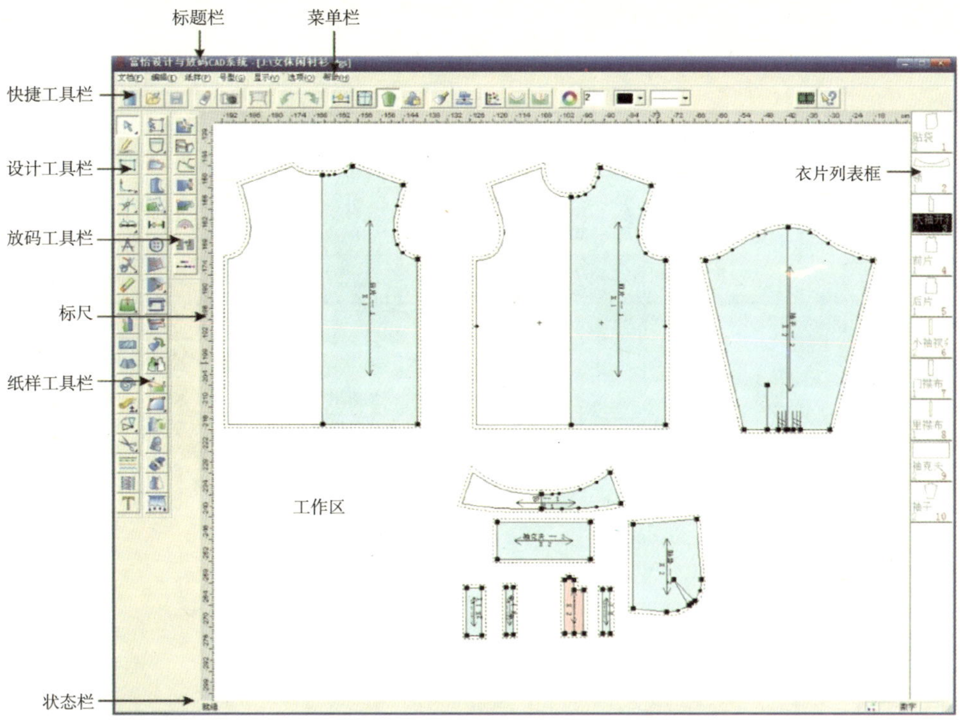

图 4.2.1 设计与放码系统主画面

● 快捷工具栏：用于放置常用命令的快捷图标，为快速完成设计与放码工作提供了极大的方便。当光标放在某个工具图标上时，其功能名称会在状态栏中提示。

● 衣片列表框：用于放置当前款式中的纸样。每一个纸样放置在一个小格的纸样框中，纸样框布局可通过执行【选项】/【系统设置】/【界面设置】/【纸样列表框布局】命令改变其位置。衣片列表框中放置了本款式的全部纸样，纸样名称、份数和次序号都显示在这里，拖动纸样可以对顺序调整，不同的布料显示不同的背景色。

● 标尺：显示当前使用的度量单位。

● 设计工具栏：该栏放着绘制及修改结构线的工具。

● 纸样工具栏：当用剪刀工具剪下纸样后，用该栏工具将其进行细部加工，如加剪口、加钻孔、加缝份、加缝迹线、加缩水等。

● 放码工具栏：该栏放着用各种方式放码时所需要的工具。

● 工作区：工作区如一张无限大的纸张，您可在此尽情发挥您的设计才能。工作区中既可设计结构线，也可以对纸样放码，绘图时可以显示纸张边界。

● 状态栏：状态栏位于系统的最底部，它显示当前选中的工具名称及操作提示。

4.2.1.2 工具条内容

1. 快捷工具栏（图 4.2.2）

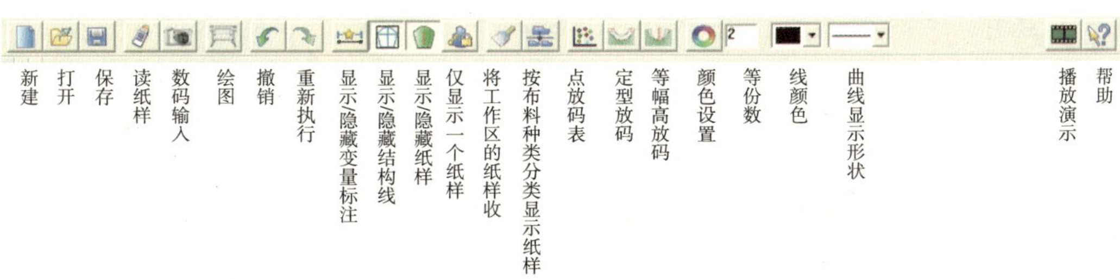

图 4.2.2 快捷工具栏

2. 设计工具栏（图 4.2.3）

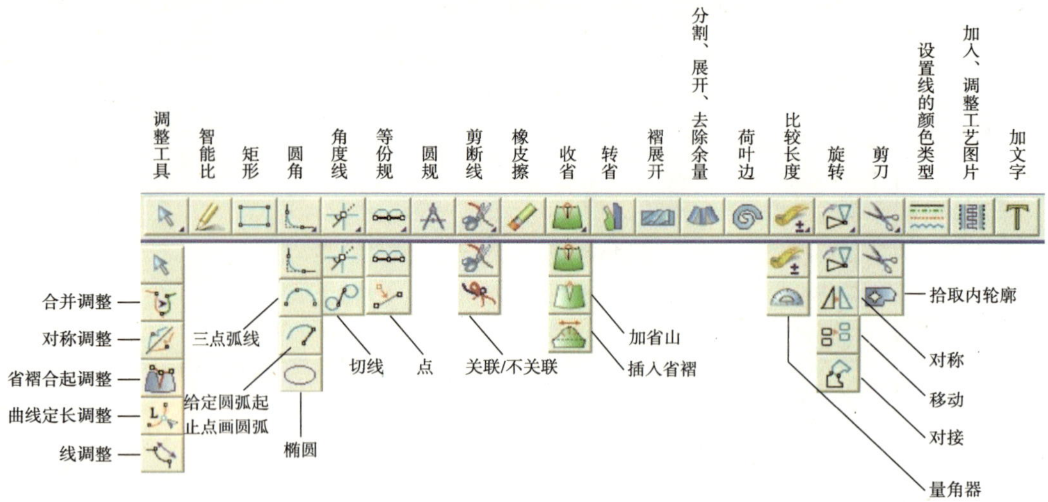

图 4.2.3 设计工具栏

3. 纸样工具栏（图 4.2.4）

4. 放码工具栏（图 4.2.5）

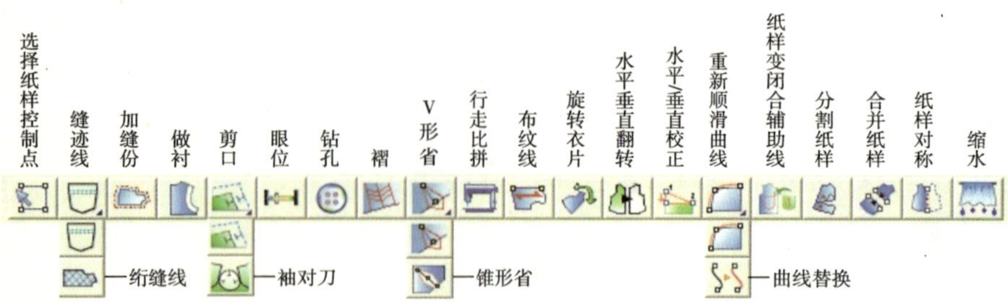

图 4.2.4 纸样工具栏

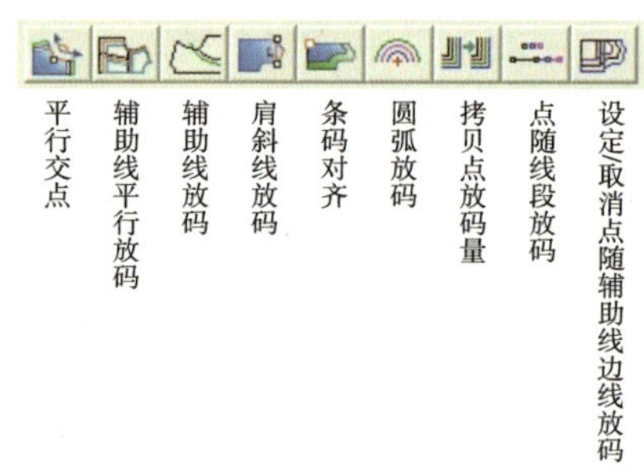

图 4.2.5 放码工具栏

4.2.1.3 菜单

富怡服装CAD设计与放码系统的菜单由文档、编辑、纸样、号型、显示、选项和帮助七大项组成（见图 4.2.6）。

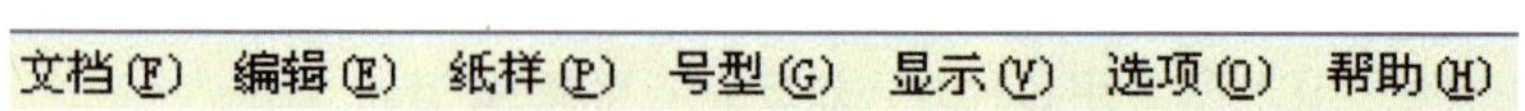

图 4.2.6 富怡服装 CAD 设计与放码系统菜单

1. 文档

文档菜单中存放有文件管理的各种命令（见图 4.2.7）。

2. 编辑

编辑菜单包括了和纸样编辑相关的一些命令（见图 4.2.8）。

3. 纸样

纸样菜单包括了和纸样及其属性相关的命令（见图 4.2.9）。

4. 号型

号型菜单包括了和号型相关的命令（见图 4.2.10）。

5. 显示

显示菜单用于控制界面中各工具栏及其他构成元素的显隐（见图 4.2.11）。

文档(F)

新建(N)	Ctrl+N	清除当前画面工作文件，创建一个新画面
打开(O)...	Ctrl+O	打开某个已经存在的文件
保存(S)	Ctrl+S	将当前内容保存
另存为(A)...	Ctrl+A	当前文件重命名后保存
保存到图库(B)		与【加入/调整工艺图片】工具配合制作工艺图库
安全恢复...		因断电没有来得及保存的文件，用该命令可找回来
档案合并(U)...		把文件名不同的档案合并在一起
自动打板...		调入公式法打板文件，可以在尺寸规格表中修改需要的尺寸
打开AAMA/ASTM格式文件		可打开AAMA/ASTM 格式文件,该格式是国际通用格式
打开TIIP格式文件		用于打开日本的*.dxf纸样文件，TIIP是日本文件格式
输出ASTM文件		把本软件文件转成ASTM 格式文件
打印号型规格表(T) ▸		该命令用于打印号型规格表
打印纸样信息单(I)...		用于打印纸样的详细资料，如纸样的名称、说明、面料、数量等
打印总体资料单(G)...		用于打印所有纸样的信息资料，并集中显示在一起
打印纸样(P)...		用于在打印机上打印纸样或草图
打印机设置(R)...		用于设置打印机型号及纸张大小及方向
数化板设置(E)...		用于设置数化板幅宽，按键等
1 5改版.dgs 2 对花稿1.dgs 3 公主线女装.dgs 4 牛仔夹克.dgs 5 狗服装2.dgs		可快速打开最近用过的5 个文件
退出(X)		该命令用于结束本系统的运行

图 4.2.7　文档菜单

编辑(E)

剪切纸样(X)	Ctrl+X	与粘贴纸样配合使用，把选中纸样剪切剪贴板上
复制纸样(C)	Ctrl+C	与粘贴纸样配合使用，把选中纸样复制剪贴板上
粘贴纸样(V)	Ctrl+V	与复制纸样配合使用，使复制在剪贴板的纸样粘贴在目前打开的文件中
辅助线点都变放码点(G)		将纸样中的辅助线点都变成放码点
辅助线点都变非放码点(N)		将纸样内的辅助线点都变非放码点
自动排列绘图区(A)		把工作区的纸样进行按照绘图纸张的宽度排列，省去手动排列的麻烦
记忆工作区纸样位置(S)		当工作区中纸样排列完毕，执行此命令，系统就会记忆各纸样在工作区放置位置
恢复工作区纸样位置(R)		对已经执行【记忆工作区纸样位置】的文件，再打开该文件时，用该命令可以恢复上次纸样在工作区中的摆放位置
复制位图(B		该命令与加入/调整工艺图片配合使用，将选择的结构图以图片的形式复制在剪贴板上

图 4.2.8　编辑菜单

纸样(P)

款式资料(S)		用于输入同一文件中所有纸样的共同信息
纸样资料(P)		编辑当前选中纸样的详细信息
总体数据(G)		查看文件不同布料的总的面积或周长，以及单个纸样的面积、周长
删除当前选中纸样(D)	Ctrl+D	将工作区中的选中纸样从衣片列表框中删除
删除工作区所有纸样		将工作区中的全部纸样从衣片列表框中删除
清除当前选中纸样(M)		清除当前选中的纸样的修改操作，并把纸样放回衣片列表框中
清除纸样放码量(C)	Ctrl+G	用于清除纸样的放码量
清除纸样的辅助线放码量(F)		用于删除纸样辅助线的放码量
清除纸样拐角处的剪口(N)...		用于删除纸样拐角处的剪口
清除纸样中文字(T)		清除纸样中用T 工具写上的文字
删除纸样所有辅助线		用于删除纸样的辅助线
移出工作区全部纸样(U)	F12	将工作区全部纸样移出工作区
全部纸样进入工作区(Q)	Ctrl+F12	将纸样列表框的全部纸样放入工作区
重新生成布纹线(B)...		恢复编辑过的布纹线至原始状态
辅助线随边线自动放码(H)		将与边线相接的辅助线随边线自动放码
边线和辅助线分离		使边线与辅助线不关联
做规则纸样		做圆或矩形纸样
生成影子		将选中纸样上所有点线生成影子，方便在改板后可以看到改板前的影子
删除影子		删除纸样上的影子
显示/掩藏影子		用于显示或掩藏影子
移动纸样到结构线位置		将移动过的纸样再移到结构线的位置
纸样生成打板草图		将纸样生成新的打板草图

图 4.2.9　纸样菜单

号型(G)

号型编辑(E)	Ctrl+E	编辑号型尺码及颜色，及输入服装的规格尺寸
尺寸变量(V)		用于存放文件使用了的变量

图 4.2.10　号型菜单

6. 选项

选项菜单用于调整各种参数设置和为用户提供个性化设置（见图 4.2.12）。

7. 帮助

帮助菜单提供版本、版权等信息（见图 4.2.13）。

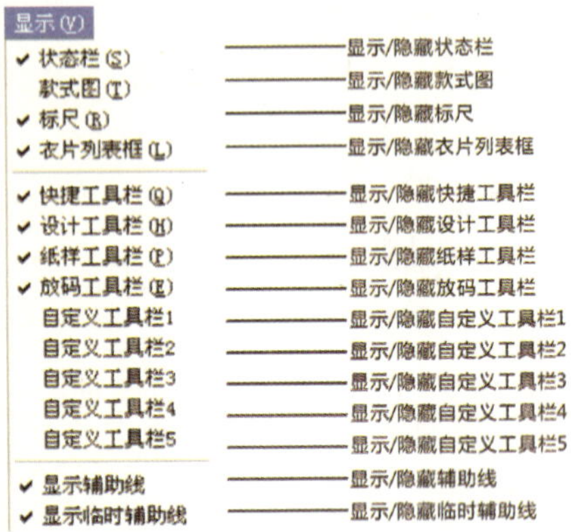

图 4.2.11 显示菜单

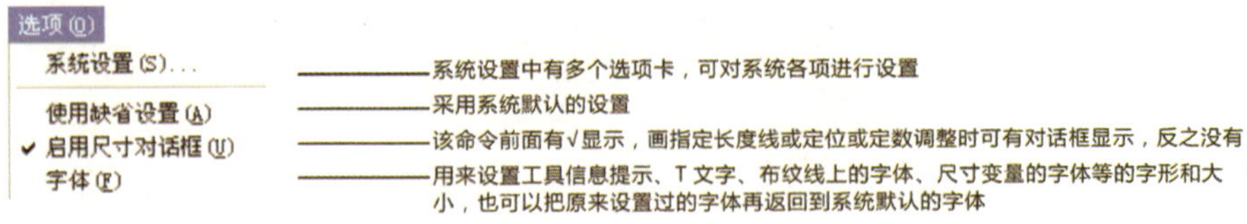

图 4.2.12 选项菜单

图 4.2.13 帮助菜单

4.2.1.4 键盘快捷键

在制板过程中，为提高工作效率，可以使用快捷键。表 4.2.1 列出了富怡服装 CAD 设计与放码系统常用快捷键。

表 4.2.1 富怡服装 CAD 设计与放码系统常用快捷键

快捷键	功能	快捷键	功能
A	调整工具	B	相交等距线
C	圆规	D	等份规
E	橡皮擦	F	智能笔
G	移动	J	对接
K	对称	L	角度线
M	对称调整	N	合并调整
P	点	Q	等距线
R	比较长度	S	矩形
T	靠边	V	连角
W	剪刀	Z	各码对齐
F2	切换影子与纸样边线	F3	显示 / 隐藏两放码点间的长度
F4	显示所有号型 / 仅显示基码	F5	切换缝份线与纸样边线
F7	显示 / 隐藏缝份线	F9	匹配整段线 / 分段线
F10	显示 / 隐藏绘图纸张宽度	F11	用布纹线移动或延长布纹线时，匹配一个码 / 匹配所有码；用 T 移动 T 文字时，匹配一个码 / 所有码
F12	工作区所有纸样放回纸样窗	Ctrl+F11	1 ： 1 显示
Ctrl+F12	纸样窗所有纸样放入工作区	Ctrl+N	新建
Ctrl+O	打开	Ctrl+S	保存
Ctrl+A	另存为	Ctrl+C	复制纸样
Ctrl+V	粘贴纸样	Ctrl+D	删除纸样
Ctrl+G	清除纸样放码量	Ctrl+E	号型编辑
Ctrl+F	显示 / 隐藏放码点	Ctrl+K	显示 / 隐藏非放码点

续表

快捷键	功能	快捷键	功能
Ctrl+J	颜色填充 / 不填充纸样	Ctrl+H	调整时显示 / 隐藏弦高线
Ctrl+R	重新生成布纹线	Ctrl+B	旋转
Ctrl+U	显示临时辅助线与掩藏的辅助线	Shift+C	剪断线
Shift+U	掩藏临时辅助线、部分辅助线	Ctrl+Shift+Alt	删除全部基准线
Shift+S	线调整	ESC	取消当前操作
Shift	画线时，按住 shift 在曲线与折线间转换 / 转换结构线上的直线点与曲线点		
回车键	文字编辑的换行操作 / 更改当前选中的点的属性 / 弹出光标所在关键点移动对话框		
X 键	与各码对齐结合使用，放码量在 X 方向上对齐		
Y 键	与各码对齐结合使用，放码量在 Y 方向上对齐		
U 键	按下 U 键的同时，单击工作区的纸样可放回到纸样列表框中		

● 鼠标滑轮的用法

在选中任何工具的情况下，向前滚动鼠标滑轮，工作区的纸样或结构线向下移动；向后滚动鼠标滑轮，工作区的纸样或结构线向上移动；单击鼠标滑轮为全屏显示。

● 按下 Shift 键

向前滚动鼠标滑轮，工作区的纸样或结构线向右移动；向后滚动鼠标滑轮，工作区的纸样或结构线向左移动。

● 键盘方向键的用法

按上方向键，工作区的纸样或结构线向下移动；按下方向键，工作区的纸样或结构线向上移动；按左方向键，工作区的纸样或结构线向右移动；按右方向键，工作区的纸样或结构线向左移动。

● 小键盘 + – 的用法

小键盘 + 键，每按一次此键，工作区的纸样或结构线放大显示一定的比例；小键盘 – 键，每按一次此键，工作区的纸样或结构线缩小显示一定的比例。

● 空格键功能

（1）在选中任何工具情况下，把光标放在纸样上，按一下空格键，即可变成移动纸样光标。

（2）在使用任何工具情况下，按下空格键（不弹起）光标转换成放大工具，此时向前滚动鼠标滑轮，工作区内容就以光标所在位置为中心放大显示，向后滚动鼠标滑轮，工作区内容就以光标所在位置为中心缩小显示。击右键为全屏显示。

4.2.2 操作基本流程

1. 建立纸样库

操作者在纸样设计之前，应根据习惯首先建立文件的存储路径，比如在 D 盘建立【男装】、【女装】文件夹，以后保存文件时可以分门别类的放在各自的位置。系统还提供了【自动备份】功能：执行【选项】/【系统设置】命令，选择【自动备份】选项卡进行设置，即可完成。

2. 建立号型规格表

号型规格用于存储纸样各部位的尺寸，方便调用。在纸样制作的过程中或设计其他款式的纸样时，可以调用查看或通过修改有变化的部位尺寸再次使用以前存储的尺寸表。尺寸表见图 4.2.14。

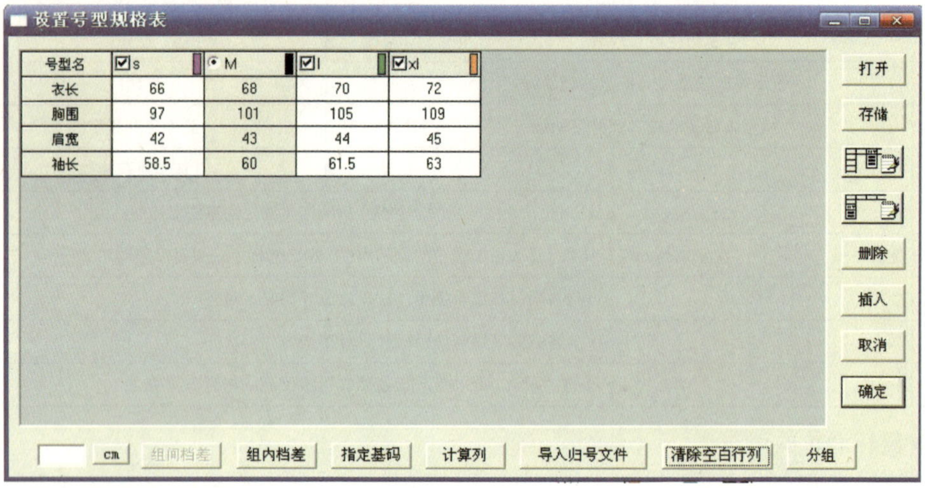

图 4.2.14 号型规格表

建立号型规格表的操作过程：执行【号型】/【号型编辑】命令，弹出【设置号型规格表】对话框，设置部位名称、号型规格，再输入各部位尺寸数据，单击【确定】。

图 4.2.15 休闲女衬衫纸样

3. 制作纸样

利用系统提供的各种打板工具，制作纸样、修改纸样。图 4.2.15 所示为富怡 CAD 系统制作的休闲女衬衫纸样。

4. 拾取衣片

完成纸样的设计后，用剪刀工具拾取衣片，原来的结构图被颜色填充，生成纸样，在纸样列表框中会出现缩略图（见图 4.2.16）。

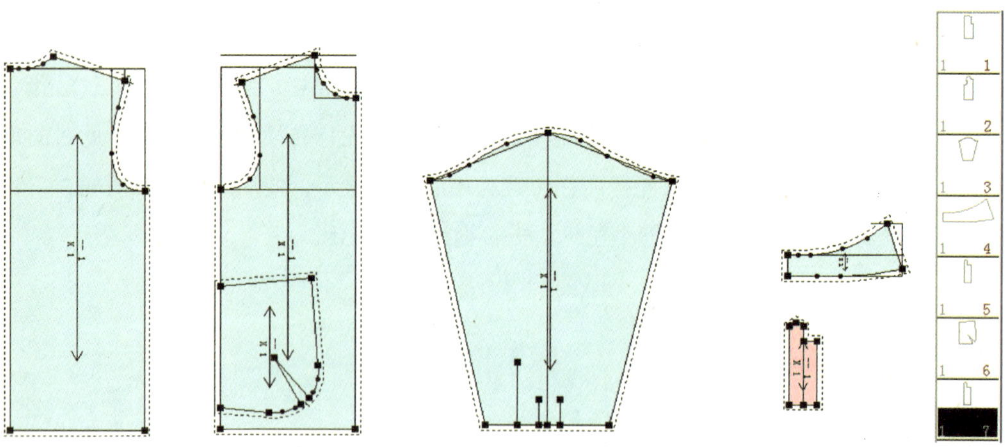

图 4.2.16 拾取衣片

5. 毛样制作

毛样制作是根据缝制工艺的要求，在生成的纸样上调整缝边、加剪口，以指导服装的生产。

6. 建立纸样资料

毛样制作好后，执行【纸样】/【款式资料】命令，在弹出的【款式信息】对话框中输入纸样的款式名、客户名、订单号、布料颜色等信息，并统一设定所有纸样的布纹线方向。再选择【纸样】/【纸样资料】，或者在纸样列表框的纸样上双击，在弹出的【纸样资料】对话框中，为各个纸样输入纸样的名称、布料及份数。

7. 放码

以基板为基础，按照国家技术标准规定的规格系列标准，制作同一款式各种号型规格的系列工业样板。图 4.2.17 为休闲女衬衫的放码结果。

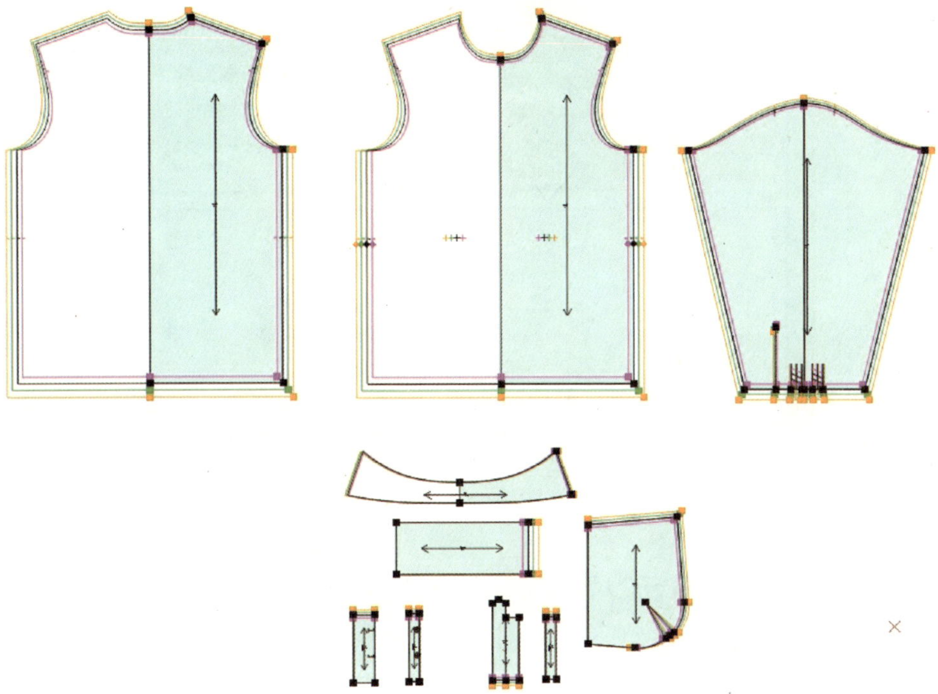

图 4.2.17 放码

8. 保存

纸样制作完成后，单击【文档】菜单下的【保存】命令，将其保存到指定目录下。

4.3 富怡服装 CAD 排料系统

4.3.1.1 排料系统窗口布局

在桌面上单击图标，可以进入排料系统（见图 4.3.1）。

● 标题栏

位于窗口的顶部，用于显示文件的名称、类型及存盘的路径。

● 菜单栏

放置菜单命令，快捷键为 Alt 加括号后的字母。

● 主工具匣

放置常用的命令，为快速完成排料工作提供了极大的方便。

● 纸样窗

放置着排料文件所需要使用的所有纸样，每一个单独的纸样放置在一小格的纸样框中。纸样框的大小可以通过拉动左右边界来调节其宽度，还可通过在纸样框上单击鼠标右键，在弹出的对话框内改变数值，调整其宽度和高度。

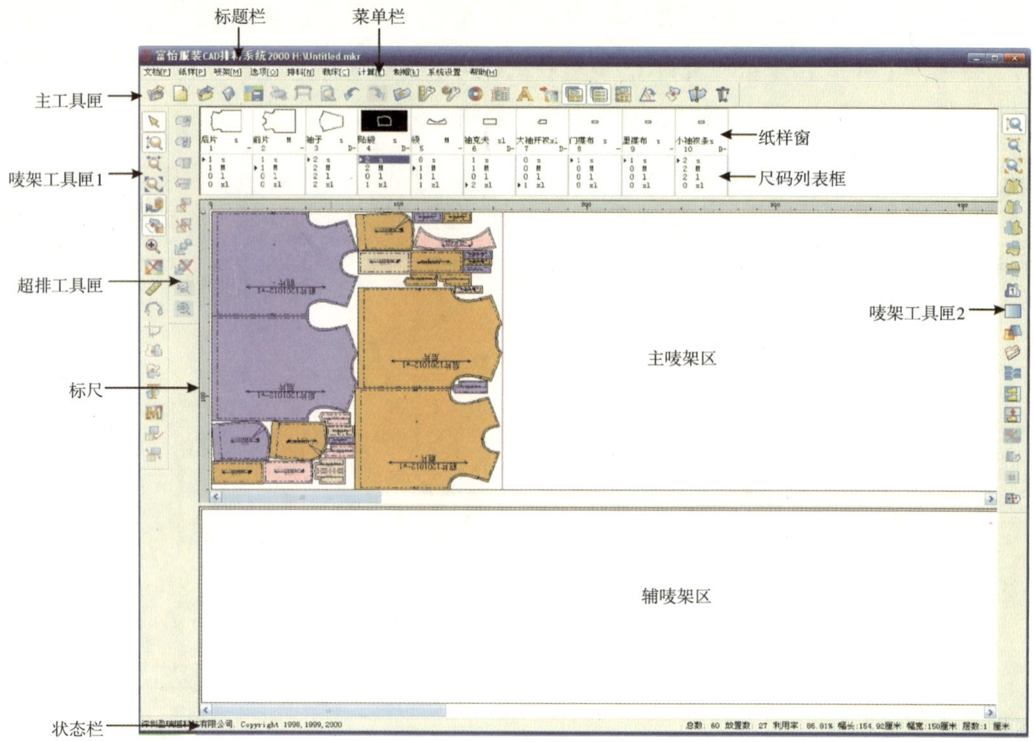

图 4.3.1 排料系统

● 尺码列表框

每一个小纸样框对应着一个尺码表，尺码表中存放着该纸样对应的所有尺码号型及每个号型对应的纸样数。

● 标尺

显示当前唛架使用的单位。

● 唛架工具

系统提供了两组唛架工具：唛架工具匣 1 和唛架工具匣 2，排料时用来控制和操作衣片，可对衣片进行移动、旋转、翻转、放大、缩小、测量等操作。

● 主唛架区

在主唛架区可按自己的需要任意排列纸样，以取得最省布的排料方式。

● 辅唛架区

可将纸样按码数分开排列在辅唛架上，方便主唛架排料。

● 状态栏

位于工作界面的最底部，显示正在排料唛架的一些重要信息。

4.3.1.2 工具条内容

1. 唛架工具匣 1（见图 4.3.2）

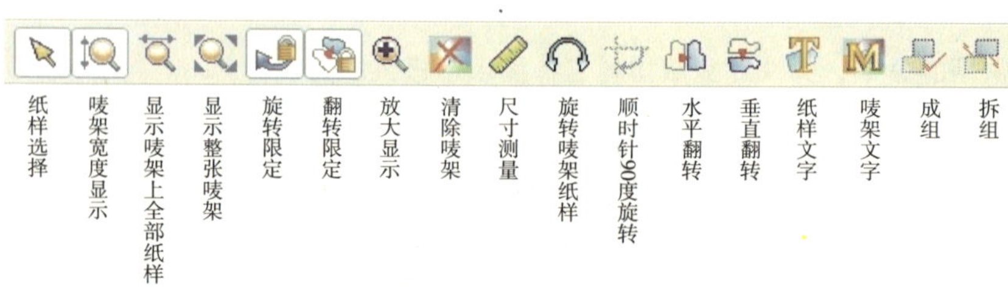

图 4.3.2 唛架工具匣 1

2. 唛架工具匣 2（见图 4.3.3）

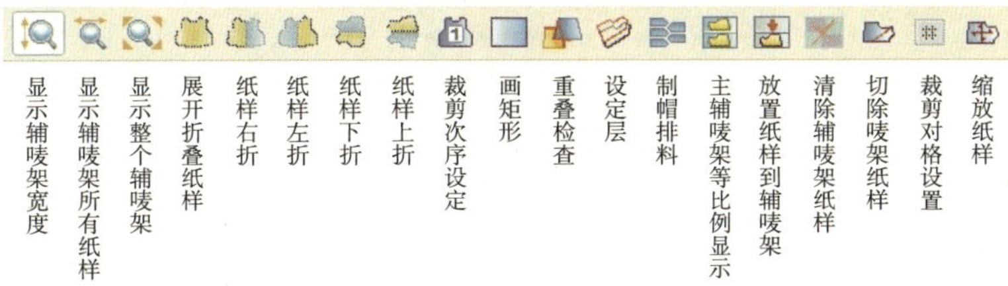

图 4.3.3　唛架工具匣 2

3. 主工具匣（见图 4.3.4）

图 4.3.4　主工具匣

4.3.1.3　菜单

富怡排料系统的菜单由文档、纸样、唛架、选项、排料、裁床、计算、制帽、系统设置和帮助十大项组成（见图 4.3.5）。

图 4.3.5　排料系统菜单

1. 文档

文档菜单中存放有文件管理的各种命令（见图 4.3.6）。

图 4.3.6　文档菜单

2. 纸样

纸样菜单包含了用于对纸样的操作和其属性有关系的一些命令（见图 4.3.7）。

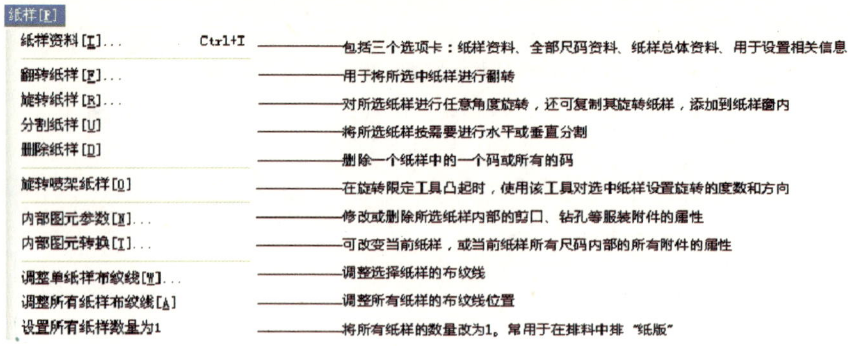

图 4.3.7 纸样菜单

3. 唛架

唛架菜单包含了与唛架及排料相关的命令（见图 4.3.8）。

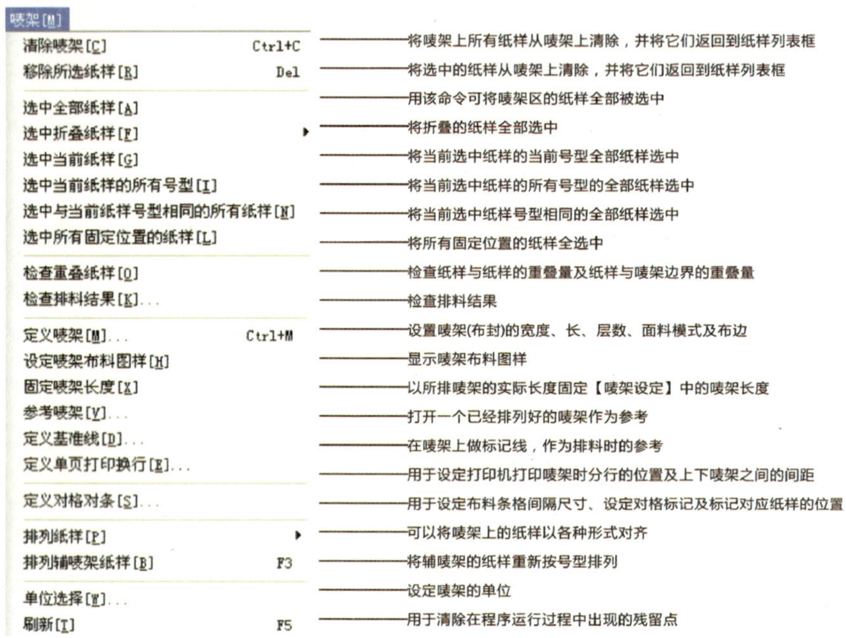

图 4.3.8 唛架菜单

4. 选项

选项菜单包括了一些常用的开 / 关命令（见图 4.3.9）。

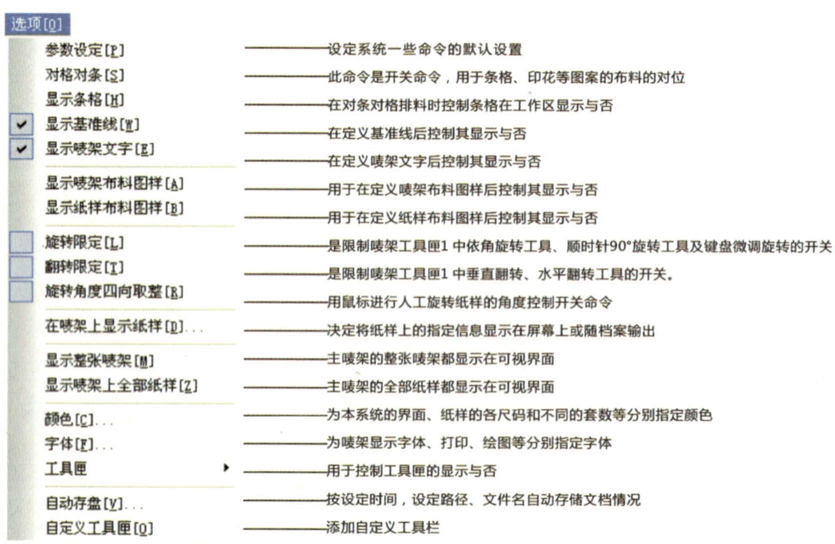

图 4.3.9 选项菜单

5. 排料

排料菜单包括与自动排料相关的一些命令（见图 4.3.10）。

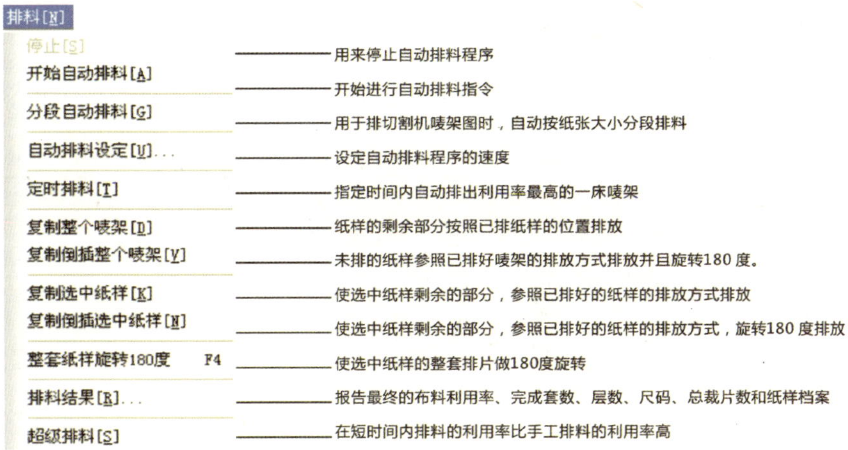

图 4.3.10 排料菜单

6. 裁床

裁床菜单包含了裁床设定的相关命令（见图 4.3.11）。

7. 计算

计算菜单包含了计重、计长的命令（见图 4.3.12）。

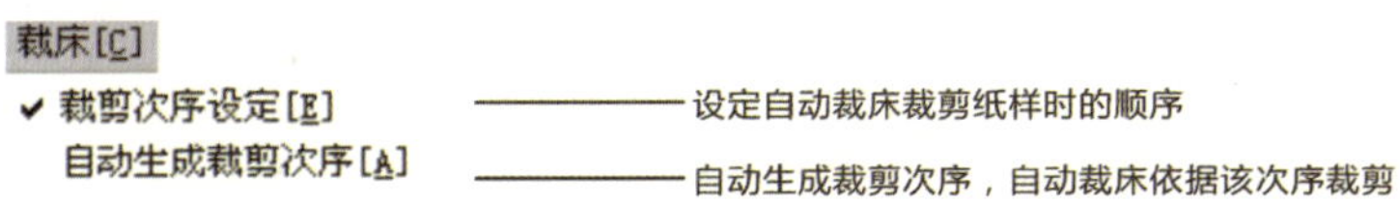

图 4.3.11 裁床菜单

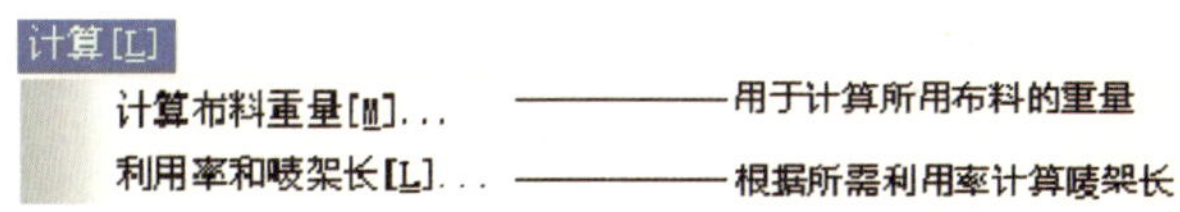

图 4.3.12 计算菜单

8. 制帽

制帽菜单包含了和制帽相关的命令（见图 4.3.13）。

9. 帮助

帮助菜单显示本系统各控制匣、菜单的定义及使用方法（见图 4.3.14）。

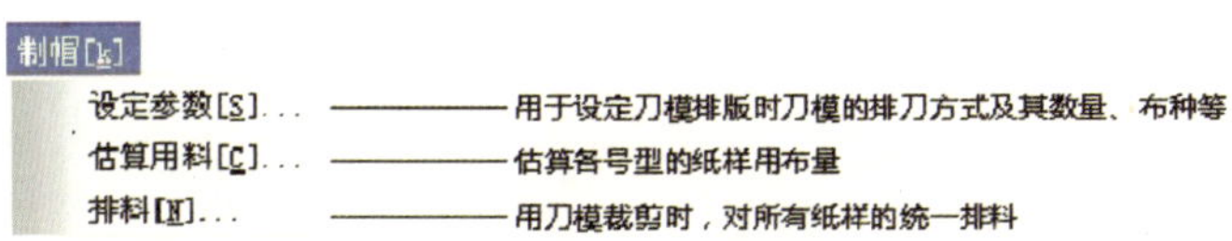

图 4.3.13 制帽菜单

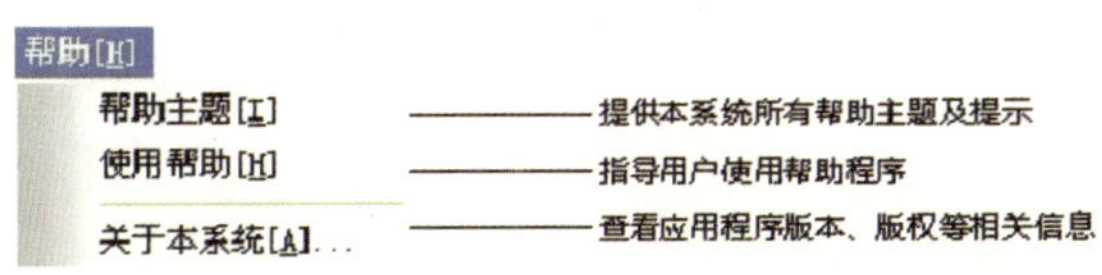

图 4.3.14 帮助菜单

4.3.1.4 键盘快捷键

排料过程中，为提高工作效率，可以使用快捷键。排料系统常用快捷键见表 4.3.1。

表 4.3.1 富怡服装 CAD 排料系统常用快捷键

快捷键	功 能	快捷键	功 能
Ctrl+A	另存	F3	重新按号型套数排列辅唛架上的样片
Ctrl+D	将工作区纸样全部放回到尺寸表中	F4	将选中样片的整套样片旋转 180 度
Ctrl+I	纸样资料	F5	刷新
Ctrl+M	定义唛架	Delete	移除所选纸样
Ctrl+N	新建	Alt+1	主工具匣
Ctrl+O	打开	Alt+2	唛架工具匣 1
Ctrl+S	保存	Alt+3	唛架工具匣 2
Ctrl+Z	后退	Alt+4	纸样窗、尺码列表框

续表

快捷键	功　能	快捷键	功　能
Ctrl+X	前进	Alt+5	尺码列表框
Alt+0	状态条、状态栏主项		
空格键	工具切换（在纸样选择工具选中状态下，空格键为放大工具与纸样选择工具的切换；在其他工具选中状态下，空格键为该工具与纸样选择工具的切换）		
双击	双击唛架上选中纸样可将选中纸样放回到纸样窗内；双击尺码表中某一纸样，可将其放于唛架上		
8 2 4 6	可将唛架上选中纸样作向上【8】、向下【2】、向左【4】、向右【6】方向滑动，直至碰到其他纸样		
5 7 9	可将唛架上选中纸样进行90度旋转【5】、垂直翻转【7】、水平翻转【9】		
1 3	可将唛架上选中纸样进行顺时针旋转【1】、逆时针旋转【3】		
↑↓←→	可将唛架上选中纸样向上移动【↑】、向下移动【↓】、向左移动【←】、向右移动【→】，移动一个步长，无论纸样是否碰到其他纸样		

注　9个数字键与键盘最左边的9个字母键相对应，有相同的功能，对应见表4.3.2。

表4.3.2　　数字键与字母键对应表

1	2	3	4	5	6	7	8	9
Z	X	C	A	S	D	Q	W	E

注　【8】&【W】、【2】&【X】、【4】&【A】、【6】&【D】键跟【Num Lock】键有关，当使用【Num Lock】键时，这几个键的移动是一步一步滑动的，不使用【Num Lock】键时，按这几个键，选中的样片将会直接移至唛架的最上、最下、最左、最右部分。

Unit 3

第3部分 实践篇

课题5 服装CAD打板综合应用实例

5.1 文化式女装原型打板（尺寸表法）——NacPro服装CAD系统

训练目的：熟悉NacPro服装CAD打板系统的基本操作流程，熟悉尺寸表法制板的操作方法，重点掌握7种点的拾取模式和6种要素的拾取模式。

5.1.1 成品规格（见表5.1.1）

表5.1.1 文化式女装原型规格

部　位	背　长	胸　围	腰　围
尺寸（厘米）	37	84	68

5.1.2 文化式女装原型纸样（见图5.1.1）

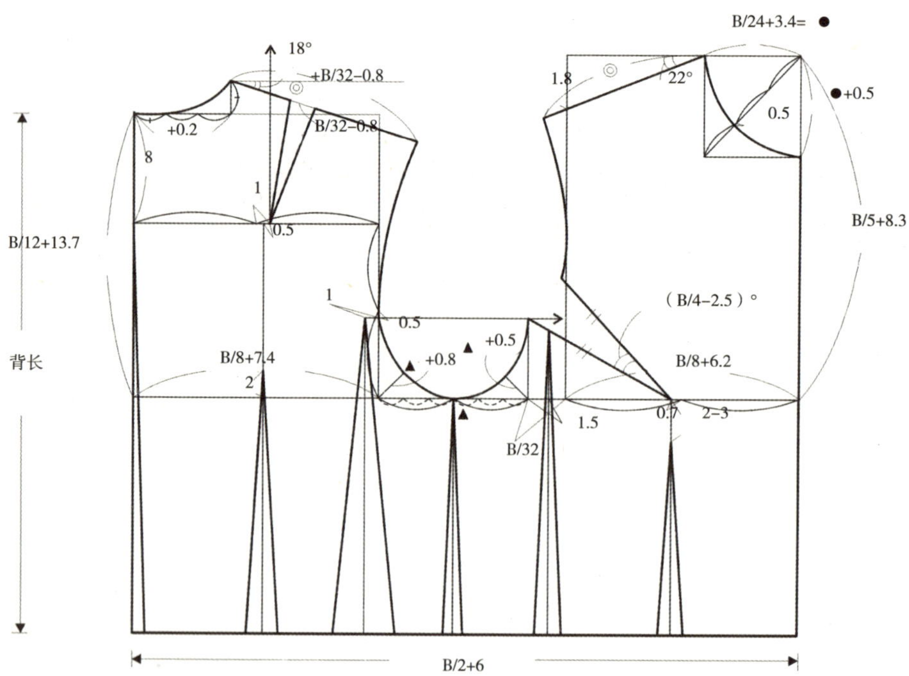

图5.1.1 文化式女装原型纸样

5.1.3 文化式女装原型制图基本步骤

环境设定——绘制基础线——绘制轮廓线——生成布片。

5.1.4 操作方法

5.1.4.1 环境设定

1. 单位设定

双击 NacPro 图标，进入主画面，单击工具栏中【系统参数设置】图标，弹出【系统参数设置】对话框，设置如图 5.1.2 所示。

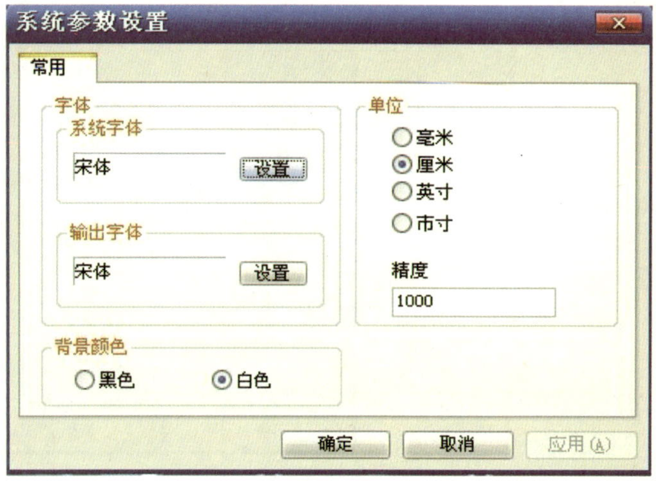

图 5.1.2 系统参数设置

2. 号型设定

（1）新建。单击【新建】，进入【尺寸表】对话框。

［技巧］单击【新建】进入尺寸表对话框后，总是保留上一次关闭时尺寸表状态，要想建立新尺寸表，选择【清空】。

（2）填写项目名。右键单击“项目名”可插入项目、删除项目。选择“插入项目”，然后填写衣片部位名称，如背长、胸围等。可直接填写，也可打开名字库，双击序号填写。

（3）填写号型。

1）在“号型行”上点右键可进行追加层、追加多层、插入层、删除层、设颜色、设为基础层等操作。选择“追加多层”，可以一次追加 5 个层，然后输入号型如 160/84，165/88 等。

2）在要设定为基础号的层上单击右键选择“设为基础号”，反灰显示，在其他号型前打勾。

3）在想要更改颜色的号型层上单击右键选择“设颜色”，在跳出的颜色框中选择想要的颜色。

4）填写基础号尺寸。在“基础号”层上填写实际尺寸，在“档差”上填写档差，单击尺寸表对话框下方的“档差”键，所有实际尺寸全部生成。

［技巧］若想单独修改号型表中某个号型的尺寸，在要修改的号型对勾旁的矩形框内单击，变蓝显示后修改数值，则只有选中的号型尺寸变化，没选中的号型尺寸不变。

（4）保存。点击尺寸表下方的“保存”，尺寸表的保存格式为“*.siz”。

5.1.4.2 绘制基础线

1. 绘制基础线 1

（1）【垂直线】工具，绘制后中线①。出现提示：指示起点：鼠标在工作区内任意位置单击后向下拖动；指示终点：输入框中输入公式:【－背长】，回车。其中背长是通过单击屏幕左下方 尺寸表 ，在右侧弹出的尺寸表中选择的，画出线①。

［技巧］1)【垂直线】工具可以通过 3 种方法选取：第一种方法是单击“作图”菜单，从中选择【垂直线】；第二种方法是通过【选项】/【定制】命令，把垂直线工具图标拖动到工具栏中，单击图标选取；第三种是通过定制的右键菜单选取。

2）水平方向向右为正，向左为负，垂直方向向上为正，向下为负。

3）用尺寸表法制图时，当多层浏览按钮按下去时所有层的图形都会显示在屏幕上，为

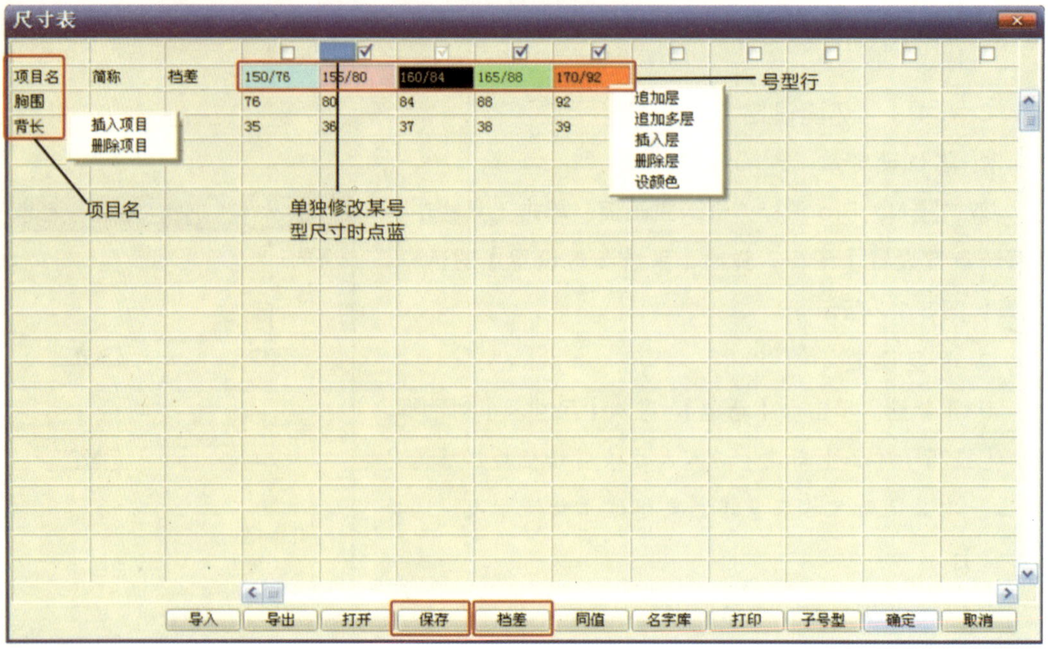

图 5.1.3 号型设定

方便操作，在 160/84 号型层上单击，则只显示 160/84 基础层图形，其他层的显示被关闭。

（2）【Shift】键切换成【水平线】工具，绘制腰围水平线②。出现提示：指示起点：鼠标靠近线①，当 A 点加亮显示时，点击后中线①；指示终点：输入框中输入【胸围】/2+6，回车，画出线②。

（3）继续【水平线】工具，绘制胸围线③。出现提示：指示起点：输入框中输入【胸围】/12+13.7，回车，靠近线①，当 B 点加亮显示时，点击后中线①；指示终点：输入框中输入【胸围】/2+6，回车，画出线③。

（4）【Shift】键切换为【垂直线】工具，绘制线④。出现提示：指示起点：点击线③（靠近右端点）；指示终点：点击线②（靠近右端点），画出线④。

（5）继续【垂直线】工具，绘制背宽线⑤。出现提示：指示起点：输入框中输入【胸围】/8+7.4，回车，靠近线③，当 C 点加亮显示时单击胸围线③；指示终点：向上拖动鼠标，长度任意，单击鼠标左键确定，画出线⑤。

（6）【Shift】键切换成【水平线】工具，绘制线⑥。出现提示：指示起点：B 点加亮显示时单击后中线①；指示终点：线⑤上端点加亮显示时单击背宽线⑤，画出线⑥。以上见图 5.1.4（a）。

（7）【连接角】工具：指示构成角的两要素：框选上平线和背宽线▼1，完成结果见图 5.1.4（b）。

2. 绘制基础线 2

（1）【水平线】工具，绘制线①。出现提示：指示起点：输入

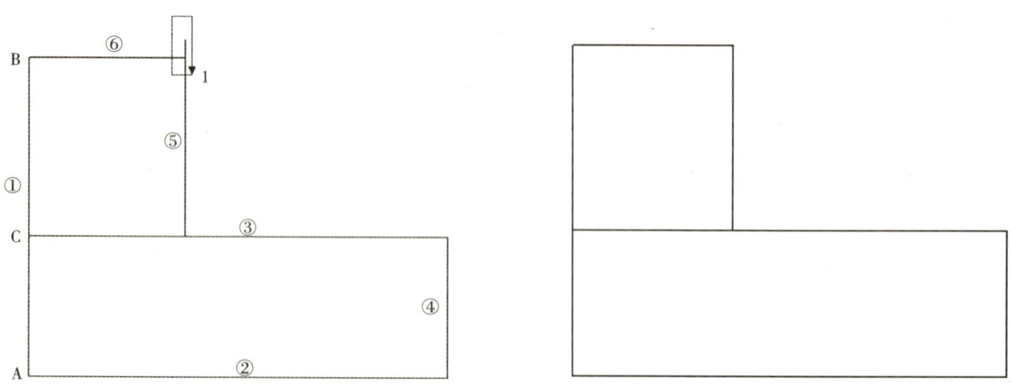

（a） （b）

图 5.1.4 绘制基础线 1

框中输入 8，回车，靠近后中线，当 A 点加亮显示时，单击后中线▶◀ 1；指示终点：单击背宽线▶◀ 2（靠近上端点），回车，画出线①，见图 5.1.5。

（2）【Shift】切换成【垂直线】工具，找肩省省尖点。指示起点：这时按 F7 键（参数点），选择“两点间移动点”，“两点间移动方式”选择“中心点”，【偏移量】中输入 1，单击【确定】，这时提示变成指示两点：指示▶◀ 3，▶◀ 4；指示终点：拖出任意长度，单击右键确认，画出线②，见图 5.1.5。

［技巧］因为 NacPro 中没有画点的工具，因此通过画垂直线辅助找到肩省省尖点。

（3）继续【垂直线】工具，绘制线③。指示起点：这时按 F7 键（参数点），选择“两点间移动点”，“两点间移动方式”选择“中心点”，【偏移量】中输入 0.5，单击【确定】；指示两点：指示▶◀ 4，▶◀ 5；指示终点：任意长度单击鼠标左键确认，画出线③，如图 5.1.5 所示。

3. 绘制基础线 3

（1）【垂直线】工具，绘制上半部前中线①。指示起点：靠近胸围线④，当 A 点加亮显示时点击胸围线④；指示终点：输入框中输入【胸围】/5+8.3，回车，画出线①。

（2）【Shift】键切换成【水平线】工具，绘制上平线②。指示起点：靠近线①，当 B 点加亮显示时点击前中线①；指示终点：输入框中输入 –【胸围】/8–6.2，回车，画出线②。

（3）【Shift】键切换为【垂直线】工具，绘制前宽线③。出现提示：指示起点：当 C 点加亮显示时点击上平线②；指示终点：单击胸围线④，画出线③，以上见图 5.1.6。

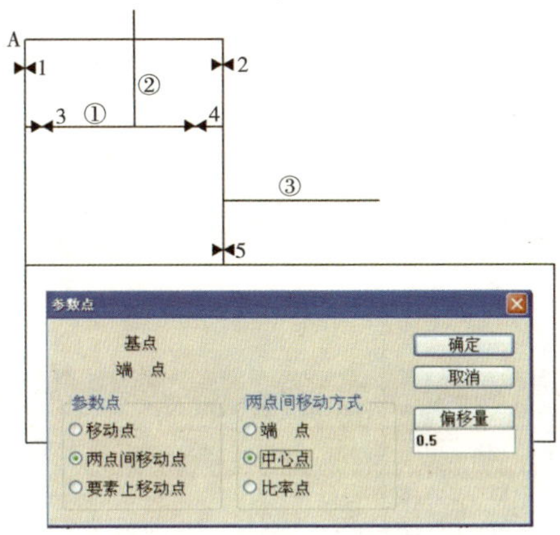

图 5.1.5 绘制基础线 2

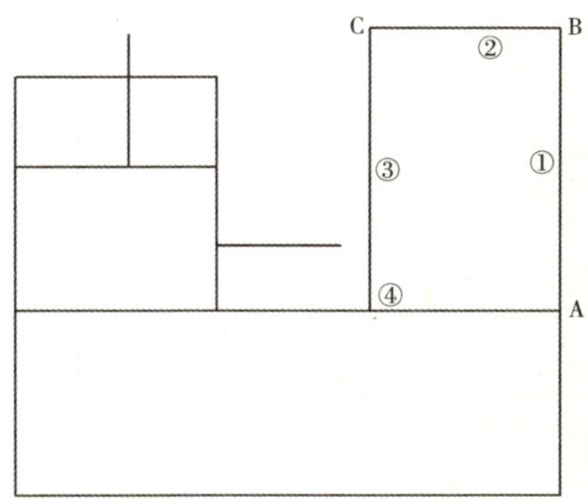

图 5.1.6 绘制基础线 3

4. 绘制基础线 4

（1）【垂直线】工具，绘制线①。出现提示：指示起点：这时按 F7 键（参数点），选择“两点间移动点”，“两点间移动方式”选项中选“端点”。单击“移动量”按钮，进入尺寸表，双击“胸围”，输入框中出现【胸围】，完成公式【胸围】/32，单击【确定】。这时提示变成指示两点：单击胸宽线▶◀ 1 和背宽线▶◀ 2（均靠近下端点），这时提示变成：指示终点：▶◀ 3；画出线①，见图 5.1.7（a）。

（2）继续【垂直线】工具，绘制侧缝线②。这时按 F7 键（参数点），选择“两点间移动点”，“两点间移动方式”选项中选“中心点”，这时提示变成指示两点：单击▶◀ 4 和▶◀ 2（均靠近下端点）；指示终点：单击腰围线▶◀ 5；画出线②，见图 5.1.7（b）。

5.1.4.3 绘制轮廓线

1. 绘制领口弧线

（1）【垂直线】工具，绘制前领深线①。出现提示：指示起点：输入框中输入【胸围】/24+3.4，回车，靠近上平线⑤，当 B 点加亮显示时单击线⑤；指示终点：输入框中输入【胸围】/24+3.9，回车，画出线①。

（2）【Shift】键切换成【水平线】工具，绘制前领宽线②。出现提示：指示起点：靠近线①，当A点加亮显示时单击线①；指示终点：单击线⑥；画出线②。以上见图5.1.8（a）。

（3）【两点距离】工具，测量前领宽并参数化。指示两点：⧓1，⧓2，单击屏幕下方 参数化 按钮，在弹出的【参数化】对话框中，勾选第一项“部位名称（水平距离）”，输入“前领口宽”，单击【确定】。这段线段就加入了参数表，供以后使用。见图5.1.8（b）。

（4）【画线】工具，连接A、B两点。靠近线①，当A点加亮显示时单击线①；靠近上平线⑤，当B点加亮显示时单击线⑤，画出领口对角线③。

（5）继续【画线】工具，绘制领口弧线。D点加亮显示时单击线①，然后切换成F7键（参数点），选择“两点间移动点”，“两点间移动方式”选项中选“比率点”，【偏移量】中输入–0.5，【比率】中输入0.33，单击【确定】，单击领口对角线的两个端点⧓3、⧓4，找到领口对角线下1/3位置再沿对角线方向向左下移动0.5cm的点C；再切换成F2（端点），点击⧓1（靠近右端点），找到线②的右端点，画出领口弧线④。

（6）【修改点】工具，修顺前领口弧线，右键确认，以上见图5.1.8（a）。

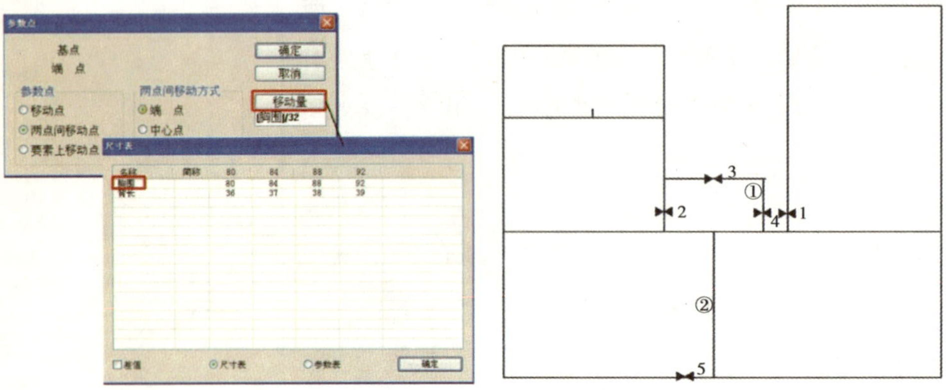

（a）　　　　（b）

图5.1.7　绘制基础线4

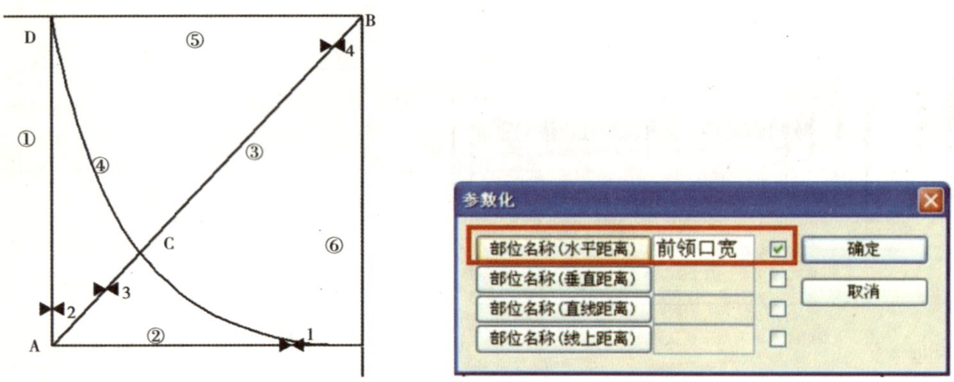

（a）　　　　（b）

图5.1.8　绘制前领口弧线

2. 绘制肩斜线

（1）【角度线】工具，绘制前肩斜线①。出现提示：指示基准要素：上平线⧓1；输入线长：15；指示角度线的起点：领口弧线⧓2（靠近上端点）；画出线①，见图5.1.9（a）。

（2）【单侧切除】工具，把肩斜线长于前宽线的部分切掉。指示修改侧切断线：⧓4；指示修改要素：肩斜线⧓3，右键确认。

（3）【修改要素】工具，修改冲肩量为1.8。修改方式选择“延长”，在指示端输入1.8，单击【确定】；指示修改要素：⧓3（靠近左端点），右键确认，完成前肩线。见图5.1.9（a）。

（4）【要素长度】工具，指示要素：前肩线①，单击屏幕下方 参数化 按钮，在弹出的【参数化】对话框中，输入名称“前肩线”，单击【确定】。这段线段就加入了参数表，供以后使用。见图5.1.9（b）。

3. 绘制后领口弧线

（1）【垂直线】工具，绘制领深线①。出现提示：指示起点：在输入框中输入【前领口宽】+0.2，回车，其中【前领口宽】是在参数表中选出的。靠近线③，当A点加亮显示时单击线③；指示终点：在输入框中输入（【前领口宽】+0.2）/3，回车，画出线①。

（2）【画线】工具及【修改点】工具，画圆顺后领口弧线②。方法同前领口弧线画法。见图5.1.9。

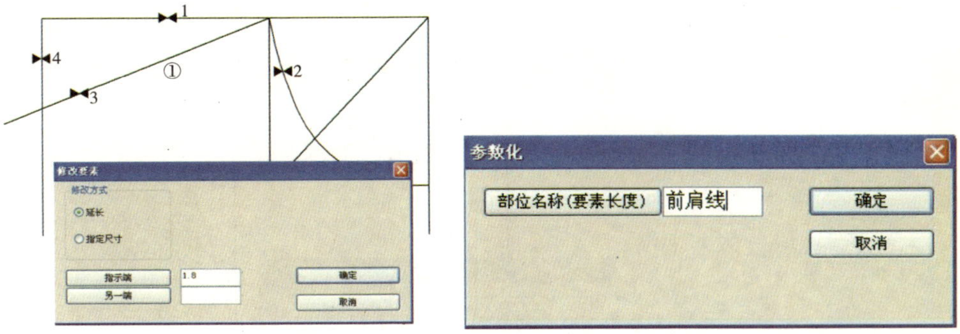

（a） （b）

图5.1.9 绘制肩斜线

4. 绘制后肩线

（1）【水平线】工具，画出线①，长度任意。

（2）【角度线】工具，绘制后肩斜线②。出现提示：指示基准要素：线①；输入线长:【前肩线】+【胸围】/32−0.8，其中【前肩线】是从参数表中选择的；指示角度线的起点：▶◀1；输入角度：−18，画出后肩斜线②。见图5.1.11。

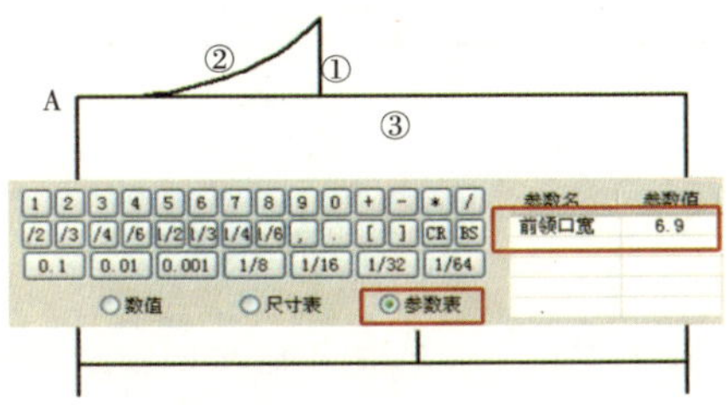

图5.1.10 绘制后领口弧线

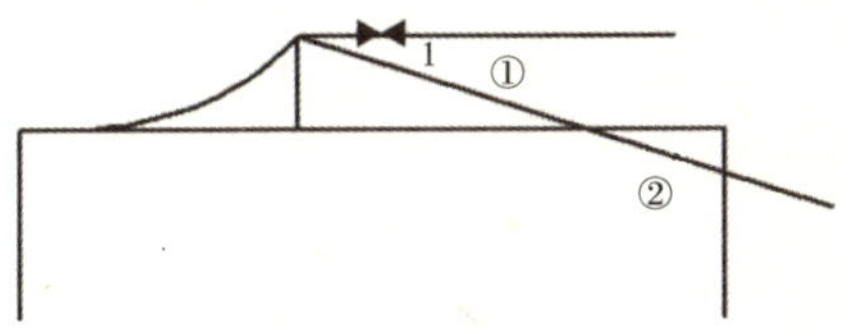

图5.1.11 绘制后肩线

5. 绘制后袖窿弧线

（1）【两点距离】工具，测量a点到b点之间的距离并参数化。指示两点：背宽线▶◀1（靠近下端点），侧缝线▶◀2（靠近上端点），单击屏幕下方 参数化 按钮，在弹出的【参数化】对话框中，输入名称【a】，单击【确定】。这段线段加入了参数表，供以后使用，见图5.1.12。

（2）【作图】/【角平分线】工具，绘制袖窿弧线辅助线①。指示构成角的两要素：背宽线▶◀1（靠近下端点），胸围线▶◀3（靠近右端点）；输入线长:【a】/3+0.8；画出线①。

（3）【画线】工具，单击▶◀4（靠近右端点），▶◀5（靠近左端点），▶◀6（靠近上端点），▶◀2（靠近上端点），画圆顺后袖窿弧线②。见图5.1.2。

6. 绘制前袖窿弧线

（1）【作图】/【角平分线】工具，绘制前袖窿弧线辅助线①。指示构成角的两要素：▶◀1，▶◀2；输入线长:【a】/3+0.5，画出线①。

（2）【画线】工具，点击▶◀1，▶◀3，▶◀4，画圆顺下半部分后袖窿弧线②。

（3）【画线】工具，绘制胸省的一条省边线③。出现提示：指示点列：端点模式下单击▶◀1，此时按F7键（参数点），选择“两点间移动点”，“两点间移动方式”选项中选“中心点”，【偏移量】中输入0.7，单击【确定】。指示两点：胸围▶◀5（靠近右端点）、胸宽线▶◀6（靠近下端点），画出线③。

（4）【要素长度】工具，测量胸省长度并参数化。指示要素：线③，点击屏幕下方

参数化 按钮，在弹出的【参数化】对话框中，输入名称:【胸省长】，点击【确定】。这段线段就加入了参数表。

(5) 【角度线】工具，绘制胸省的另一条省边线④。出现提示：指示基准要素：▶◀7；输入线长:【胸省长】，【胸省长】是从参数表中选择的；指示角度线的起点：▶◀7；输入角度：-【胸围】/4+2.5；画出胸省的另一条省边线④。

(6) 【画线】工具，点击肩端点▶◀8、任意点▼9、胸省省长点▶◀10，画圆顺前袖窿弧线上半部分。见图 5.1.13。

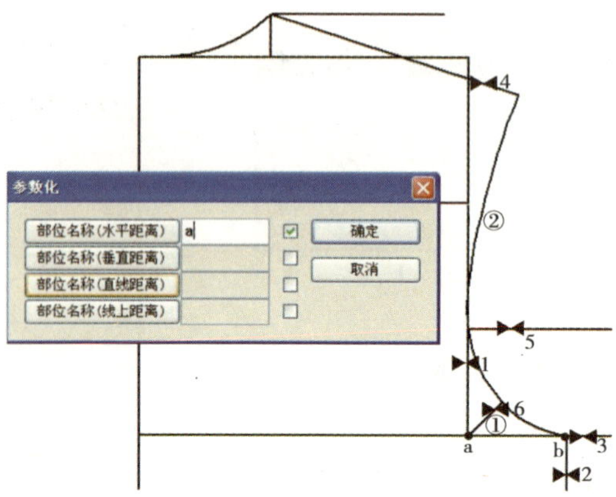

图 5.1.12 绘制后袖窿弧线

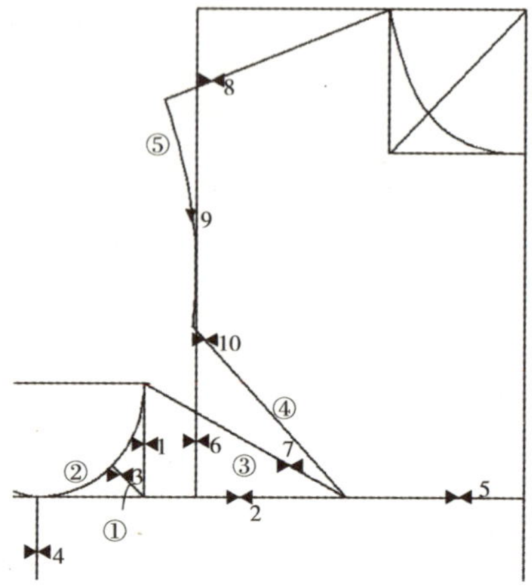

图 5.1.13 绘制前袖窿弧线

7. 绘制后肩省

(1) 【单侧切除】工具，使线①和肩线相交。指示修改侧的切断线：肩斜线④；指示修改要素：线①，右键确认，使线①和肩线相交。

(2) 【画线】工具，绘制省线②。出现提示：指示点列：这时按 F7 键（参数点），选择“要素上移动点”，“移动量”上输入 1.5，单击【确定】；提示变成：指示点：线①的上端点▶◀1；指示要素：靠近左端点点击肩斜线④，提示变成指示点列：线①的下端点▶◀2，右键确认，画出肩省省边线②。

(3) 同样方法，肩省省道大小为【胸围】/32-0.8，画出肩省另一省边线③。见图 5.1.14。

8. 绘制腰省省中线

(1) 【垂直线】工具，绘制 a 省省中线。出现提示：指示起点：这时按 F7 键（参数点），选择“移动点”，横偏移上输入 0，纵偏移上输入 -3，单击【确定】。这时提示变为指示点：胸省边线▶◀1；指示终点：腰围线▶◀2，画出 a 省省中线①。

(2) 继续【垂直线】工具，绘制 b 省省中线②。按 F7 键（参数点），选择“移动点”，横偏移上输入 1.5，单击【确定】。这时提示变为指示点：▶◀3（靠近下端点）；指示终点：腰围线▶◀2；画出 b 省道胸围线下部分。

(3) 【单侧切除】工具，延长 b 省省中线到胸省省边。指示修改侧的切断线：胸省省边线⑤；指示修改要素：线②，右键确认，完成 b 省省中线②。

(4) 【垂直线】工具，绘制 d 省省中线③。出现提示：指示起点：这时按 F7 键（参数点），选择“移动点”，横偏移上输入 -1，单击【确定】。这时提示变为指示点：▶◀5（靠近左端点）；指示终点：腰围线▶◀2，画出 d 省省中线③。

(5) 【垂直线】工具，绘制 e 省省中线。出现提示：指示起点：这时按 F7 键（参数点)，选择“移动点”，横偏移上输入 -0.5，单击【确定】。这时提示变为指示点：▶◀6(靠近下端点)；指示终点：腰围线▶◀2。

(6) 【单侧切除】工具，去掉胸围线上 e 省省中线部分。指示修改侧的切断线：胸围线⑥；指示修改要素：e 省省中线④，右键确认。

(7) 【修改要素】工具，修改方式选择“延长”，指示端输入 2，单击【确定】。指示修改要素：线④(靠近上端点)，把 e 省省中线在胸围线上延长了 2 厘米，完成 e 省省中线④。见图 5.1.15。

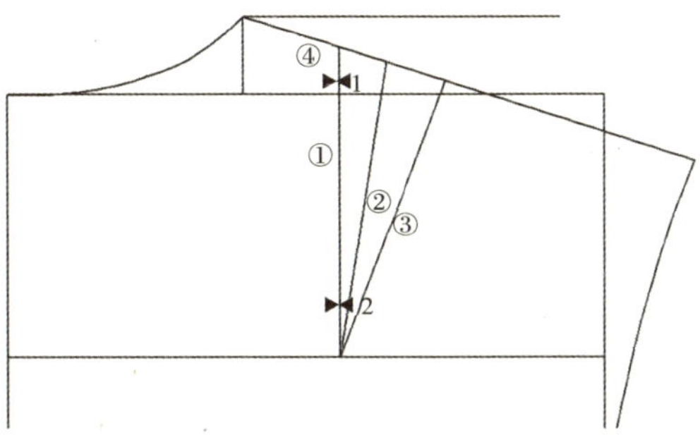

图 5.1.14 绘制后肩省

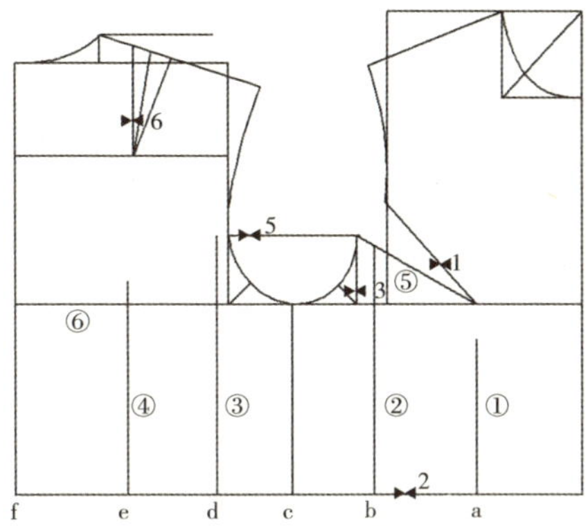

图 5.1.15 绘制腰省省中线

5.1.4.4 生成布片

1. 生成布片

(1) 【省道】工具，做侧缝位置 c 省道。在弹出的【省】对话框中设置“省类型”：直省；省量大小：【胸围 /2+6-(腰围 /2+3)】/11%；省折线：无；勾选“保留省线”；单击【确定】。提示变为：指示省尖：靠近上端点单击侧缝线，生成 c 省道，见图 5.1.16(a)。

(2) 【布片取出】工具。

● 指示取出形状：依次指示前片外轮廓线，右键确认。

● 指示放置位置：在空白区域单击，弹出【布片取出】对话框，见图 5.1.16(b)，设置如下。

1) 填写布片名：前片(也可双击文字库中的文字)。

2) 单击【面料】按键，进入【面料设定】对话框，选择面料分类，设定面料的颜色并选择需要的面料，单击【确定】，回到【布片取出】对话框填写片数为：2。

3) 设定文字大小。

4) 选择纱向类型：无纱向。

5) 勾选：取出内部线、取出刀口。

6) 单击【确定】。

● 选择需要取出的内部线：包括 a 省省中线、b 省省中线、胸围线，右键确认，完成前片的取出，见图 5.1.16(c)。

(3) 同样方法，完成后片取出，见图 5.1.16(c)。

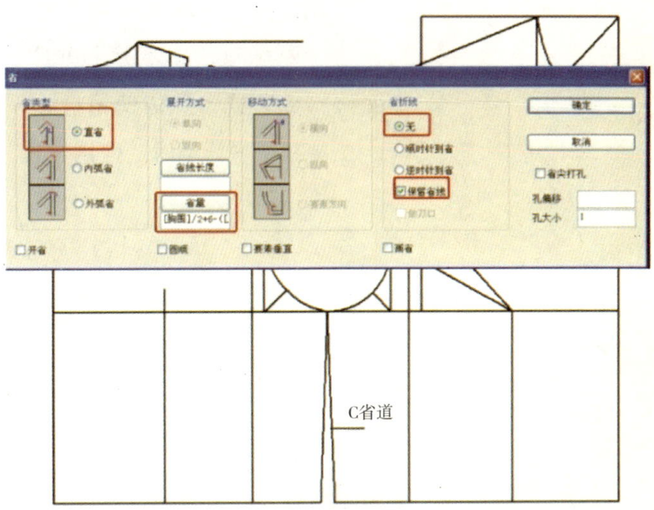

(a)

图 5.1.16 生成布片(一)

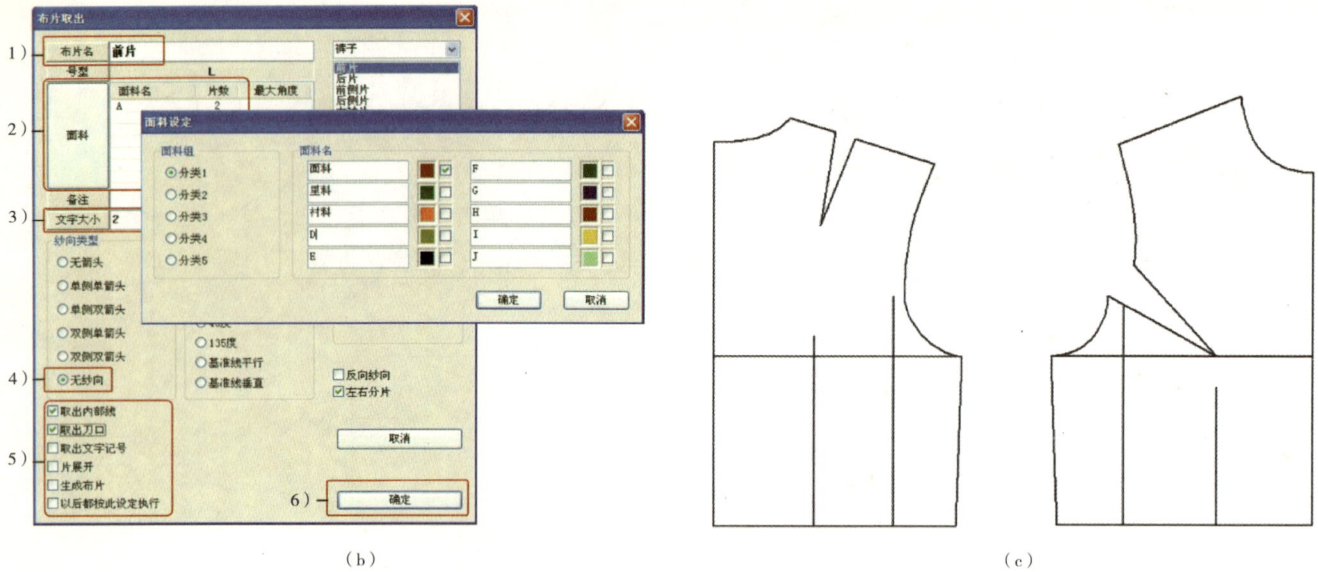

图 5.1.16 生成布片（二）

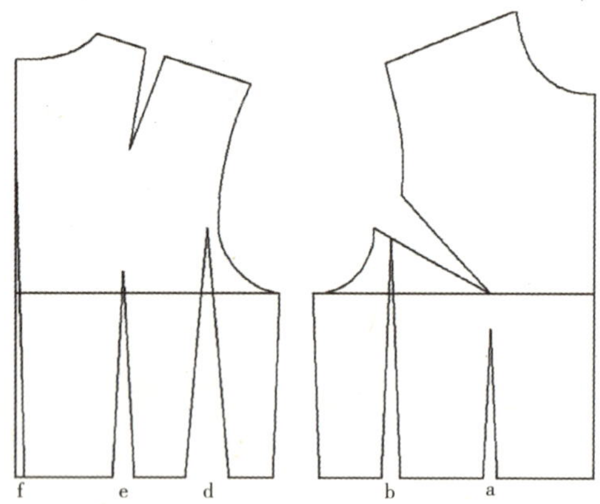

图 5.1.17 绘制腰省省道

2. 绘制腰省省道

（1）和绘制c省道方法相同，选择【省道】工具，绘制a、b、d、e省道。

（2）【画线】工具，做出f省道。见图5.1.17。

至此，完成文化式原型上半身原型的制图。

5.2 男西裤打板（数值法）——NacPro服装CAD系统

训练目的：掌握NacPro数值法打板方式，熟练使用打板系统各工具在纸样绘制时的使用方法。

5.2.1 款式图（见图5.2.1）

图 5.2.1 男西裤款式图

5.2.2 成品规格（见表 5.2.1）

表 5.2.1　　　　　　　　男西裤规格　号型：170/74A

部位	裤长	臀围	腰围	立裆	裤口	腰头宽
尺寸（cm）	100	104	76	28.5	44	3.5

5.2.3 男西裤纸样（见图 5.2.2）

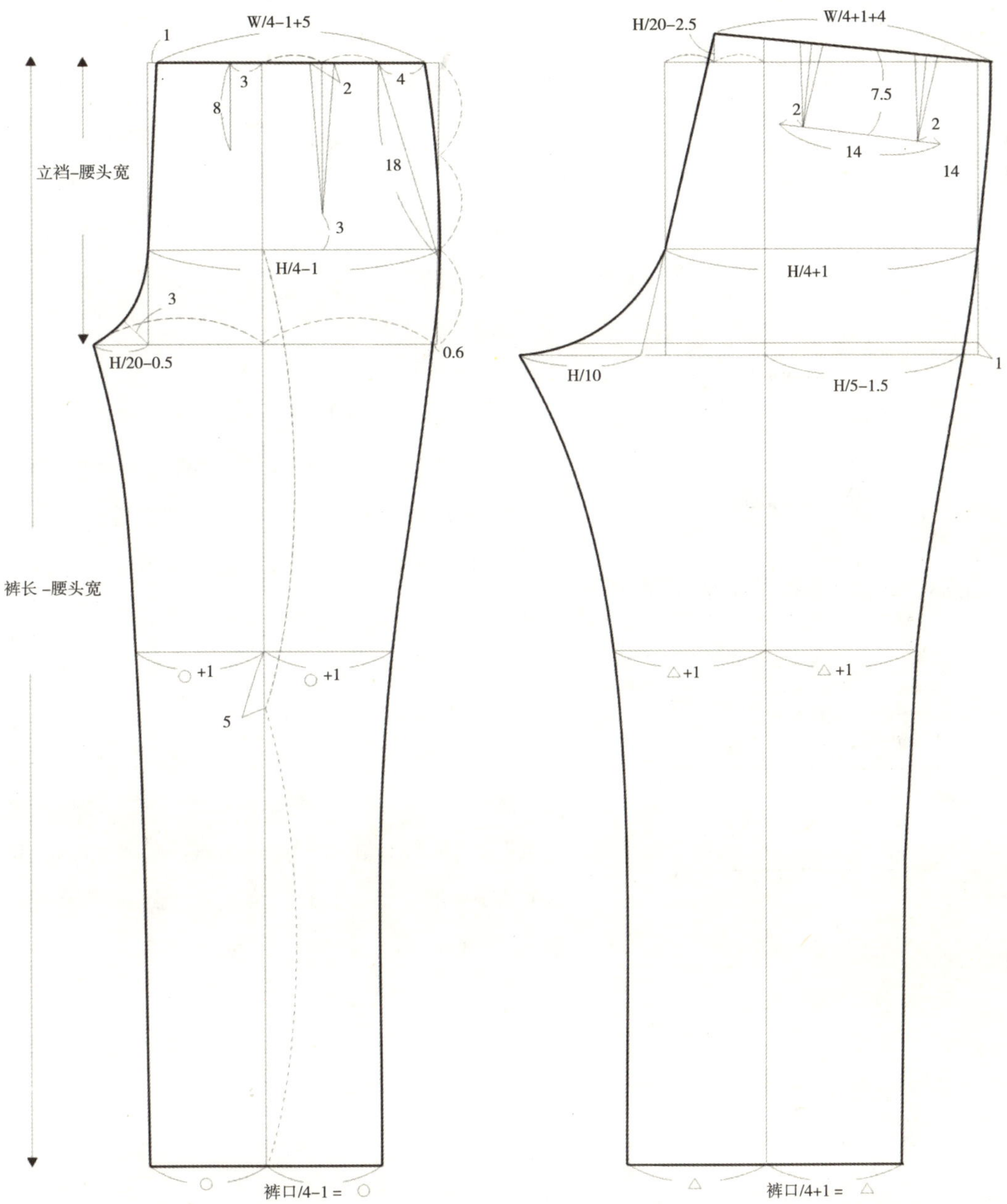

图 5.2.2　男西裤纸样

5.2.4 男西裤制图基本步骤

环境设定→前片基础结构线→前片腰围结构及完成线→后片基础结构线→后片腰围结构及完成线→生成布片。

5.2.5 操作方法

5.2.5.1 环境设定

单位设定、号型设定方法同文化式女装原型实例，这里从略。

5.2.5.2 前片基础结构线

图 5.2.3 作前片基础线

图 5.2.4 绘制立裆线

1. 作前片基础线

【矩形】工具，绘制前裤片基础框架。鼠标在工作区内单击后向右下拖动，输入框中输入数值：25，-96.5，回车。

2. 绘制立裆线

【间隔平行线】工具，绘制立裆线①。出现提示：输入平行间隔：25，回车；指示平行要素：上平线②；指示平行侧：上平线下方▼1，绘制完成立裆线①。

3. 绘制臀围线

［方法 1］

（1）选择【作图】/【等分线标注】工具，作等分线标。指示标注位置：用鼠标指示立裆线⧓1，腰围线⧓2；输入等分数：3，得到等分线标。

（2）【画线】工具，绘制臀围线①。指示起点⧓3，指示终点⧓4，绘出臀围线①，以上见图 5.2.5（a）。

［方法 2］

【画线】工具，同时按 F7 键（参数点），选择“两点间移动点”，“两点间移动方式”选择“比率点”，比率数为 0.33，指示两点：横裆线⧓1 和腰围线⧓2，【shift】键切换成水平线，指示左边垂直线⧓3，绘出臀围线①，见图 5.2.5（b）。

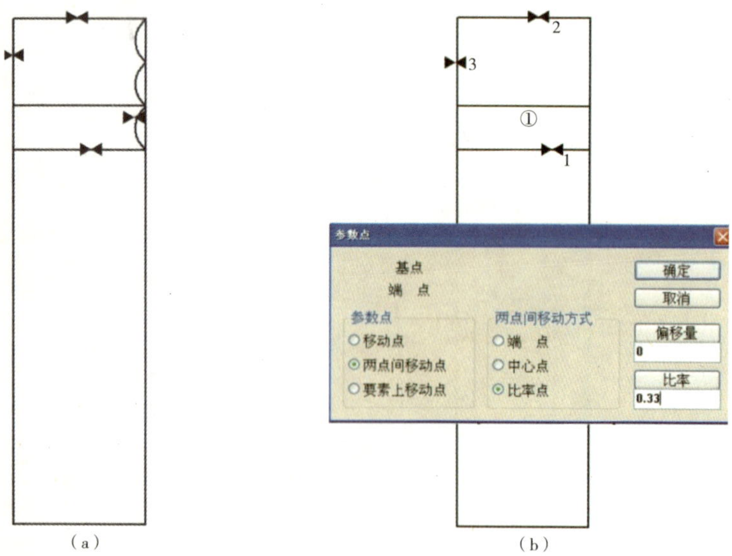

图 5.2.5 绘制臀围线

4. 绘制中裆线

【画线】工具，同时按 F7（参数点），选择“两点间移动点”，“两点间移动方式”选择“中心点”，偏移量 5，单击【确定】，指示两点：指示裤口线⧓1，臀围线⧓2，【shift】键切换成水平线，指示垂直要素⧓3，绘出膝围线①，见图 5.2.6。

5. 绘制小裆线

【修改要素】工具，延长立裆线。在弹出的【修改要素】对话框中选择“延长”，在“指示端”按钮后的输入框中输入 4.7，在“另一端”输入 -0.6，单击【确定】，指示立裆线左端附近⧓1，右键确认，则立裆线左端延长，右端缩短，见图 5.2.7。

［技巧］指示端为靠近指示的一端，正值表示延长，负值表示缩短。

6. 绘制前裤中线

（1）【画线】工具，绘制臀围线下的裤中线。同时按 F3 键（中心点），单击立裆线

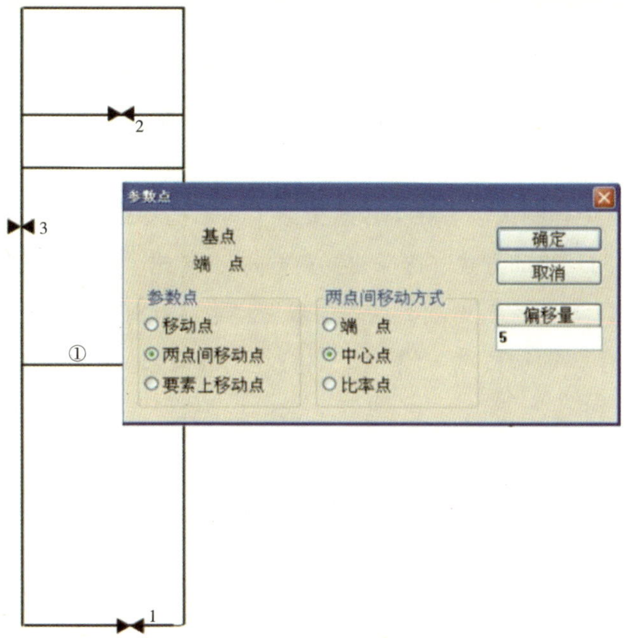

图 5.2.6 绘制中裆线

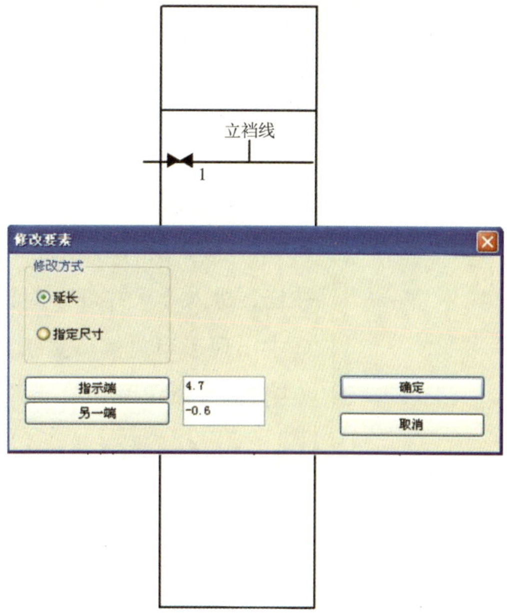

图 5.2.7 绘制小裆线

▶◀1，按【ctrl】键切换成【垂直线】，单击裤口线▶◀2，绘出横裆线下的前裤中线，见图 5.2.8（a）。

（2）【单侧切除】，绘制臀围线上的裤中线。指示修改侧切断线：前腰线▶◀3；指示修改要素：框选前裤中线▶◀4，右键确认，则前裤中线向上延长和腰线相交，见图 5.2.8（b）。

7. 绘制前裆角分线

【作图】/【角平分线】工具，指示构成角的两要素：▶◀1，▶◀2，输入长度：3，绘出前裆角分线。见图 5.2.9。

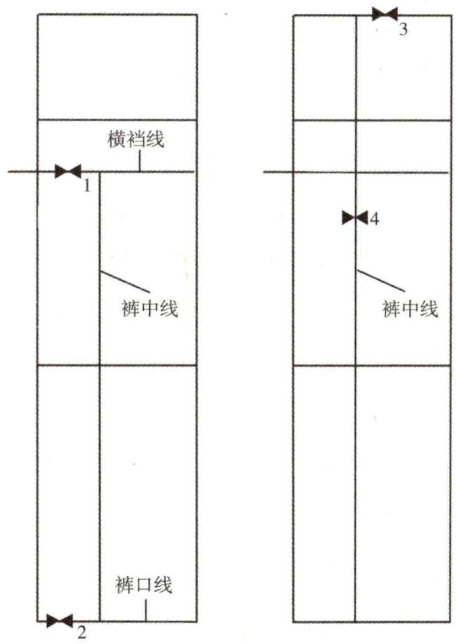

（a） （b）

图 5.2.8 绘制前裤中线

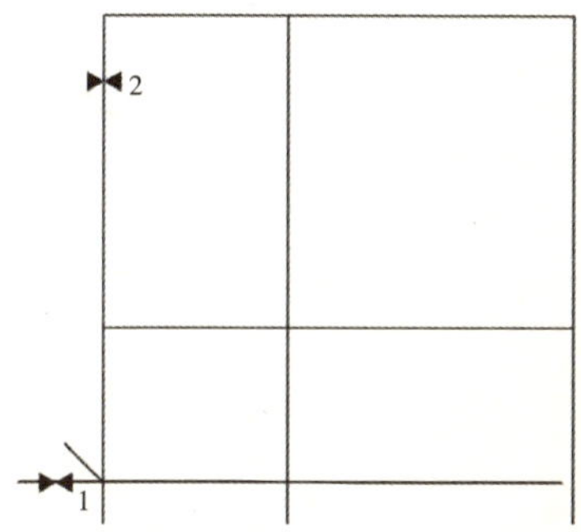

图 5.2.9 绘制前裆角分线

8. 裤口线

（1）【单侧切除】工具，删除臀围线下不需要的线。指示修改侧切断线：▶◀1；指示修改要素：左右垂线，右键确认，修改结果见图 5.2.10（a）。

（2）【单侧切除】工具，切齐中裆线和裤口线。指示修改侧切断线：▶◀2；指示修改要素：框选中裆线和裤口线▼3，右键确认，见图 5.2.10（b）。

（3）【修改要素】工具，确定裤口大小。在【修改要素】对话框中选择“指定尺寸”，“尺寸指定方式”选择“长度”，“移动方式”选择“要素方向”。在“输入长度”按钮后的输入框中输入 10，单击【确定】，指示修改要素▶◀4，右键确认，确定了裤口的长度 10cm，见图 5.2.10（c）。

（4）【指定移动】工具，复制后片基础线。按住【ctrl】键的同时框选 c 图中所有要素引出到合适位置。

9. 绘制中裆线

（1）【要素长度】工具，测量裤口线长度并参数化。指示要素：裤口线▶◀1，右键确认，屏幕下方出现要素的长度，单击 参数化 按钮，输入部位名称“半前裤口宽”，单击【确认】。

（2）【修改要素】工具，确定中裆围大小。在【修改要素】对话框中选择“指定尺寸”，“尺寸指定方式”选择“长度”，“移动方式”选择“要素方向”。单击“输入长度”按钮，进入【尺寸表】对话框，单击“参数表”选项，从表中双击“半前裤口宽”，输入框中出现【半前裤口宽】，完成公式【半前裤口宽 +1】，指示修改要素▶◀2，右键确认，见图 5.2.11（a）。

（3）【要素翻转】工具，绘制完整中裆线和裤口线。按住【ctrl】键的同时框选要素中裆线和裤口线▼3，右键确认，指示翻转基准要素▶◀4，裤口线和中裆线翻转复制完成，见图 5.2.11（b）。

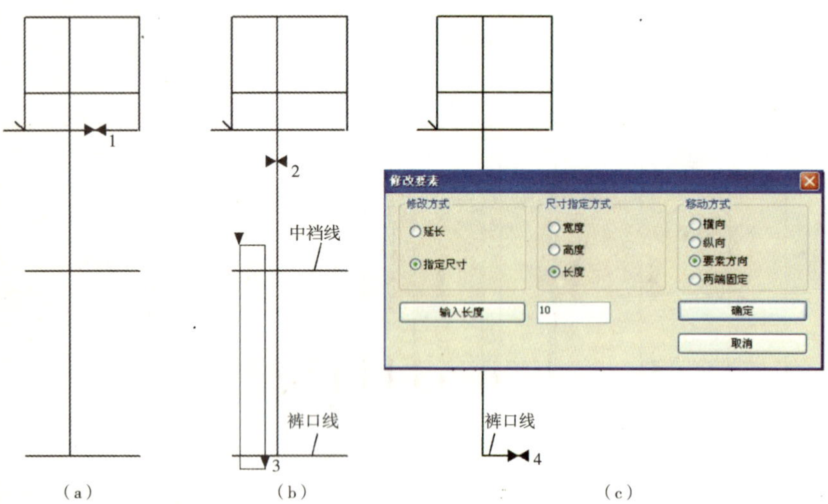

图 5.2.10 裤口线

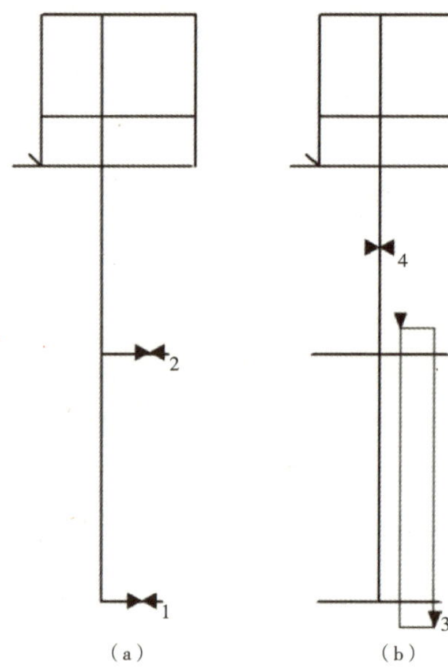

图 5.2.11 绘制中裆线

10. 定前腰围

（1）【修改要素】工具，确定腰围长度。在【修改要素】对话框中选择“延长”，在“指示端”输入 -1，单击【确定】；指示修改要素：靠近腰围线左端点指示腰围线▶◀1，则在前中收省 1 厘米（撇肚省），见图 5.2.12（a）。

（2）继续在【修改要素】对话框中选择“指定尺寸”，“尺寸指定方式”选择“长度”，“移动方式”选择“要素方向”，“输入长度”按钮后的输入框中输入 23，指示修改要素：靠近腰围线右端点指示腰围线▶◀2，右键确认，则腰围线修改为所要长度，见图 5.2.12（b）。

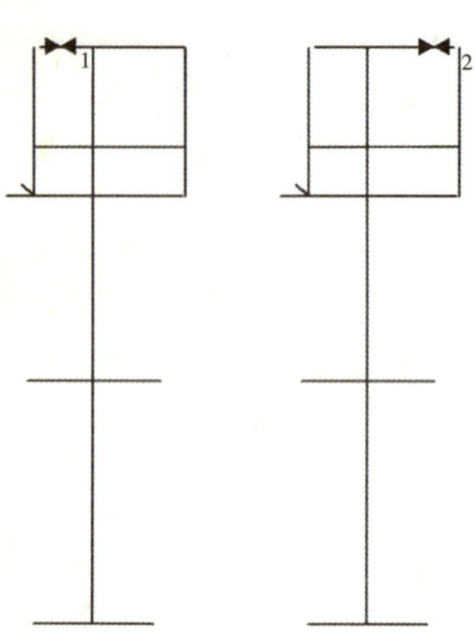

图 5.2.12 定前腰围

5.2.5.3 前片腰围结构及完成线

1. 前裆弧线

（1）【画线】工具连接腰围线左端点▶◀1 和臀围线左端点▶◀2，右键确认。

（2）【画线】工具，指示臀围线端点▶◀2，任意点▼3，前裆角分线端点▶◀4，立裆线端点▶◀5，右键确认，做出前裆曲线。见图 5.2.13。

2. 绘制内外侧缝线

（1）【画线】工具，绘制外侧缝线。单击腰围线端点▶◀1，臀围线端点▶◀2，立裆线端点▶◀3，中裆线端点▶◀4，裤口线端点▶◀5，右键确认。

（2）继续【画线】工具，连接内侧缝线。单击小裆线端点▶◀6，中裆线端点▶◀7，裤口线端点▶◀8，右键确认。见图 5.2.14。

3. 定袋位

【长度线】工具，绘制袋位线。指示长度线起点：输入框中输入 4，回车，在▶◀1 位置单击，则找到距腰围线右端点 4 厘米的袋位线起点；指示投影要素：单击侧缝线▶◀2；输入长度：18，回车，找到袋位线终点，绘出袋位线。见图 5.2.15。

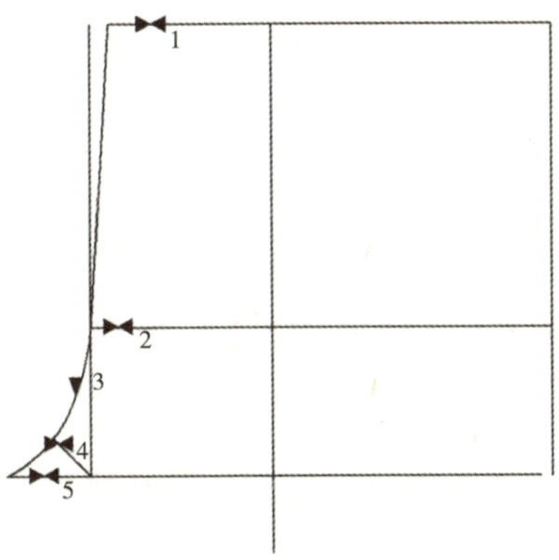

图 5.2.13 前裆弧线

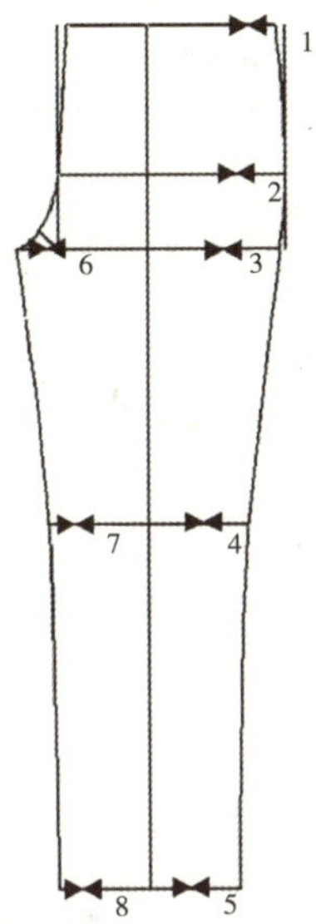

图 5.2.14 绘制内外侧缝线

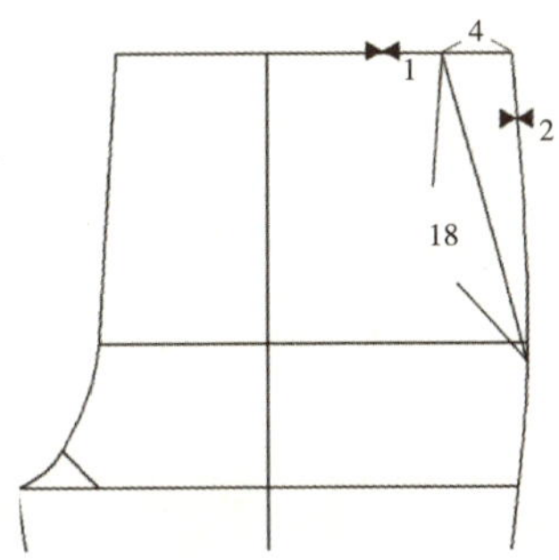

图 5.2.15 定袋位

4. 作褶位和省道

（1）【画线】工具，绘制褶位线。按 F7 键（参数点），选择“移动点”，横偏移中输入 -3，单击【确定】，指示裤中线上端▶◀1，系统在裤中线左侧 3 厘米处找到垂直线的第一点，按【ctrl】键切换为【垂直线】，在输入框中输入 -8，回车，完成褶线，见图 5.2.16（a）。

（2）【画线】工具，绘制省中线。按 F7 键（参数点），选择“两点间移动点”，“两点间移动方式”选项中选“中心点”，在“横偏移”下方输入 0，单击【确定】。指示裤中线▶◀1 和袋位线▶◀2 位置，系统自动在这两点连线的中点处找到垂直线的第一点，【ctrl】键切换成【垂直线】，指示▶◀3 位置，绘出省中线，见图 5.2.16（b）。

（3）【修改要素】工具，修改省中线长度。在【修改要素】对话框中选择“延长”，在指示端输入 -3，单击【确定】；指示修改要素：省中线▶◀4，右键确认，把省中线下端剪短 3 厘米。见图 5.2.16（b）。

（4）【省道】工具，在弹出的【省】对话框中的设置如图，设定好后单击【确定】，指示省尖▶◀5，右键完成，见图 5.2.16（c）。

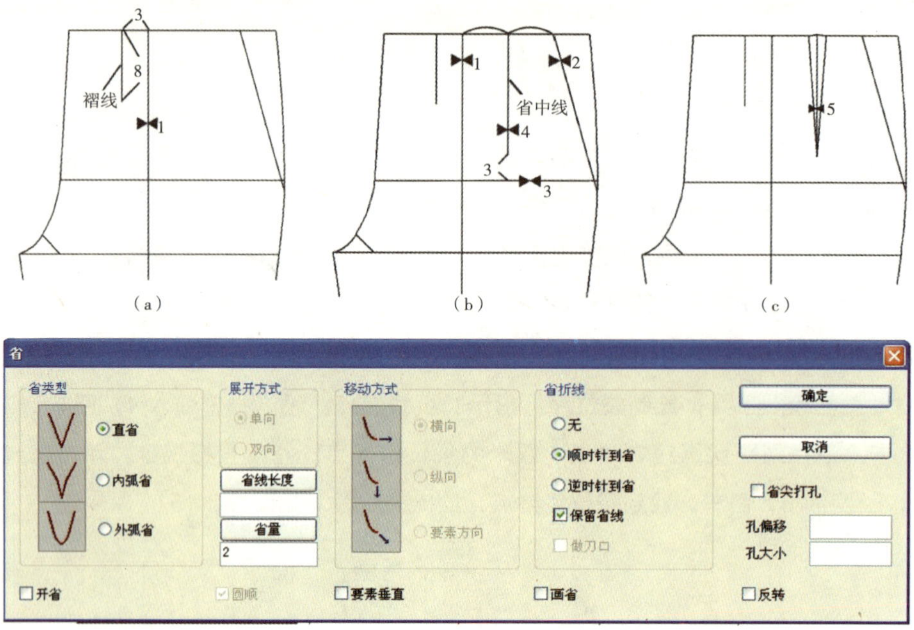

图 5.2.16 作褶位和省道

5.2.5.4 后片基础结构线

1. 复制修改后片基础线

从前片复制出的后片基础线见图 5.2.17。

图 5.2.17 复制修改后基础线

2. 绘制落裆线

（1）【间隔平行线】工具，绘制落裆线。输入平行间隔：1，回车；指示平行要素：横裆线▶◀1；指示平行侧：横裆线下方▼2，在原横裆线的下方得到后片的落裆线。见图 5.2.18（a）。

（2）【连接角】工具，指示构成角的两要素：切换成要素拾取模式单击后落裆线▶◀3 和侧缝直线▶◀4，见图 5.2.18（b）。

（3）【间隔平行线】工具，绘制后裆直线。输入平行间隔：27，回车；指示平行要素：侧缝直线▶◀5；指示平行侧：侧缝直线的左端▼6，在侧缝直线的左端得到后裆直线，见图 5.2.18（c）。

（4）【单侧切除】工具，按【shift】键切换成【两侧切除】，指示两侧的切断线：侧缝直线▶◀7 和后裆直线▶◀8；指示修改要素：框选腰围线、臀围线、横裆线、落裆线▼9，剪切齐整，见图 5.2.18（d）。

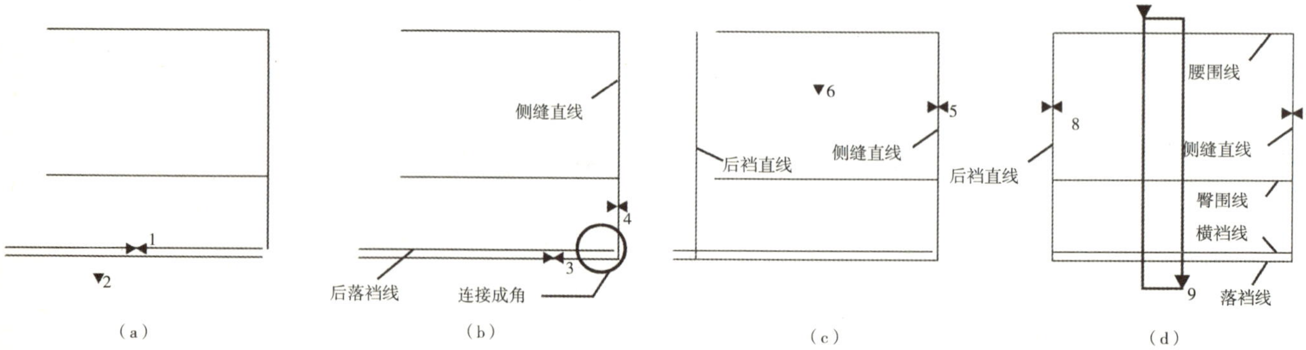

图 5.2.18 绘制落裆线

3. 绘制裤中线

（1）【画线】工具，绘制臀围线下的裤中线。输入框中输入 19.3，靠近右端点指示臀围线▶◀1，【ctrl】键切换成【垂直线】，指示裤口线▶◀2，完成臀围线下方的后裤中线，见图 5.2.19（a）。

（2）【单侧切除】工具，绘制臀围线上的裤中线。指示修改侧切断线：腰围线▶◀1；指示修改要素：后裤中线▶◀2（靠近上端点），右键确认。则后裤线向上延长和腰线相交，见图 5.2.19（b）。

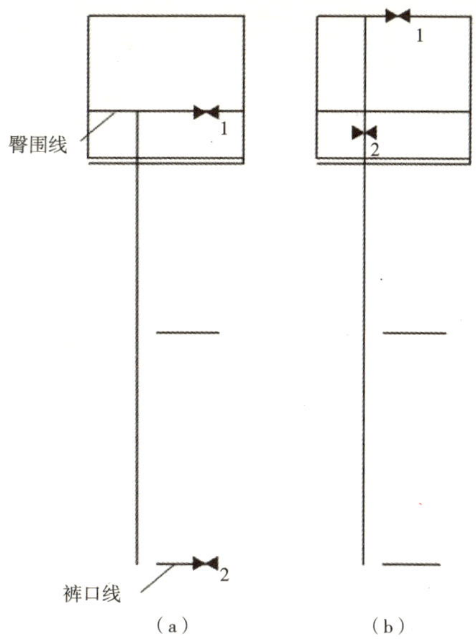

图 5.2.19 绘制裤中线

4. 绘制后裆斜线

（1）【画线】工具，确定后裆起翘。并按 F7 键（参数点），选择“两点间移动点”，“两点间移动方式”选项中选“中心点”，在“横偏移”下方输入 0，单击【确定】。指示后裆直线上部▶◀1 和裤中线上部▶◀2 位置，系统自动在这两点连线的中点处找到垂直线的第一点，按【ctrl】键切换成【垂直线】，输入框中输入 2.7，回车，见图 5.2.20（a）。

（2）【画线】工具，绘制后裆斜线。连接▶◀3 和▶◀4，见图 5.2.20（a）。

（3）【连接角】工具，框选斜线▶◀5 和落裆线▶◀6，连接成角。后裆斜线绘制完成，见图 5.2.20（a）。

（4）【修改要素】工具，作大裆宽。在【修改要素】对话框中选择“延长”，在“指示端”按钮后的输入框中输入 10.4，单击【确定】。见图 5.2.20（b）。

5. 绘制后腰围线

【长度线】工具，绘制后腰围线①。指示长度线起点：后裆斜线▶◀1；指示投影要素：腰围线▶◀2；输入长度：在输入框中输入 24，回车，作出后腰围线①。见图 5.2.21。

6. 绘制后裤口和后中裆线

（1）【单侧切除】工具，将中裆线①和裤口线②在裤中线处切齐。指示修改侧切断线：裤中线▶◀1，指示修改要素：框选中裆线和裤口线▼2，右键确认，见图 5.2.22（a）。

（2）【修改要素】工具，确定后裤口线②的长度。在【修改要素】对话框中选择“指定尺寸”，“尺寸指定方式”选择“长度”，“移动方式”选择“要素方向”，在指示端后的输入框中输入 12，单击【确定】。指示修改要素：后裤口▶◀3，右键确认，见图 5.2.22（b）。

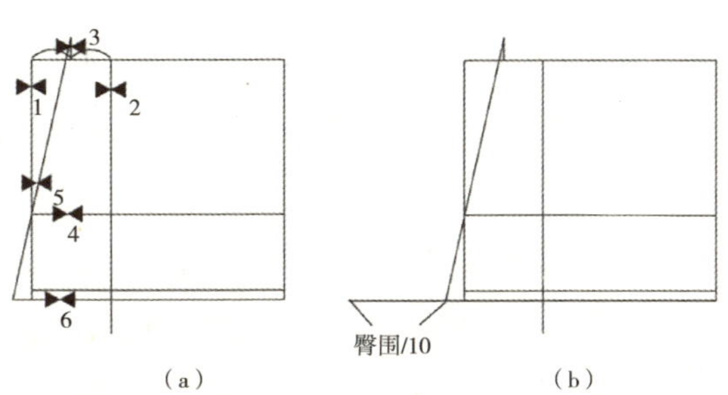

图 5.2.20 绘制后裆斜线

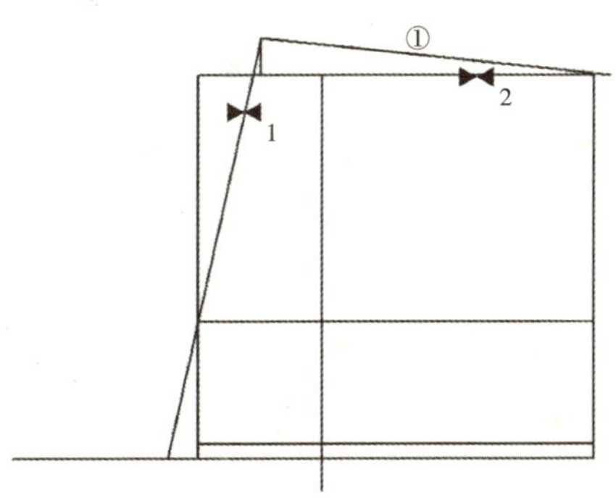

图 5.2.21 绘制后腰围线

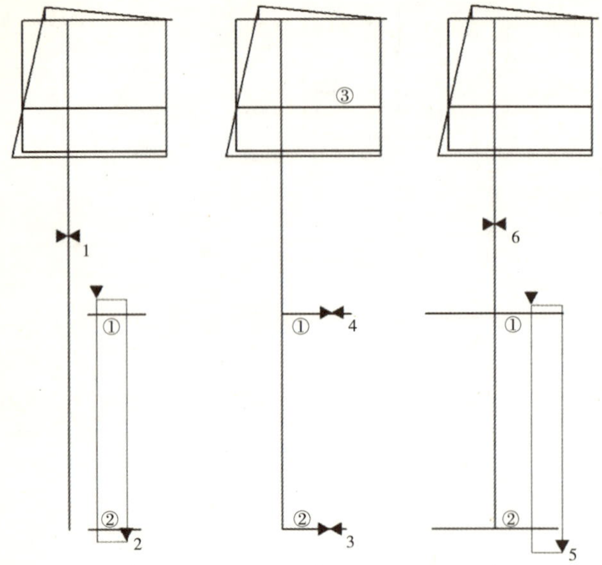

（a）（b）（c）

图 5.2.22 绘制后裤口和后中裆线

（3）【要素长度】工具，测量后裤口线②并参数化。指示要素：后裤口▶◀3，右键确认，屏幕下方出现要素的长度，单击 参数化 按钮，输入部位名称“半后裤口”，单击【确定】。

（4）【修改要素】工具，确定中裆线①。在【修改要素】对话框中选择“指定尺寸”，“尺寸指定方式”选择“长度”，“移动方式”选择“要素方向”，单击“输入长度”，进入【尺寸表】对话框，切换成【参数表】，双击“半后裤口”，输入框中出现【半后裤口】，完成公式【半后裤口】+1；指示修改要素：后中裆线▶◀4，右键确认，见图 5.2.22（b）。

（5）【要素翻转】工具，画完整后裤口线②和后中裆线①。按住【ctrl】键的同时框选后裤口和后中裆线▼5，右键确认；指示翻转基准要素：裤中线▶◀6，裤口线②和中裆线①绘制完整，见图 5.2.22（c）。

5.2.5.5 后片腰围结构及完成线

1. 绘制大裆弯

【画线】工具，指示臀围线端点▶◀1，任意点▼2，立裆线端点▶◀3，右键确认，做出前裆曲线。见图 5.2.23。

2. 绘制内外侧缝线

【画线】工具，绘制外侧缝①和内侧缝②。单击腰围线▶◀1，臀围线▶◀2，中裆线▶◀3，裤口线▶◀4，右键确认，绘出外侧缝①；再连接落裆线▶◀5，中裆线▶◀6，裤口线▶◀7，右键确认，绘出内侧缝②。见图 5.2.24。

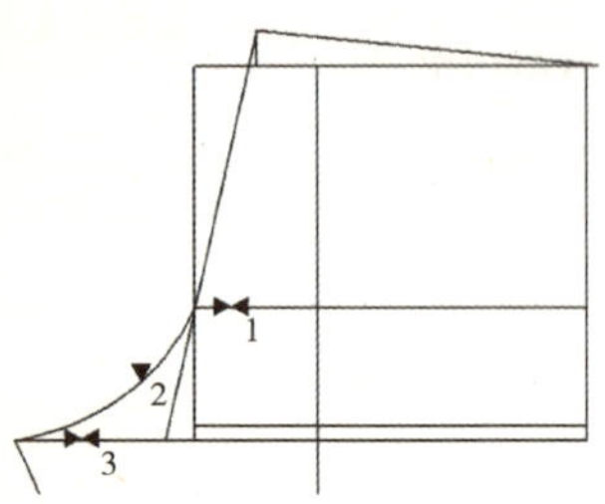

图 5.2.23 绘制大裆弯

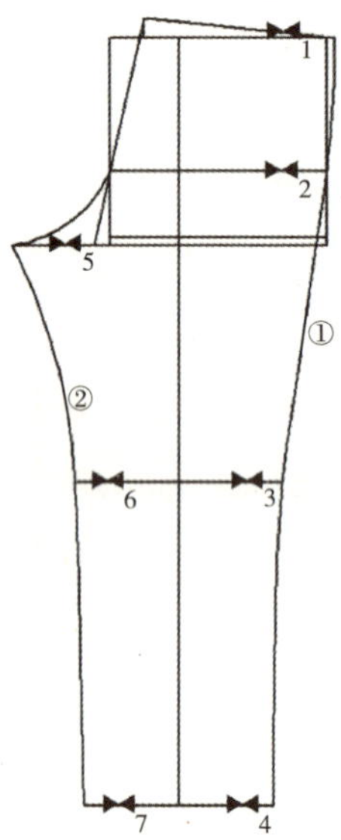

图 5.2.24 绘制内外侧缝线

3. 绘制后袋位

（1）【间隔平行线】工具，绘制后袋位线①。出现提示：输入平行间隔：7.5，回车；指示平行要素：腰围线▶◀1；指示平行侧：腰围线下方▼2，见图 5.2.25（a）。

（2）【修改要素】工具，使袋口右端距侧缝 4 厘米。在【修改要素】对话框中选择“延长”，在“指示端”后的输入框中输入 −4，当 A 点高亮显示时点击后袋位线▶◀3（靠近右端点），单击【确定】，见图 5.2.25（a）。

（3）【修改要素】工具，确定口袋长度。在【修改要素】对话框中选择“指定尺寸”，“尺寸指定方式”中选择“长度”，“移动方式”中选择“要素方向”，输入 14，单击【确定】，指示袋位线①（靠近左端点），则调整左端点位置，使口袋长度达到 14 厘米，见图 5.2.25（a）。

（4）【垂线】工具，绘制省中线②、③。指示基准要素：袋位线①；输入垂线长度：7.5，回车；指示通过点：输入框中输入 2，回车，B 点高亮显示时点击袋位线①；指示延伸方向：▼1，做出第一个省的省中线②。同样方法，做出第二个省的省中线③。见

图 5.2.25（b）。

4. 绘制省道

【省道】工具，做 2 个省量为 2 厘米的省，方法参照前裤片的操作。见图 5.2.26。

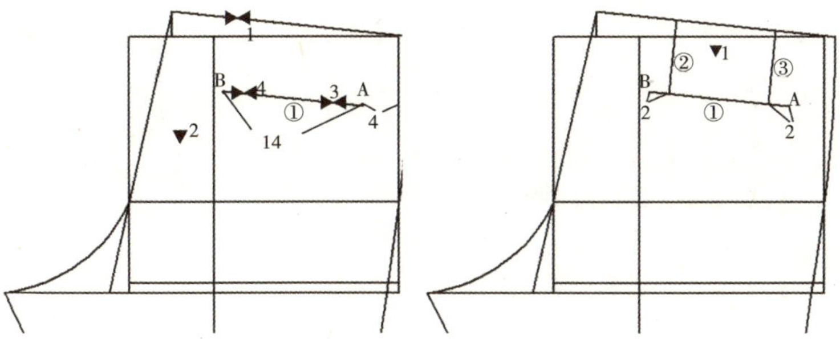

（a）　　　　（b）

图 5.2.25 绘制后袋位

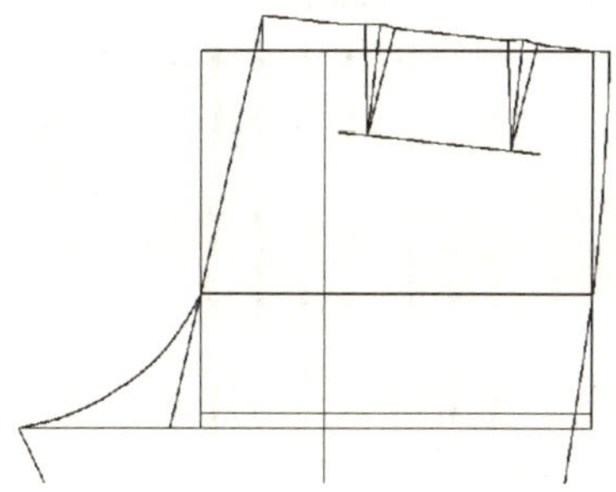

图 5.2.26 绘制省道

5.2.5.6 生成布片

1. 生成布片

［方法一］

【布片取出】工具：

● 指示取出形状：依次指示前裤片外轮廓线，右键确认。

● 指示放置位置：在空白区域单击，弹出“布片取出”对话框，见图 5.2.27（a），设置如下。

（1）填写布片名：前片 ×2（也可双击文字库中的文字）。

（2）单击【面料】按键，进入面料设定对话框，选择面料分类，设定面料的颜色并选择需要的面料，单击【确定】，回到“布片取出”对话框填写片数为：2。

（3）设定文字大小。

（4）选择：纱向类型、纱向配置方式、纱向长度定义。

（5）继续选择：取出内部线、取出刀口、取出文字记号、生成布片。

（6）单击【确定】。

● 选择需要取出的内部线：包括臀围线、横裆线、中裆线、褶线、省线，袋位线，右键确认，完成前片布片生成，见图 5.2.27（b）。

［方法二］

（1）【删除】工具，删除前片结构图中的辅助线，只保留最终轮廓线，见图 5.2.28（b）。

（2）【布片做成】工具：框选已删除辅助线的前片，右键确认；在弹出的【布片做成】对话框中填写和选择所需要的选项，方法同【布片取出】对话框的使用，单击【确定】，完成前片做成。

2. 更改缝边宽度和角度

（1）【宽度变更】工具，指示净线：⧓1、⧓2，右键确认；输入缝边宽度：3.5，回车，下摆线缝边变为 3.5 厘米，见图 5.2.29（a）。

（2）【角变更】工具，在需要做缝边角修改的位置指示角的基准线，以小裆弯位置为例，单击内缝线▶◀3，右键确认；在弹出的【缝边角】对话框中选择第四个工具直角，单击【确定】，小裆弯缝边修改成直角形式，见图 5.2.29（b）。

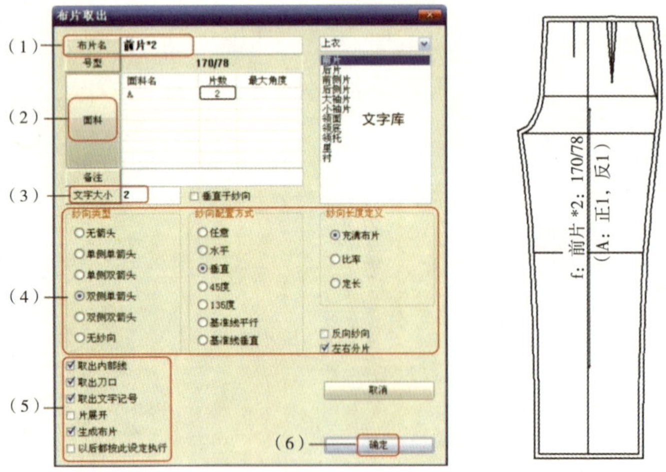

（a）　（b）

图 5.2.27　生成布片一

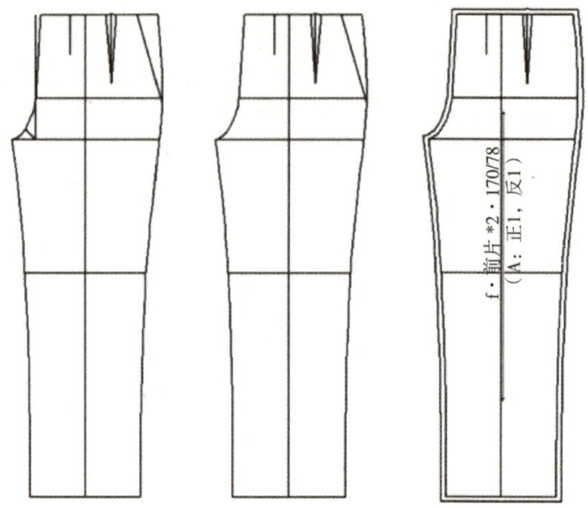

（a）　（b）　（c）

图 5.2.28　生成布片二

（a）结构图；（b）删除辅助线；（c）布片做成工具做成布片

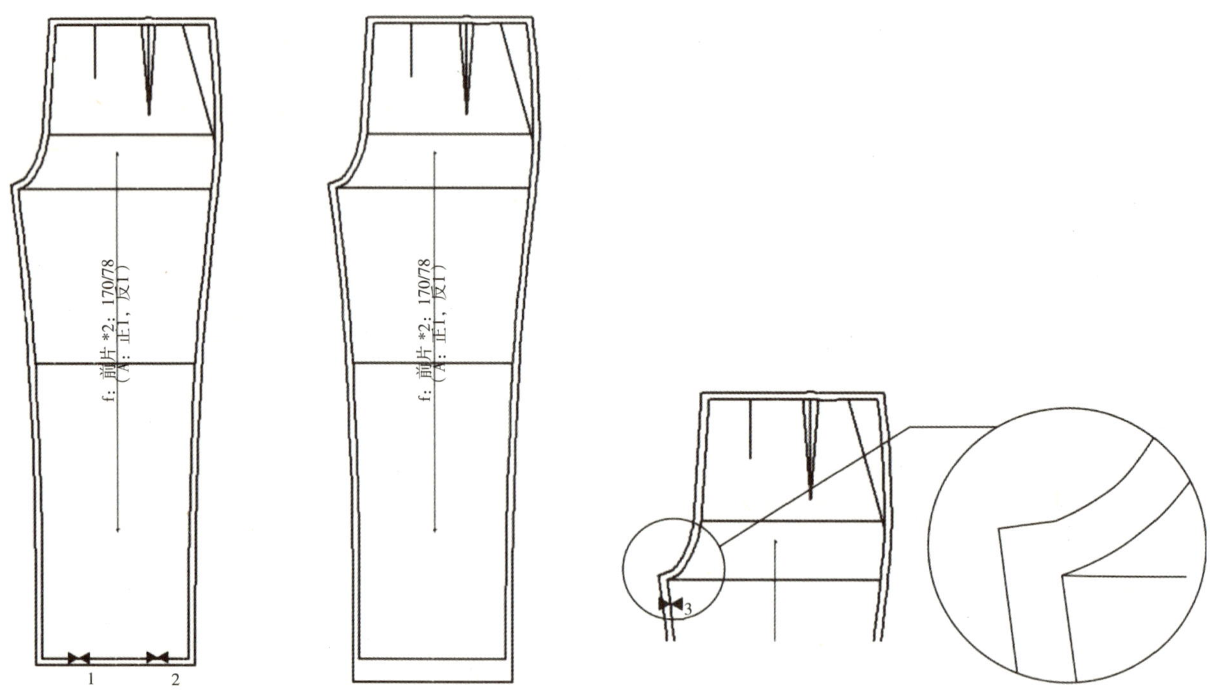

（a）　（b）

图 5.2.29　更改缝边宽度和角度

5.3 时装裙打板（数值法）——NacPro 服装 CAD 系统

训练目的：引导学生掌握 NacPro 打板系统各工具在款式变化中的针对性使用方法。

5.3.1　款式图（见图 5.3.1）

5.3.2　成品规格（见表 5.3.1）

表 5.3.1　　　　　　　　时装裙规格　号型：160/68A

部　位	裙　长	腰　围	臀　围
尺寸（cm）	60	68	94

5.3.3　时装裙纸样

1. 基本纸样（见图 5.3.2）
2. 变化款式（见图 5.3.3、图 5.3.4）

图 5.3.1　时装裙款式图

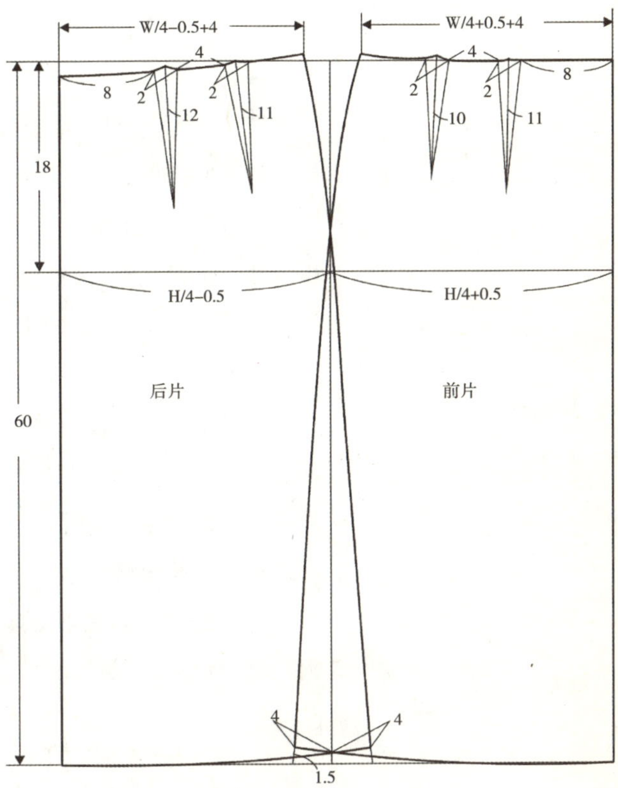

图 5.3.2　时装裙基本纸样

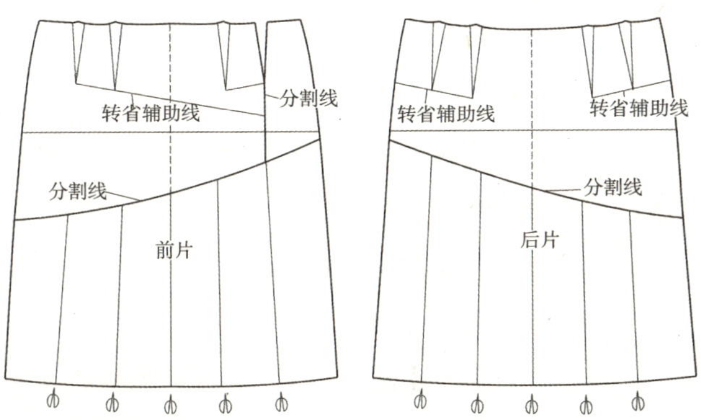

图 5.3.3　时装裙的款式变化

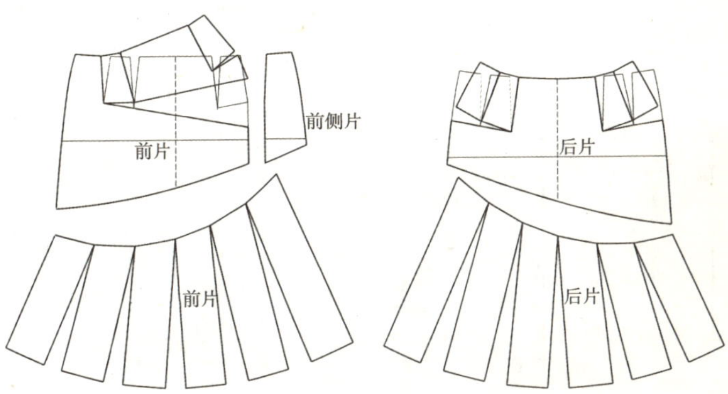

图 5.3.4　时装裙的款式变化结果

5.3.4 时装裙制图基本步骤

环境设定→绘制基础裙纸样→通过转省、分割等方法变化纸样→生成布片。

5.3.5 操作方法

5.3.5.1 环境设定

单位设定、号型设定如前例，这里从略。

5.3.5.2 绘制基础裙纸样

1. 做基础线

（1）【矩形】工具，绘制前后裙片基础框架。鼠标在工作区内单击后向右下拖动，输入框中输入：47（H/2），-60（裙长），回车，绘制完成外框。

（2）【间隔平行线】工具，绘制侧缝线①。出现提示：输入平行间隔：24（H/4+0.5），回车；指示平行要素：前中线▶◀1；指示平行侧：前中线左方▼2，绘制完成侧缝线①。

（3）继续【间隔平行线】工具，绘制臀围线②。出现提示：输入平行间隔：18，回车；指示平行要素：上平线▶◀3；指示平行侧：上平线下方▼2，绘制完成臀围线②。

（4）【线切断】工具，把臀围线、下摆线在 a 和 b 处切断。指示被切断要素：框选臀围线、下摆线▼4，右键确认；指示切断线：侧缝线▶◀5。

如图 5.3.5 所示。

2. 做轮廓线

（1）【画线】工具，绘制前片腰线①。按 F7 键（参数点），选择“移动点”，【横偏移】中输入 -21.5（w/4+0.5+ 省 4），【纵偏移】中输入 0.7，单击【确定】。指示点：靠近线①，当 A 点加亮显示时点击上平线▶◀1，找到侧腰点 B；指示点列：单击任意点▼2，端点▶◀1，画出腰线①。

（2）继续【画线】工具，绘制侧缝线②。端点模式点击▶◀3，任意点▼4，端点▶◀5，输入框中输入 4，回车，点击下平线▶◀6，画圆顺侧缝线②。

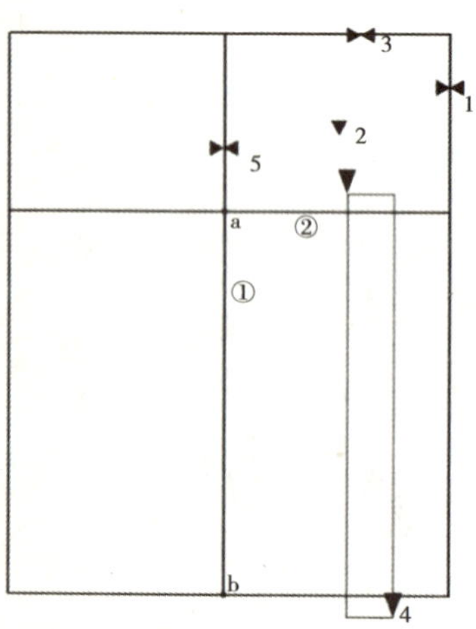

图 5.3.5 做基础线

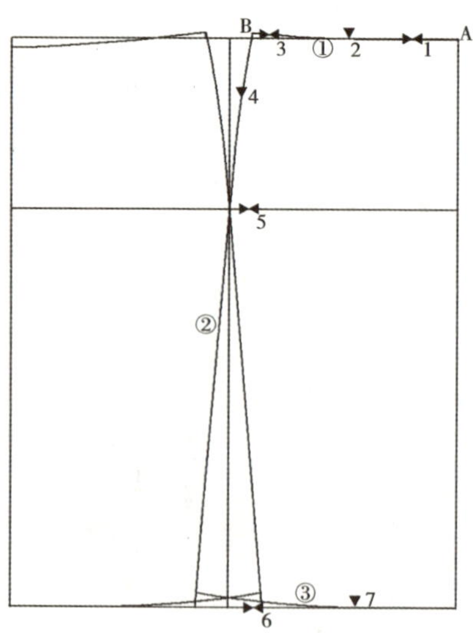

图 5.3.6 做轮廓线

（3）【修改点】工具修顺侧缝线。

（4）【变形处理】工具，做底摆起翘。指示变形要素端点：下平线▶◀6；指示变形开始位置：任意点▼7；指示变形后要素端点：输入 1.5，回车，指示侧缝线②（靠近下端点），画出底摆线③。

（5）同样方法，绘出后片腰围线、侧缝线和底摆线。

如图 5.3.6 所示。

3. 做省道

（1）【垂线】工具，绘制省中线。指示基准要素：腰围线▶◀1；输入垂线长度：

11，回车；指示通过点：输入框中输入 8，靠近腰围线，当 A 点加亮显示时，单击腰围线 ▶◀1；指示垂线延伸方向：▼2，画出省中线①。见图 5.3.7（a）。

（2）【省道】工具，生成省。在【省】对话框中设置省量 2 厘米，无省折线，勾选圆顺；指示省尖：▶◀3，右键确认，生成省道。

（3）同样方法，绘制其余省道的省中线，并生成省道，见图 5.3.7（b）。

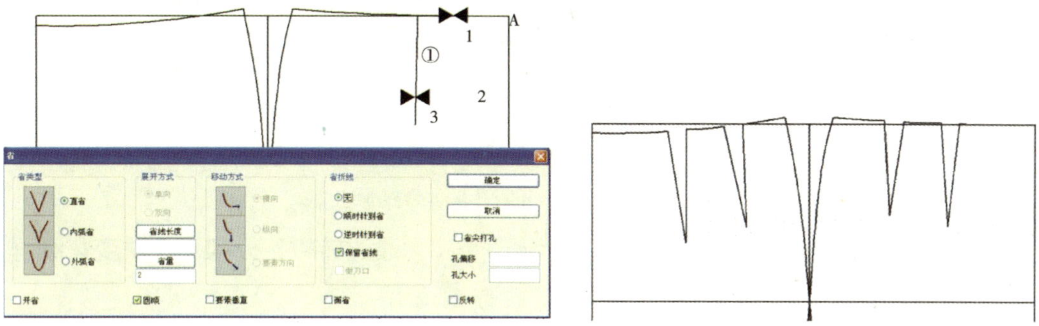

（a） （b）

图 5.3.7 做省道

4. 布片展开

（1）【布片取出】工具，完成布片的取出和展开。

● 指示取出形状：依次指示前片外轮廓线，右键确认。

● 指示放置位置：在空白区域单击，弹出【布片取出】对话框，见图 5.3.8（a），设置如下。

1）填写布片名：前片（也可双击文字库中的文字）。

2）勾选：取出内部线、片展开；取消生成布片前的对勾（布片取出结果为不加放缝边及文字）。

3）单击【确定】。

● 选择需要取出的内部线：臀围线，右键确认，完成前片轮廓线的取出及展开。

（2）同样方法完成后片轮廓线的取出及展开，见图 5.3.8（b）。

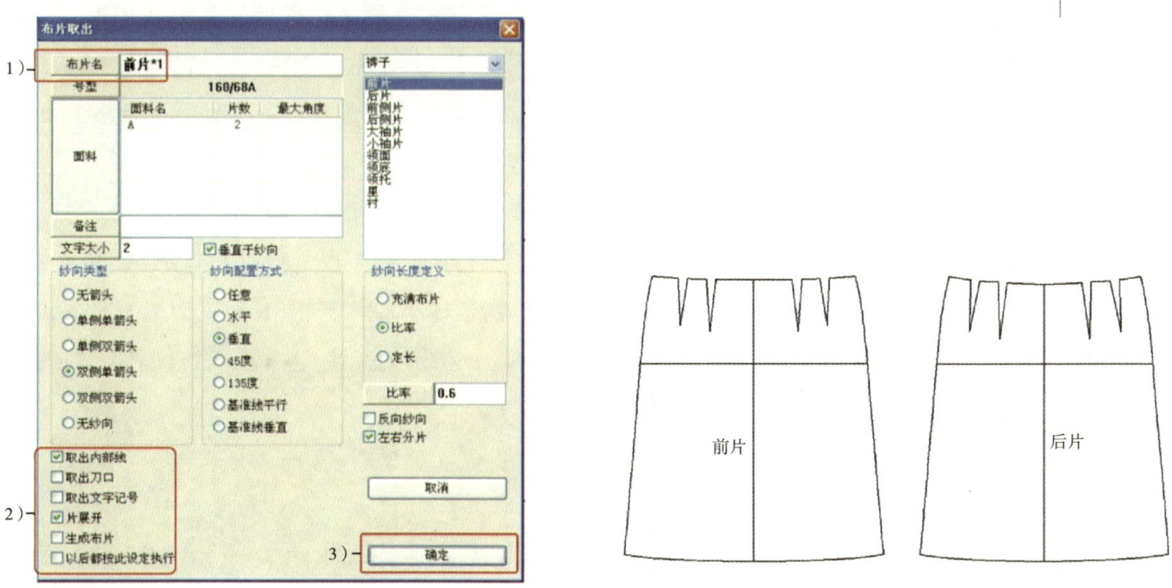

（a） （b）

图 5.3.8 布片展开

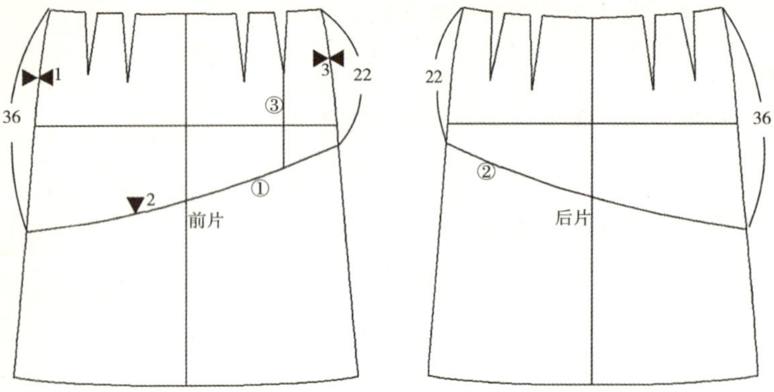

图 5.3.9 做分割线

5. 做分割线

根据款式图确定前后片分割线。

（1）【画线】工具，输入框中输入 36，回车，端点模式点击▶◀1（靠近上端点），任意点▼2，输入框中输入 22，回车，端点模式点击▶◀3（靠近上端点），画出前片分割线①。

（2）同样方法，画出后片分割线②。

（3）【垂直线】工具，绘制前片开口位置分割线③。

如图 5.3.9 所示。

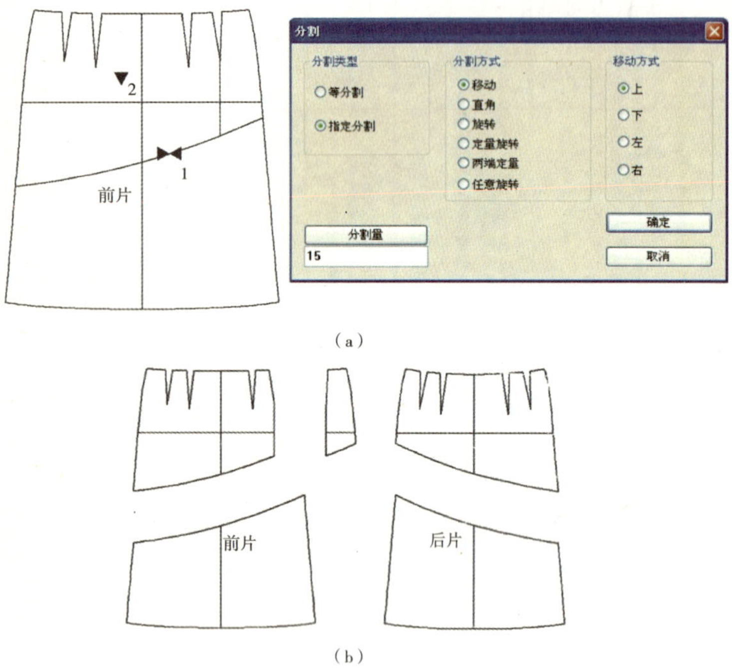

图 5.3.10 分割衣片

5.3.5.3 通过转省、分割等方法变化纸样

1. 分割衣片

（1）【分割】工具，分离纸样。在弹出的【分割】对话框中“分割类型”选择“指定分割”，“分割方式”选择“移动”，“分割量”中输入数值，“移动方式”选择“上”，单击【确定】；指示被分割要素：框选整个前裙片，右键确认；指示分割线：曲线▶◀1，右键；指示移动侧：曲线上方任意点▼2，完成前片分割。见图 5.3.10（a）。

（2）同样方法，完成后片和前侧片的分割。完成图见图 5.3.10（b）。

［**技巧**］“分割量”中的数值是指两部分衣片分离开的距离。

2. 做省道转移辅助线

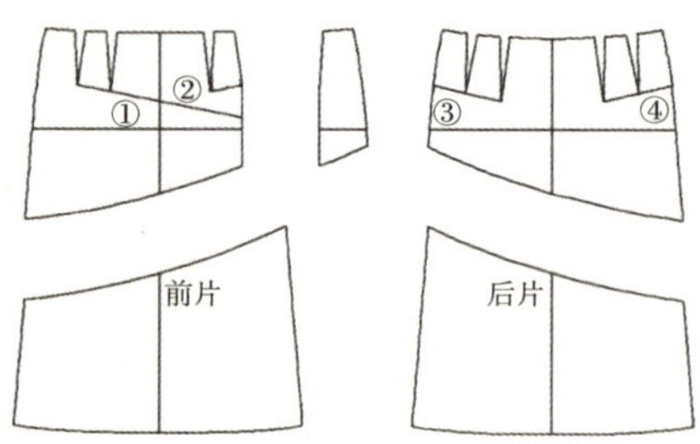

图 5.3.11 做省道转移辅助线

（1）【画线】工具，做省道转移的辅助线①。连接前片左侧两个省道的省尖点，并用单侧修正工具延长至前片分割线。画出线①。

（2）同样方法画出线②、线③和线④。如图 5.3.11 所示。

3. 裙前片上侧省道转移及圆顺

（1）【纸样】/【指定移省】工具，转移腰省 a 到侧缝。指示移动要素：框选▼1，右键确认；指示移动基准要素：▶◀2；从移动侧至固定侧指示省线：▶◀3、▶◀4；指示断开要素：▶◀5；指示切开线：▶◀2，右键确认。把腰省 a 转移至侧缝，见图 5.3.12（a）。

（2）【点切断】工具，把转省辅助线在省尖 A 处切断。指示被切断要素：▶◀6；指示切断点：▶◀7，见图 5.3.12（a）。

（3）同样方法，把前片 b 省道、c 省道均转移到侧缝，见图 5.3.12（b）。

（4）【画线】工具，用弧线圆顺侧缝线，并删除不用的辅助线，见图 5.3.12（c）。

（5）【拼合】工具，拼合多段腰线成为一条整线。指示拼合要素：点选被截断的多段腰线，右键确认；输入曲线点数：6，此时可以拖动控制点调整腰线形状，见图 5.3.12（c）。

4. 裙后片上侧省道转移及圆顺

（1）同样方法，完成后片的省道转移，见图 5.3.13（a）。

［**技巧**］转省前，要先把转省辅助线在省尖处切断。

（2）修正省线。此时的省线被断成了几部分，删除掉后，用【画线】工具连接成直线，见图 5.3.13（b）。

（3）【纸样】/【省折线】工具，做省折线。指示省：依次点击省道的上边线、下边线，给省道加上省折线，见图 5.3.13（b）。

（4）【拼合】工具，调整腰线，同时删除没有用的线，见图 5.3.13（b）。

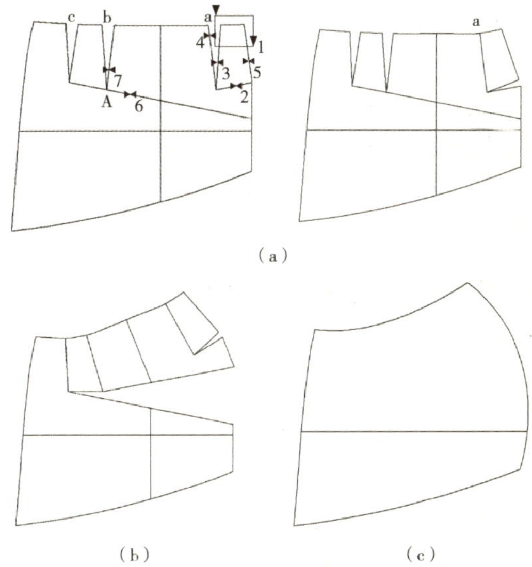

图 5.3.12 裙前片上侧省道转移及圆顺

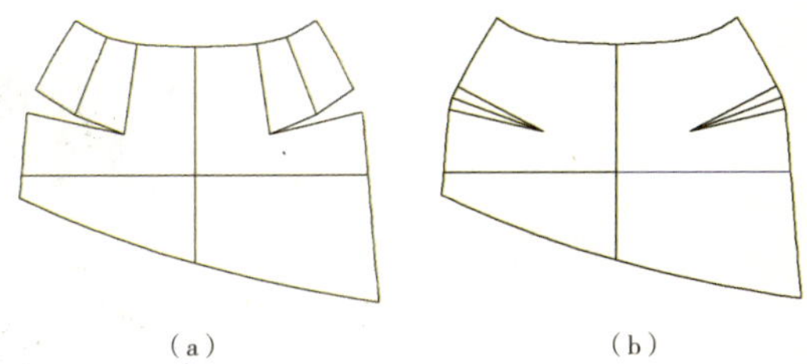

图 5.3.13 裙后片上侧省道转移及圆顺

5. 前后裙下片做分割展开

（1）【拼合】工具，把下摆线拼合成一条。

（2）【分割】工具，“分割类型”选择“等分割”；“分割方式”选择“定量旋转分割”；“分割数”中输入数值 5；“旋转长度”中输入数值 6，单击【确定】。指示被分割要素：框选整个前裙片下部，右键确认；指示两边要素：曲线▶◀1，▶◀2，完成前片下侧的分割展开，见图 5.3.14（a）。

（3）同样方法，完成裙后片下侧的展开，见图 5.3.14（b）。

（4）【拼合】工具，把前后片下摆线拼合成一条并修圆顺，并删除没有用的线，见图 5.3.14（b）。

5.3.5.4 生成布片

生成布片

【布片做成】工具，生成布片。指示布片：框选整个布片，右键确认，在弹出的【布片做成】对话框中设置名称、片数、纱向类型、配置方式、长度等，点击【确定】，则生成了布片，见图 5.3.15（a）。生成布片结果见图 5.3.15（b）。

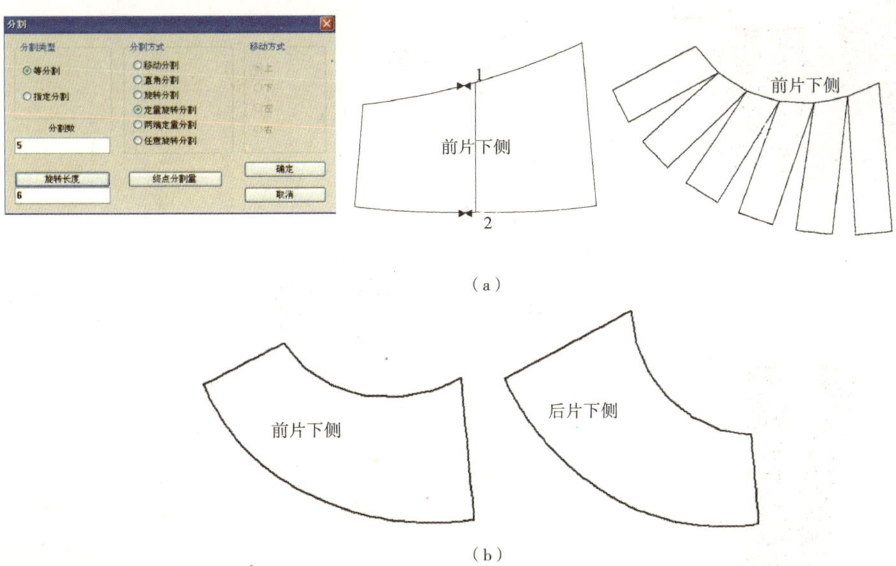

图 5.3.14 前后裙下片做分割展开

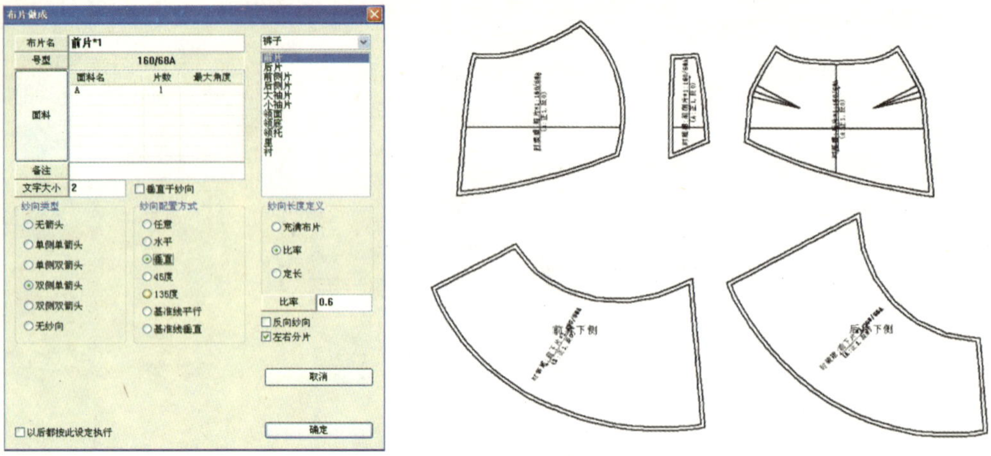

（a）　　　　　　（b）

图 5.3.15　生成布片

[技巧] 前后裙下片纱向配置方式选择“45度”，其余衣片选择“垂直”。

5.4　女休闲上衣打板——富怡服装CAD系统

5.4.1　款式图（见图 5.4.1）

图 5.4.1　女休闲上衣款式图

5.4.2 成品规格（见表 5.4.1）

表 5.4.1　　　　　　　　女休闲上衣规格号型：160/84A

部　位	衣　长	胸　围	肩　宽	袖　长	袖　口
尺寸（厘米）	68	100	42	59	23

5.4.3 休闲上衣纸样（见图 5.4.2）

5.4.4 休闲上衣制图基本步骤

绘制后片→绘制前片→绘制袖子→绘制领子、部件→拾取衣片。

5.4.5 操作方法

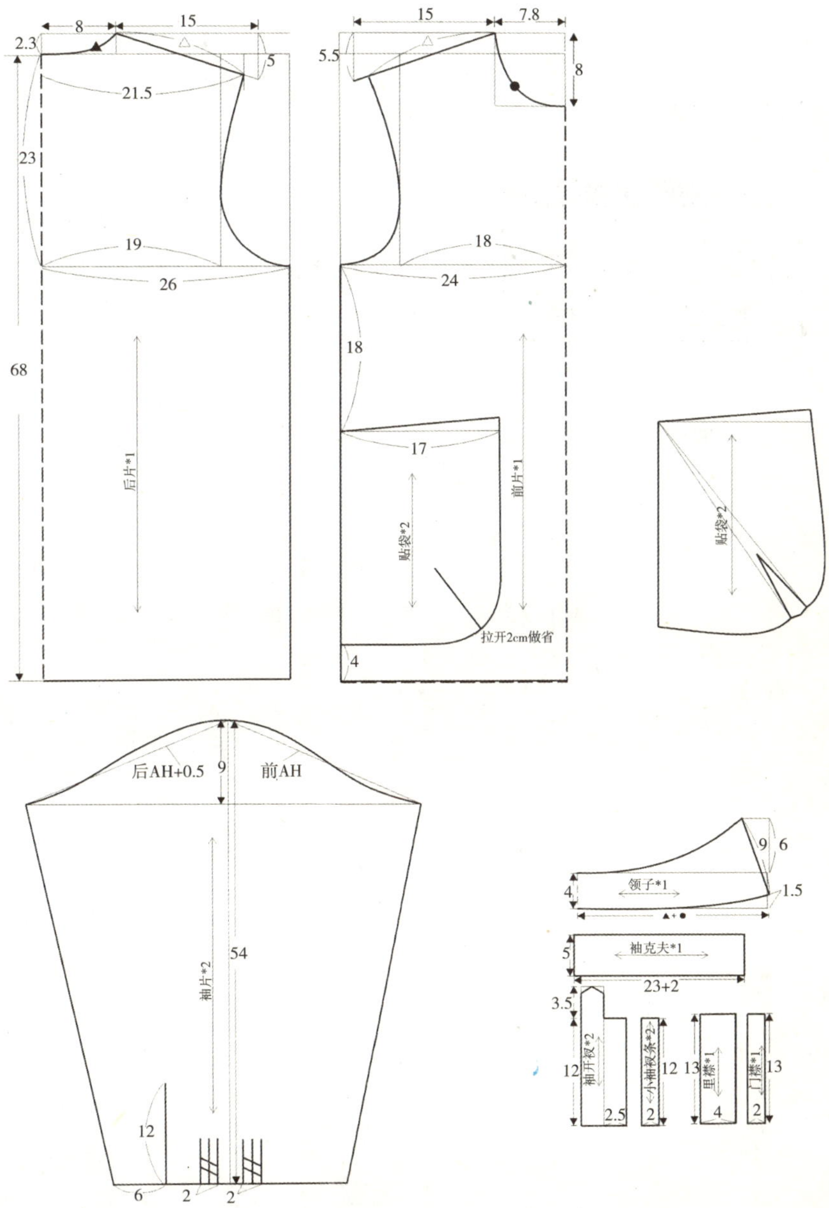

图 5.4.2　女休闲上衣纸样

5.4.5.1 后片

1. 绘制后片基础框架

（1）【矩形】工具，绘制后衣片基础框架。鼠标在工作区内单击后向右下拖动，输入 26，回车，68，回车，完成外框矩形的绘制。

（2）【智能笔】工具，绘制胸围线、背宽线。把鼠标放在上平线上，按住左键往下拖动，会出现上平线的一条平行线，键盘上输入 23，回车，完成胸围线；把鼠标放在后中线上，按住左键往右拖动，输入 19，回车，完成背宽线。

如图 5.4.3 所示。

2. 绘制后领口

（1）【智能笔】工具，鼠标放在 A 点上，该点变成亮星时单击回车键，弹出【偏移量】对话框，输入横偏移 8，纵偏移 2.3，单击【确定】，找到 B 点。与 A 点连接，画顺后领口弧线，见图 5.4.4（a）。

［**技巧**］在智能笔工具状态下，在要调整形状的线上单击右键可以快速切换到调整工具，单击控制点可以调整曲线形状。

（2）【对称调整】工具，调整后领口弧线。选择对称轴：单击后中线▶◀ 1；单击或框选要修改的线：单击后领口弧线

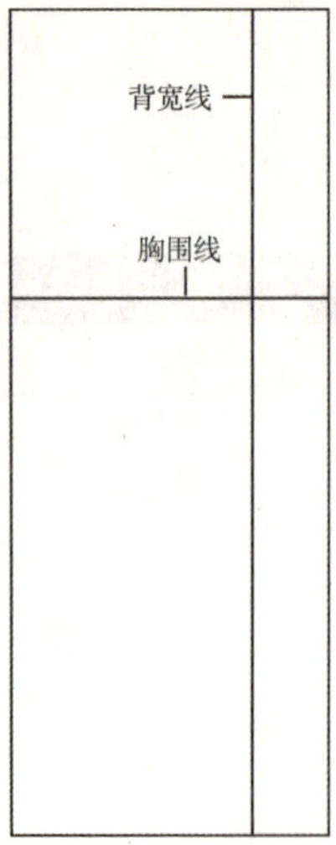

图 5.4.3 绘制后片基础框架

▶◀2，右键确认；单击曲线进行修改：单击领口弧线▶◀2，此时曲线上出现控制点，单击拖动控制点到合适位置，调整完成后右键结束。见图 5.4.4（b）。

3. 绘制后肩线

【智能笔】工具，绘制后肩线。鼠标放在 A 点，该点变成亮星时单击回车键，在弹出的【移动量】对话框中输入横偏移 15，纵偏移 −5，单击【确定】，找到 B 点，并与 A 点连接，见图 5.4.5。

4. 绘制后袖窿弧线

（1）【智能笔】工具，鼠标放在 A 点，该点变成亮星时单击回车键，在弹出的【移动量】对话框中输入横偏移 21.5，单击【确定】，右键切换成“垂直线”向下和肩线相交，定出肩点 B。

（2）继续【智能笔】工具，在快捷工具栏输入等分数：3。将 B 点、下 1/3 等分点、C 点，连接成圆顺的袖窿弧线，见图 5.4.6。

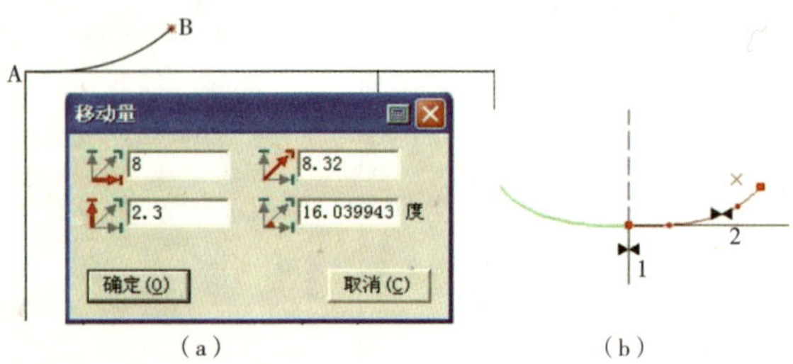

图 5.4.4 绘制后领口

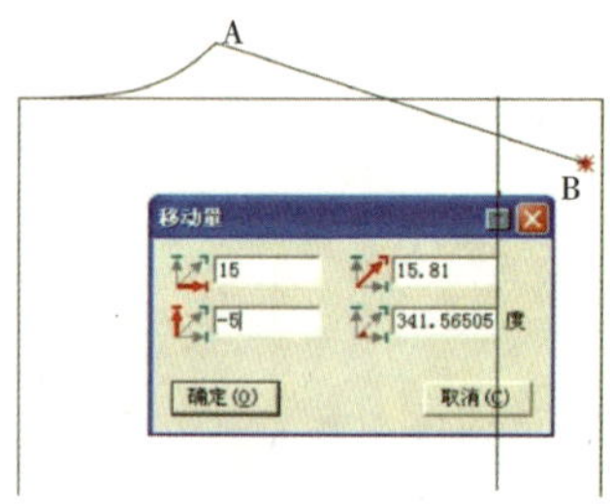

图 5.4.5 绘制后肩线

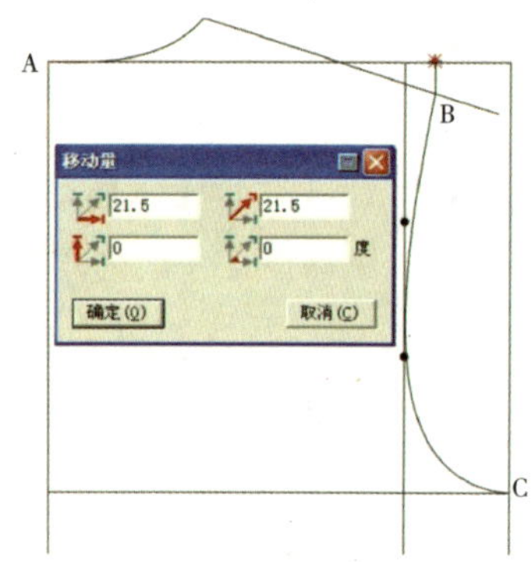

图 5.4.6 绘制后袖窿弧线

5.4.5.2 前片

1. 绘制前片基础框架

（1）【矩形】工具，绘制前衣片基础框架。鼠标在工作区内单击后向右下拖动，输入 24，回车，68，回车，完成外框矩形的绘制。

（2）【智能笔】工具，绘制上平线的平行线①、前宽线②和胸围线③。把鼠标放在上平线上，按住左键往上拖动，输入 2.3，回车，完成上平线的平行线①；把鼠标放在前中线上，按住左键往左拖动，输入 18，回车，完成前宽线②；把鼠标放在上平线上，按住左键往下拖动，输入 23，回车，完成胸围线③，见图 5.4.7。

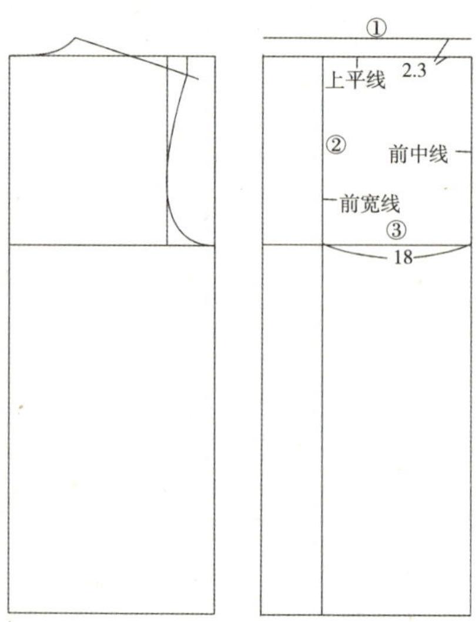

图 5.4.7 绘制前片基础框架

2. 绘制前领口

（1）【矩形】工具，绘制领口矩形。鼠标放在 A 点，向左下拖动。输入 7.8，回车，8，回车，完成领口矩形。

（2）【智能笔】工具，画圆顺前领口弧线。

（3）【对称调整】工具，调整前领口弧线的形状，操作方法同后领口弧线，见图 5.4.8。

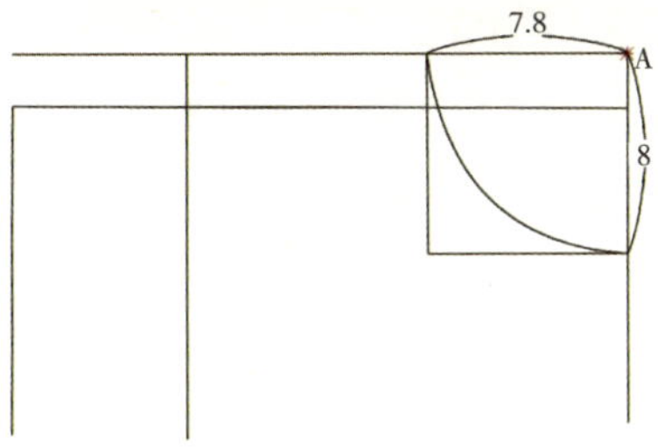

图 5.4.8 绘制前领口

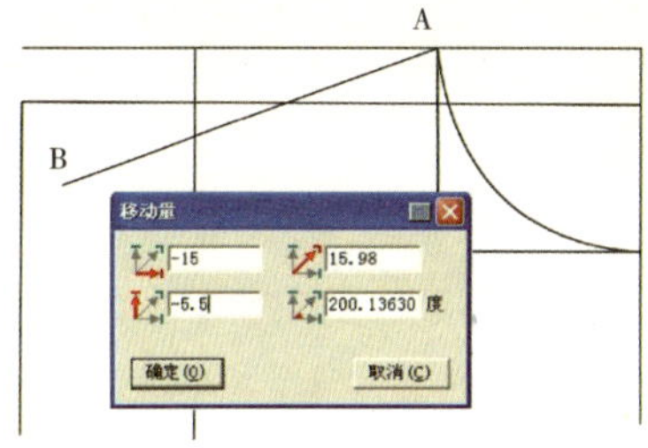

图 5.4.9 绘制前肩线

3. 绘制前肩线

【智能笔】工具，绘制前肩线。鼠标放在 A 点，该点变成亮星时单击回车键，在弹出的【移动量】对话框中输入横偏移 –15，纵偏移 –5.5，单击【确定】，找到 B 点，并与 A 点连接，见图 5.4.9。

4. 绘制前袖窿弧线

（1）【比较长度】工具，测量后肩线长。【Shift】键切换成【测量两点间距离】功能，单击后片肩点 A 和颈侧点 B，【测量】对话框显示出两点距离为 14.23。见图 5.4.10（a）。

（2）【智能笔】工具，靠近前片颈侧点 C 在肩线上单击，在弹出的【点的位置】对话框中输入 14.23，确定肩点 D。继续单击左键，确定前袖窿弧线上的几个关键点，同后袖窿弧线的画法，画圆顺前袖窿弧线。见图 5.4.10（b）。

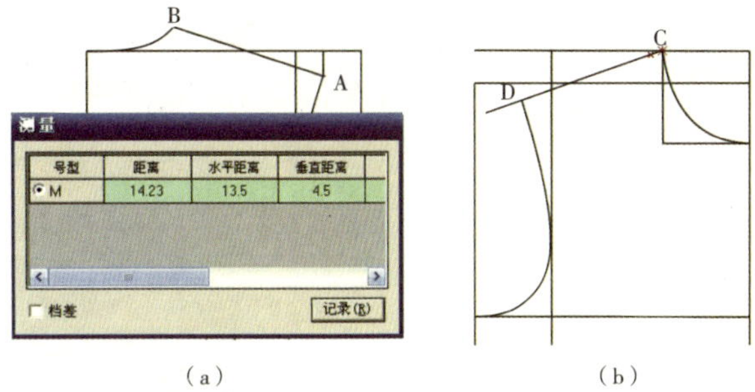

图 5.4.10 绘制前袖窿弧线

5. 绘制口袋

（1）【矩形】工具，绘制口袋。鼠标放在 A 点，单击回车键，在弹出的【移动量】对话框中输入纵偏移 –18，单击【确定】，找到矩形的起点 B。输入 17，回车，23，回车，完成口袋矩形。

（2）【点】工具，鼠标放在 C 点，单击回车键，在弹出的【移动量】对话框中输入纵偏移 1.5，画出 D 点。

（3）【调整】工具，拖动 C 点到 D 点。

（4）【圆角】工具，框选做圆角的两条线①、线②，在线上移动光标，单击左键，弹出【顺滑连角】对话框，在“线条 1”和“线条 2”上均输入数值 8，单击【确定】。

（5）【智能笔】工具，连接口袋圆弧的中点 E 和 B 点。以上见图 5.4.11（a）。

［技巧］在快捷工具栏输入等分数 2，鼠标移动到圆弧上时，就可快速找到圆弧中点。

（6）【插入省褶】工具，做口袋圆角处的斜省。框选插入省的线：框选线①、线②、线③，右键确认；单击省线：单击线④，右键确认，在弹出的【指定线的插入省】对话框中输入总量 2，“处理方式”选择“省”，“倒向”选择顺时针，单击【确定】，贴袋处拉出省量。见图 5.4.11（b）。

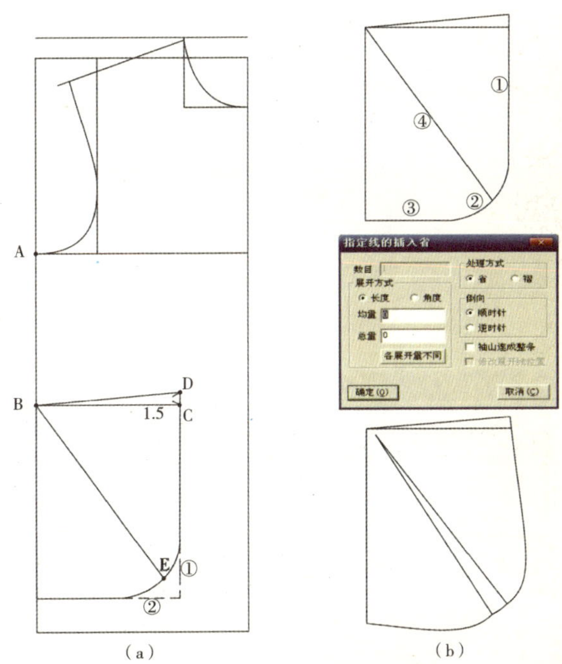

图 5.4.11 绘制口袋

5.4.5.3 袖子

1. 画袖长

（1）【智能笔】工具，绘制袖中线①。鼠标左键在空白位置单击，右键切换成垂直线，输入 54，回车。

（2）继续【智能笔】工具，鼠标靠近 A 点，当 A 点亮星显示时鼠标在袖中线①上移动，输入 9，回车，画水平线②，长度任意。同样方法，画水平线③。

如图 5.4.12 所示。

2. 画袖山斜线

（1）【比较长度】工具，测量前袖窿弧线长。单击肩点 B、前袖窿弧线上任意一点 C、胸围点 D，在【长度比较】对话框中显示数值 24.193，见图 5.4.13。同样方法，测量后袖窿弧线长 24.887。

（2）【圆规】工具，画前袖山斜线④。单击 A 点，再单击袖肥线②，在弹出的【单圆规】对话框中输入数值 24.19（前 AH），完成前袖山斜线④。同样方法，完成后袖山斜线⑤（后袖山斜线 = 后 AH+0.5），见图 5.4.13。

（3）【智能笔】工具，袖山斜线和袖肥线连接成角。

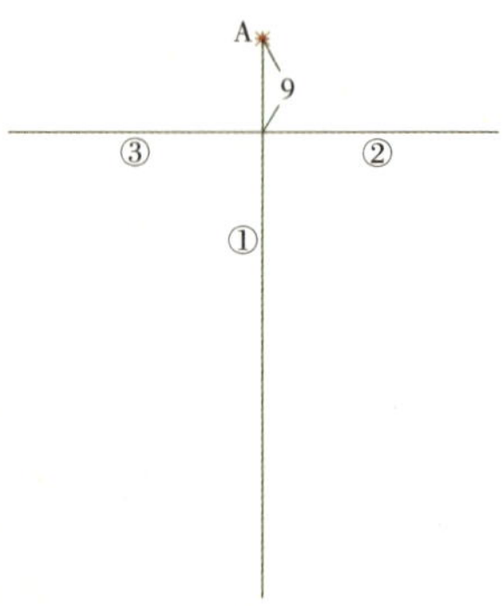

图 5.4.12 袖子

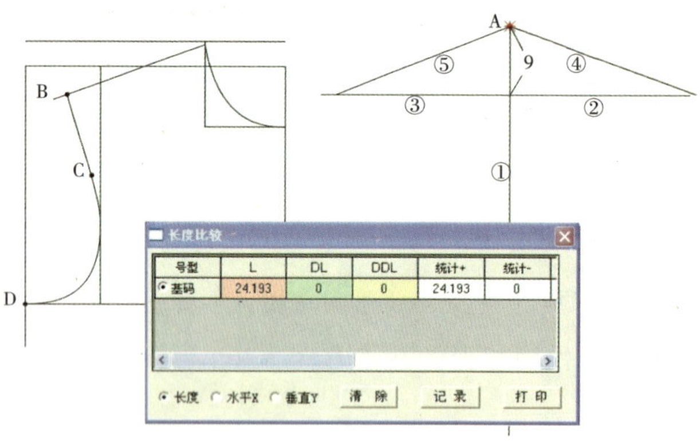

图 5.4.13 画袖山斜线

3. 画袖山曲线

（1）【智能笔】工具，画袖山曲线，并用调整工具调整至圆顺，见图 5.4.14（a）。

（2）【比较长度】工具比较袖山曲线与前后袖窿的差值。在弹出的【比较长度】对话框中，选择“长度”选项，单击前后袖山曲线，右键确定，再单击前后袖窿曲线，表中【L】为两组曲线的差值。如果对差量不满意，可以用【线调整】工具调整曲线长度，见图 5.4.14（b）。

（3）【线调整】工具，框选前袖山弧线，弹出【线调整】对话框，选择“曲线调整”中的线的“两端点不动，曲线长度变化”，输入数值，单击【确定】，完成曲线长度调整。同样方法，可以调整任意一条需要调整的线使缩缝量达到合适的值，见图 5.4.14（c）。

4. 画袖口、袖侧缝

（1）【智能笔】工具，画袖口线①。鼠标靠近 A 点，当 A 点亮星显示时，单击鼠标

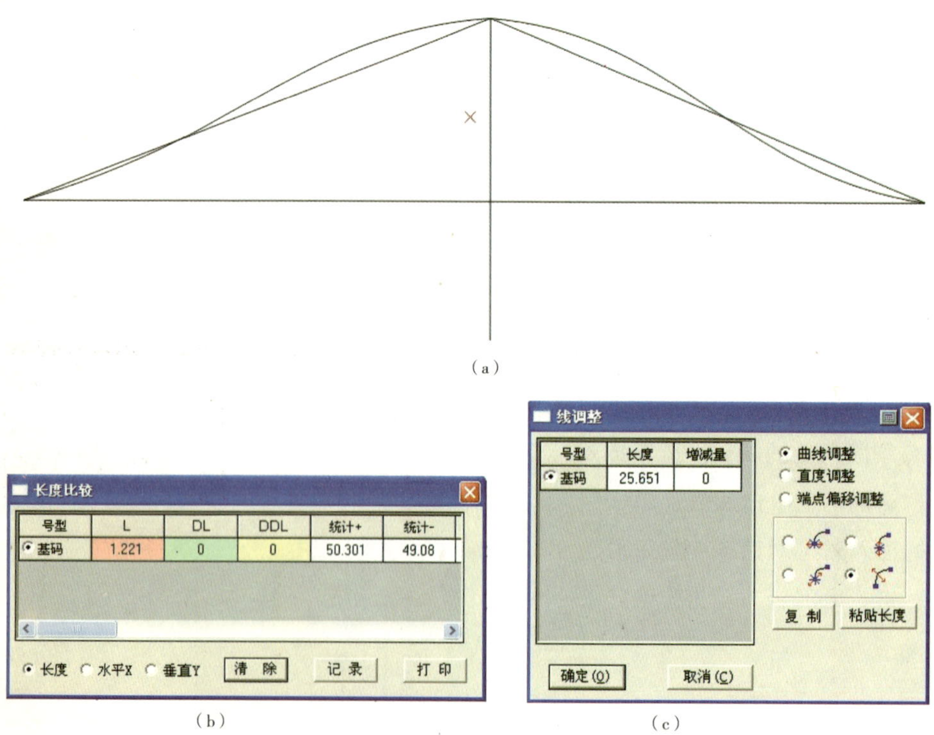

图 5.4.14 画袖山曲线

左键，切换成水平线，输入 11.5+2（褶量），回车，完成袖口线①。同样方法完成袖口线②。

（2）【智能笔】工具，连接 B 点、C 点，D 点、E 点，完成袖侧缝。

如图 5.4.15 所示。

5. 画袖开衩、袖褶线

（1）【智能笔】工具，画袖开衩。鼠标靠近 A 点，同时在袖口线上滑动，输入数值 6，回车，鼠标右键切换成垂直线，输入 12，回车，完成袖开衩①。

（2）继续【智能笔】工具，同样方法，画两条袖褶线②、③，见图 5.4.16。

5.4.5.4　领、部件

根据结构图，选取合适的工具，完成领子和其余部件的制作，这里从略。

5.4.5.5　拾取衣片

1. 拾取衣片

（1）【剪刀】工具，拾取纸样的外轮廓线。依次单击或框选后片的轮廓线，轮廓线封闭后，工具变为拾取辅助线工具，可以继续拾取衣片内部的辅助线，若没有或拾取完毕，击右键，形成纸样。

（2）同样方法，完成前片、袖片、贴袋、领片的拾取，见图 5.4.17。

［**技巧**］使用剪刀工具时，拾取的如果是曲线，需选取 3 个点：起点，曲线上任意点，终点；如果是直线，选取起点、终点即可。

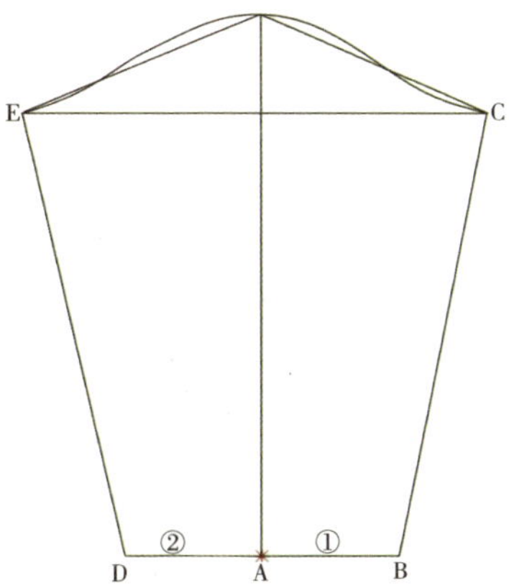

图 5.4.15　画袖口、袖侧缝

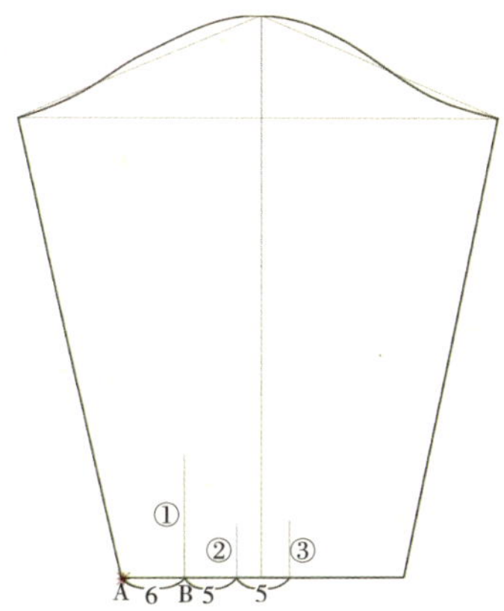

图 5.4.16　画袖开衩、袖褶线

2. 做袖褶

【褶】工具，做袖子上的活褶。框选或单击左键选择展开线：单击线①、线②，右键结束；弹出【褶】对话框，输入上、下褶宽 2；选择褶类型：刀褶；点击【确定】，即做出了褶的标记。

［**技巧**］（1）纸样工具条中的所有工具，只能在生成纸样后在纸样边线上操作，在结构线上是不能操作的。

（2）在纸样边线上增加褶时，如果是做通褶，在原纸样上会把褶量加进去，纸样大小会发生变化；如果加的是半褶，只是加了褶符号，纸样大小不改变，见图 5.4.18。

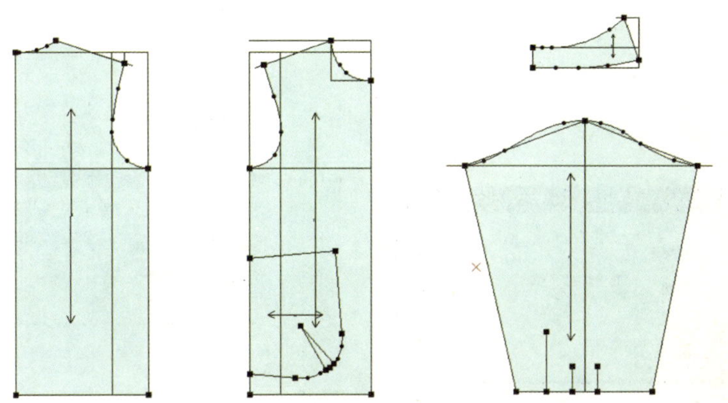

图 5.4.17　拾取衣片

3. 做规则纸样

［**技巧**］对于样片中的规则纸样，如袖克夫、门襟等矩形或圆形纸样，可以通过【做规则纸样工具】直接生成，省去了做结构图这一步骤。

（1）执行【纸样】/【做规则纸样】命令，弹出

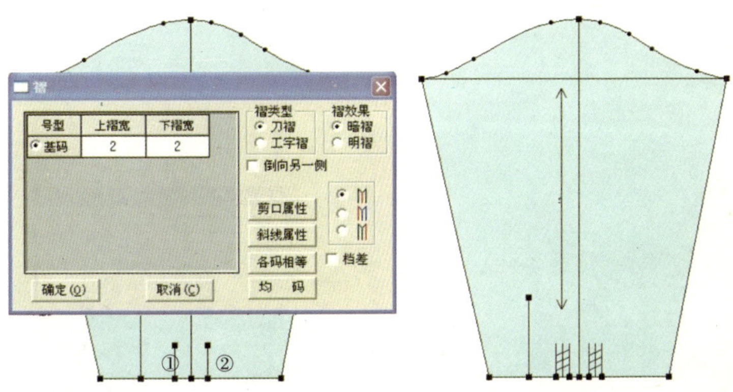

图 5.4.18　做袖褶

【创建规则纸样】对话框，选择“矩形”选项，输入数值：长12厘米，宽2厘米，点击【确定】，小袖衩条纸样即可生成。

（2）同样方法，完成里襟、门襟、袖克夫的制作，见图5.4.19。

4. 调整缝边

［技巧］生成纸样的同时，系统自动加入缝边。如果缝边量及切角类型需要调整，可以用【加缝份】工具修改。

（1）【加缝份】工具，调整贴袋上口的缝边量。框选要调整缝份量的线段①，线段显示为红色，单击右键，弹出【加缝份】对话框，选择缝边角类型为“按2边对幅”，在起点缝份量中输入4，单击【确定】，即给选定的线段修改了缝份量及切角类型，见图5.4.20（a）。同样方法，前后片底摆缝边改为3厘米。

（2）继续【加缝份】工具，给规则纸样加缝份。在任意规则纸样的边线点上单击，在弹出的【衣片缝份】的对话框中输入缝份量1，选择“仅选择的纸样”选项，单击【确定】，即给规则纸样加了缝份，见图5.4.20（b）。

5. 调整布纹线

（1）【布纹线】工具，单击纸样列表框中的领子，选中领子纸样。左键单击领片上水平线段的两端点（如果领片上没有水平线段，单击工作区中任意水平线的两端点均可），将领片的布纹线改为水平方向。

（2）同样方法，把袖克夫的布纹线也改为水平方向，见图5.4.21。

6. 加剪口

【加剪口】工具，在后领口A点单击，弹出【剪口】对话框，输入数值，也可通过点击“剪口属性”设置剪口的形状、宽度和深度等属性。在剪口上单击拖动，可以调整剪口的角度。同样的方法，在衣片上需要标记的位置如袖开衩，袖子活褶、贴袋省道等位置均加上剪口。【Shift】键切换为“拐角剪口”，框选底摆线，在底摆等不等于正常缝份量的拐角处统一加上拐角剪口，见图5.4.22。

图5.4.19 做规则纸样

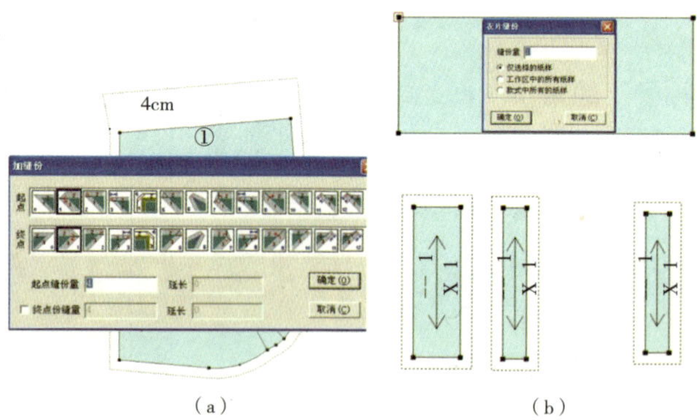

图5.4.20 调整缝边

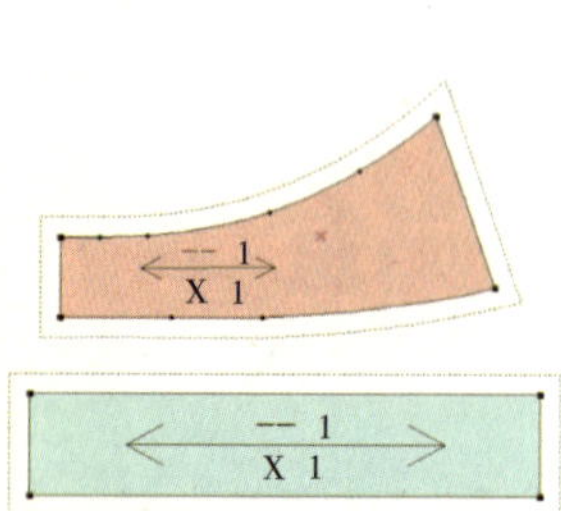

图5.4.21 调整布纹线

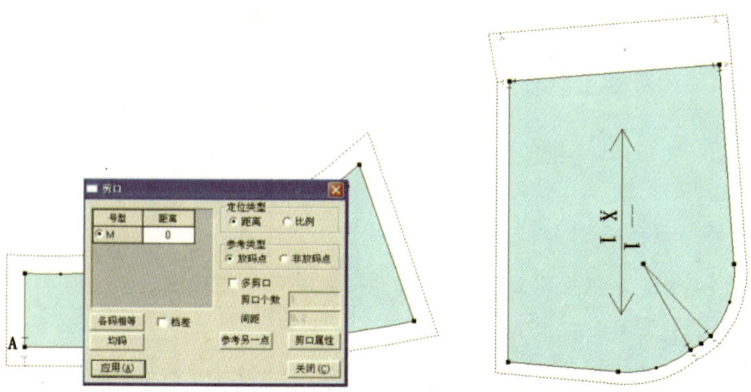

图5.4.22 加剪口

7. 定扣位

（1）【眼位】

工具，制作扣眼。鼠标单击 A 点，在弹出的【加扣眼】对话框中输入起始点数值：横偏移 –1，纵偏移 –3；纽扣个数 2；纽扣间距 –5；下拉列表中选择需要的扣眼类型；输入扣眼大小 1，余量 0.2 等参数；输入角度 0 度，单击【确定】，即显示出扣眼。

（2）【钻孔】工具，同样方法，完成扣子的制作，见图 5.4.23。

8. 对称关联

（1）【纸样对称】工具，单击两个控制点：后中线的上端点和下端点，则衣片以后中线为对称轴复制，生成一个新的后片。

（2）同样方法，对称复制前片，领片，见图 5.4.24。

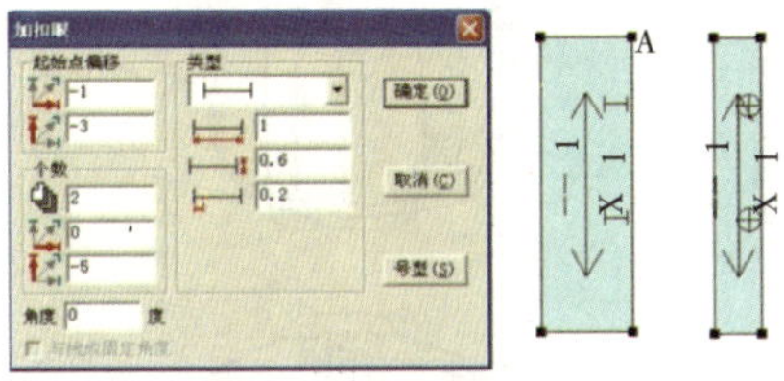

图 5.4.23 定扣位

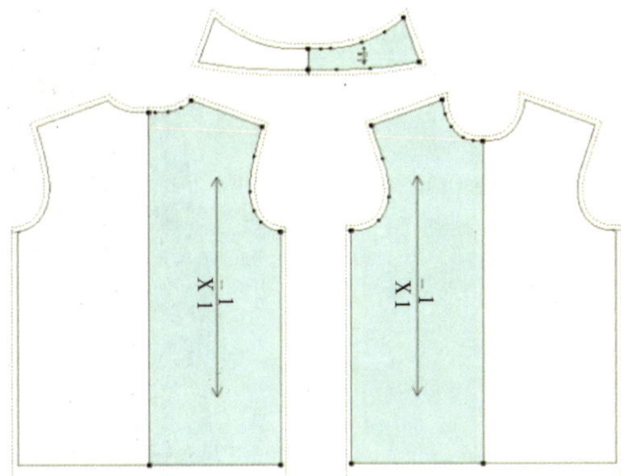

图 5.4.24 对称关联

9. 纸样信息

（1）执行【纸样】/【款式资料】命令，在弹出的【款式信息框】对话框中设置款式名、订单号、布纹方向、布料类型等，单击【确定】，见图 5.4.25（a）。

（2）双击纸样列表框中的衣片，在弹出的【纸样资料】对话框中输入该衣片的名称、份数等信息，单击【应用】。依次完成所有纸样资料的输入，再单击【关闭】，见图 5.4.25（b）。

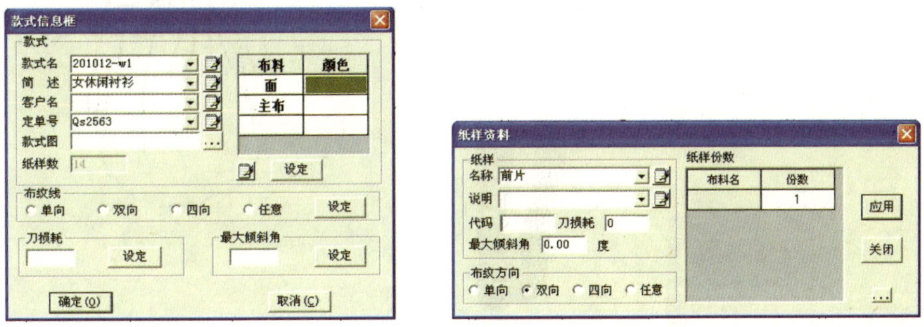

（a）　　（b）

图 5.4.25 纸样信息

10. 保存文档

完成一款样板后，单击【保存】，选择合适的路径，存储文档。

5.5 时装上衣打板——富怡服装 CAD 系统

训练目的：通过此例，掌握富怡服装 CAD 系统进行款式变化的方法，包括省的设计、省的转移、工字褶、刀褶的展开等。

5.5.1 款式图（见图 5.5.1）

5.5.2 成品规格

表 5.5.1　　女时装上衣规格　号型：160/84A

部　位	衣　长	胸　围	肩　宽	袖　长	袖　口
尺寸（厘米）	80	94	39	57	28

5.5.3 时装上衣纸样（见图 5.5.2）

图 5.5.1 时装上衣款式图

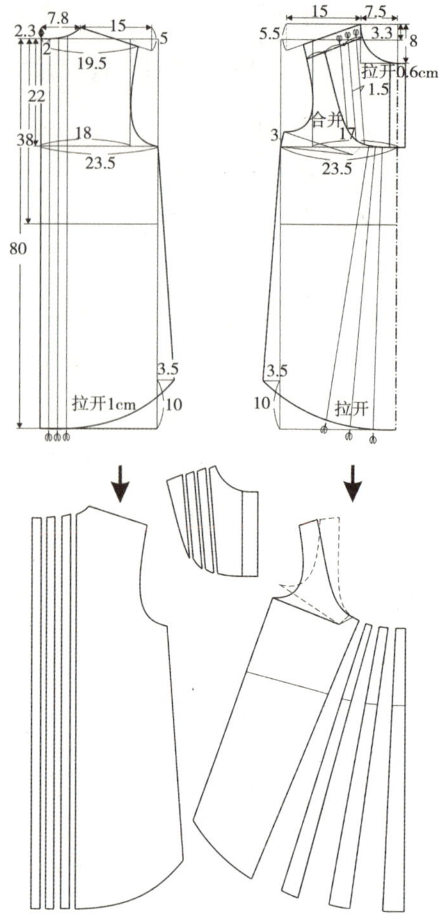

图 5.5.2 时装上衣纸样

5.5.4 时装上衣制图基本步骤

后片基本板型→前片基本板型→前片后片变化款式。

5.5.5 操作方法

5.5.5.1 后片基本板型

1. 绘制后片基础框架

（1）【矩形】工具，绘制后衣片基础框架。鼠标在工作区内单击后向右下拖动，输入 23.5，回车，80，回车。完成外框矩形的绘制。

（2）【智能笔】工具，绘制胸围线、腰围线。把鼠标放在上平线上，按住左键往下拖动，会出现上平线的一条平行线，键盘上输入 22，回车，完成胸围线；同样方法，输入 38，回车，完成腰围线。

（3）把鼠标放在后中线上，按住左键往右拖动，输入 18，回车，完成背宽线，见图 5.5.3。

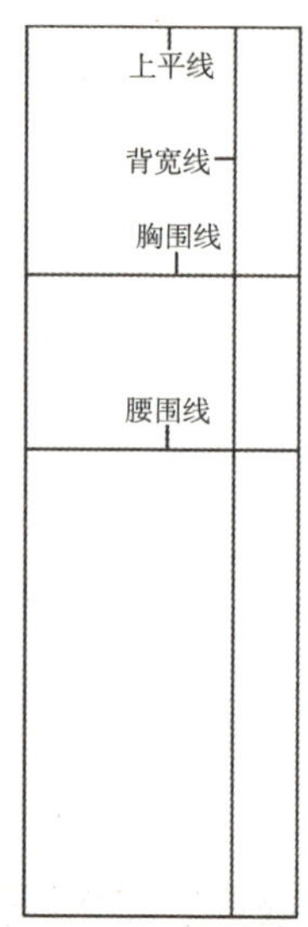

图 5.5.3 绘制后片基础框架

2. 绘制后领口

（1）【智能笔】工具，鼠标放在 A 点上，该点变成亮星时单击回车键，弹出【偏移量】对话框，输入横偏移 7.8，纵偏移 2.3，单击【确定】。与 A 点连接，画顺后领口弧线，见图 5.5.4（a）。

（2）【对称调整】工具，调整后领口弧线。选择对称轴：单击后中线▶◀1；单击或框选要修改的线：单击后领口弧线▶◀2，右键确认；单击曲线进行修改：单击领口弧线▶◀2，此时曲线上出现控制点，单击拖动控制点到合适位置，调整完成后右键结束，见图 5.5.4（b）。

3. 绘制后肩线

【智能笔】工具，绘制后肩线。鼠标放在 A 点，该点变成亮星时单击回车键，在弹出的【移动量】对话框中输入横偏移 15，纵偏移 –5，单击【确定】，找到 B 点，并与 A 点连接，见图 5.5.5。

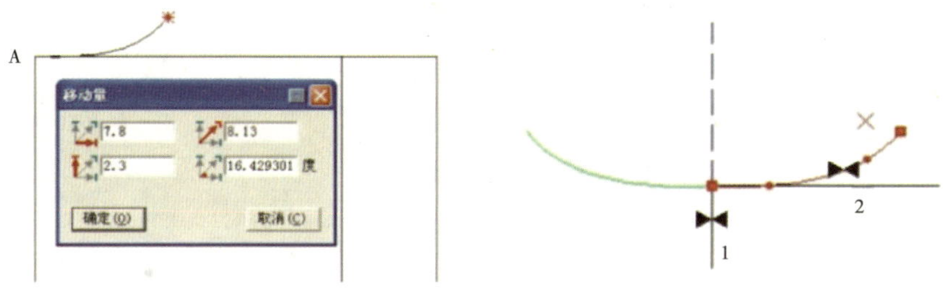

（a） （b）

图 5.5.4 绘制后领口

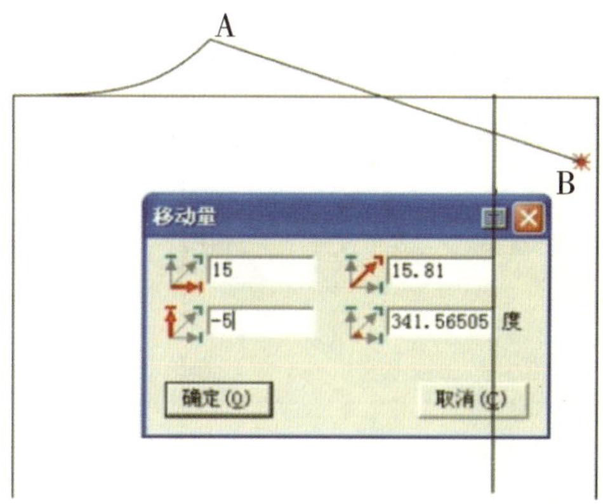

图 5.5.5 绘制后肩线

4. 绘制后袖窿弧线

（1）【智能笔】工具，鼠标放在 A 点，该点变成亮星时单击回车键，在弹出的【移动量】对话框中输入横偏移 19.5，确定，右键切换成垂直线向下和肩线相交，定出肩点 B。

（2）继续【智能笔】工具，在快捷工具栏输入等分数 3。将 B 点、下 1/3 等分点、C 点，连接圆顺。

（3）【调整】工具，或在【智能笔】工具下单击右键，切换成调整工具，调整袖窿弧线圆顺，见图 5.5.6。

5. 绘制下摆线及侧缝线

（1）【智能笔】工具，鼠标放在 A 点，该点变成亮星时单击回车键，在弹出的【移动量】对话框中输入横偏移 3.5，纵偏移 10，单击【确定】，找到 B 点，和 C 点连接成直线。

（2）【智能笔】工具，把底摆弧线画顺。

至此，完成后片基本板型，见图 5.5.7。

5.5.5.2 前片基本板型

1. 绘制前片基础框架

（1）【移动】工具，复制后片的基础结构线来制作前片。点选需要复制的线，右键确认，单击右下角点拖动到目标位置后单击。

（2）【智能笔】工具，绘制前宽线。把鼠标放在上平线上，按住左键往上拖动，会出现上平线的一条平行线，键盘上输入 2.3+1=3.3，回车，前颈侧点高出后颈侧点 1 厘米；把鼠标放在前中线上，按住左键往左拖动，输入 17，回车，完成前宽线，见图 5.5.8。

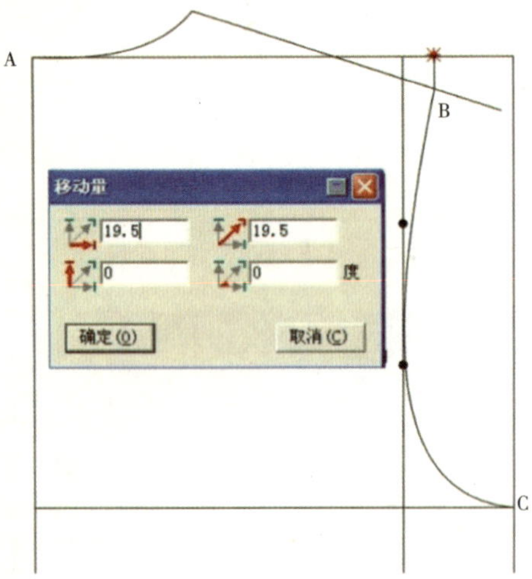

图 5.5.6 绘制后袖窿弧线

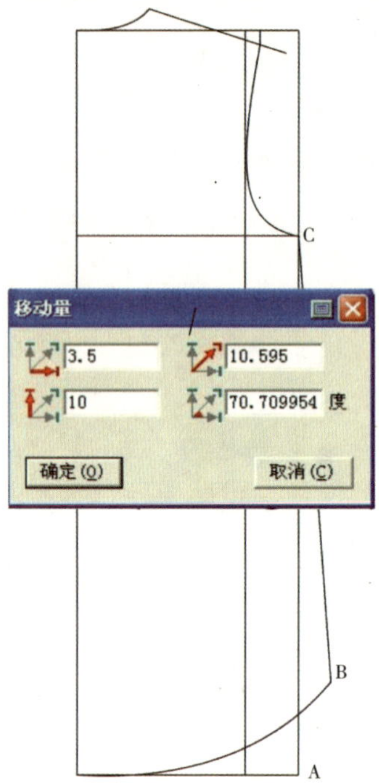

图 5.5.7 绘制下摆线及侧缝线

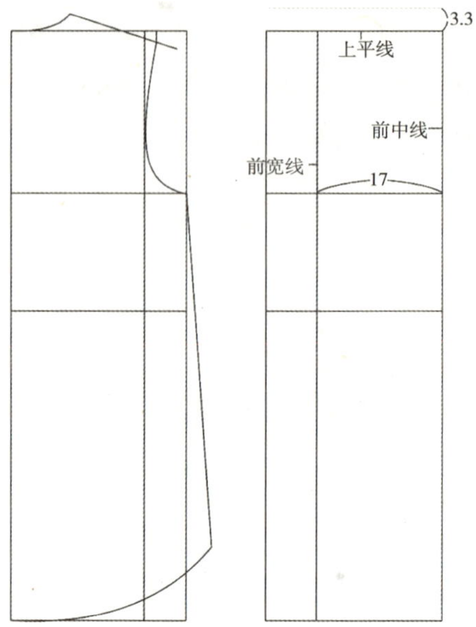

图 5.5.8 绘制前片基础框架

2. 绘制前领口

（1）【矩形】工具，鼠标放在 A 点，向左下拖动。输入 7.5，回车，8，回车。

（2）【智能笔】工具，画圆顺前领口弧线。

（3）【对称调整】工具，调整前领口弧线，操作方法同后领口弧线，见图 5.5.9。

3. 绘制前肩线

【智能笔】工具，绘制前肩线。鼠标放在 A 点，该点变成亮星时单击回车键，在弹出的【移动量】对话框中输入横偏移 –15，纵偏移 –5.5，确定，找到 B 点，并与 A 点连接，见图 5.5.10。

4. 绘制前胸省

（1）【智能笔】工具，绘制胸省下边线①。把鼠标放在胸围线中点上，该点亮星显示后，单击回车键，在弹出的【移动量】对话框中输入横偏移 –0.5，纵偏移 –1.5，单击【确定】，定出 BP 点，连接 BP 点和 A 点。

（2）【CR 圆弧】工具，确定省道大小。单击左键选择圆心位置：单击 BP 点；单击左键选择圆弧开始位置：再单击 A 点；拖动鼠标，画出圆弧，输入 3，回车，定出 B 点，即确定胸省省量 3 厘米。

（3）【智能笔】工具，连接 BP 点和 B 点，绘制完

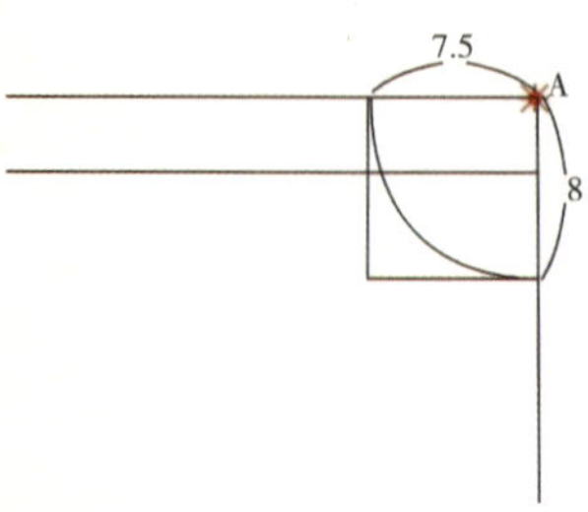

图 5.5.9 绘制前领口

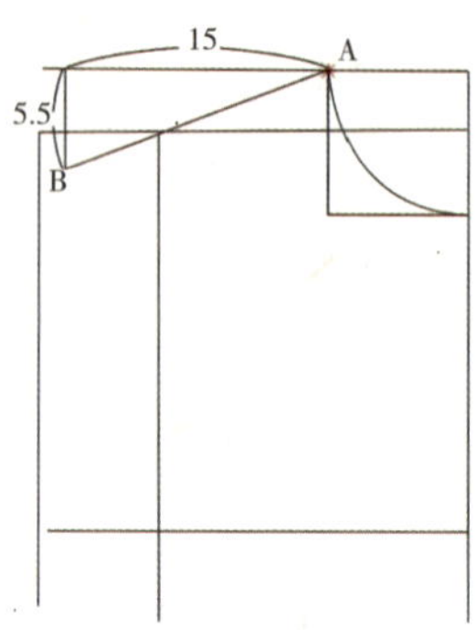

图 5.5.10 绘制前肩线

成胸省上边线②，见图 5.5.11。

5. 绘制前袖窿弧线

（1）【比较长度】工具，测量后肩线长。【Shift】键切换成“测量两点间距离”工具，单击后片肩点 A 和颈侧点 B，【测量】对话框显示出两点距离为 12.33，见图 5.5.12。

（2）【智能笔】工具，靠近前片颈侧点 C 在肩线上单击，在弹出的【点的位置】对话框中输入 12.33，确定肩点 D。画圆顺前袖窿弧线。

6. 绘制下摆线及侧缝线

【移动】工具，复制后片侧缝线、底摆线到前片。选择移动/复制的图元：框选后片侧缝线、底摆线，右键确认；选择移动的起点：单击 A 点；这时单击右键，则选中的线垂直翻转；选择移动的终点：单击 B 点，则完成复制。

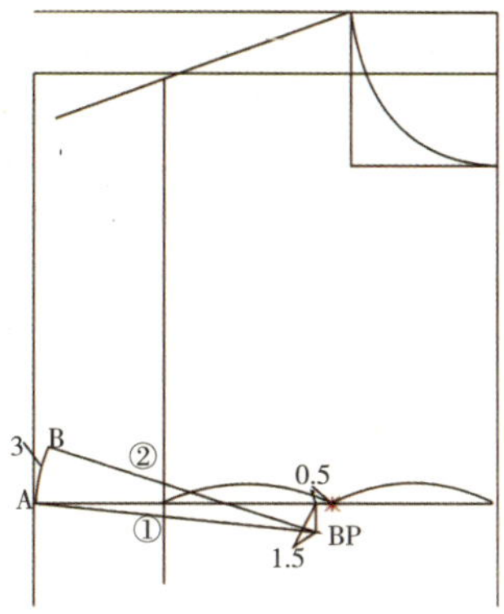

图 5.5.11 绘制前胸省

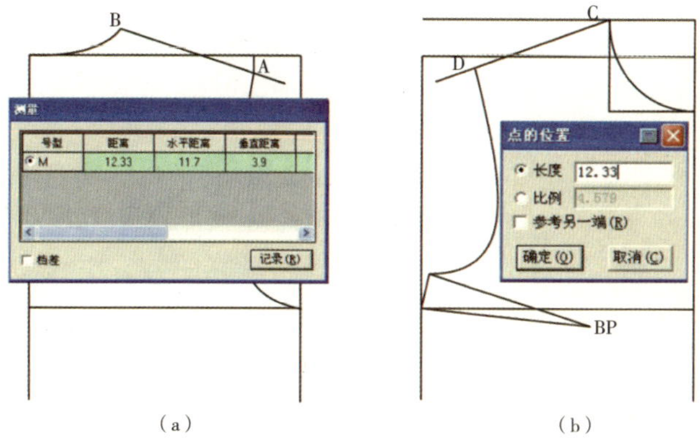

图 5.5.12 绘制前袖窿弧线

至此，完成前片基本板型，见图 5.5.13。

5.5.5.3 前片后片变化款式

分析款式图：前片肩头有育克，胸部有弧线分割，做 3 个倒褶，胸口抽碎褶，下摆纸样拉开成 A 形；后片纸样拉开，做 3 个倒褶。

1. 复制前后片轮廓线

【移动】工具，为后续的转省、分割等工作复制前片、后片轮廓线，见图 5.5.14。

2. 做后片分割线

【智能笔】工具，做后中线的三条平行线，间隔 2 厘米。把鼠标放在后中线上，按下【shift】键的同时左键拖动，进入【相交等距线】功能，再分别单击相交的两边：领口线▶◀1 和底摆线▶◀2，在空白处单击左键，弹出【平行线】对话框，输入第一条间隔：2 厘米，条数：3，后几条平行线间隔：2 厘米。见图 5.5.15。

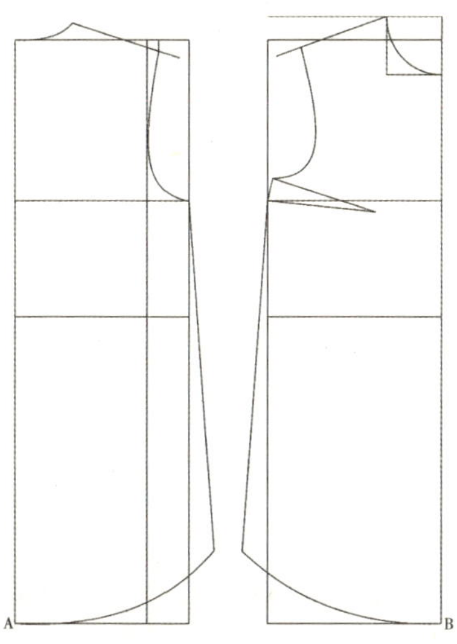

图 5.5.13 绘制下摆线及侧缝线

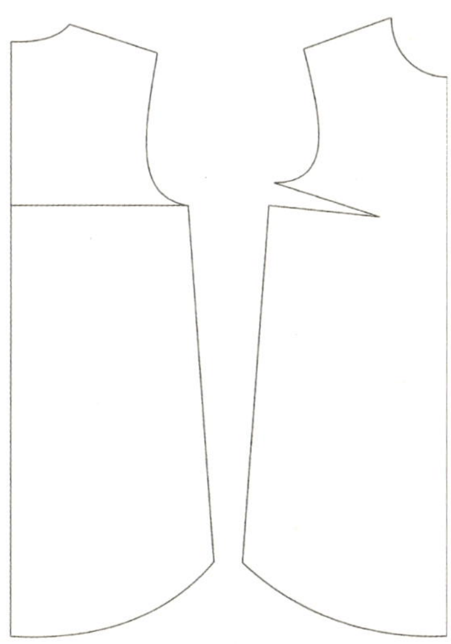
图 5.5.14 复制前后片轮廓线

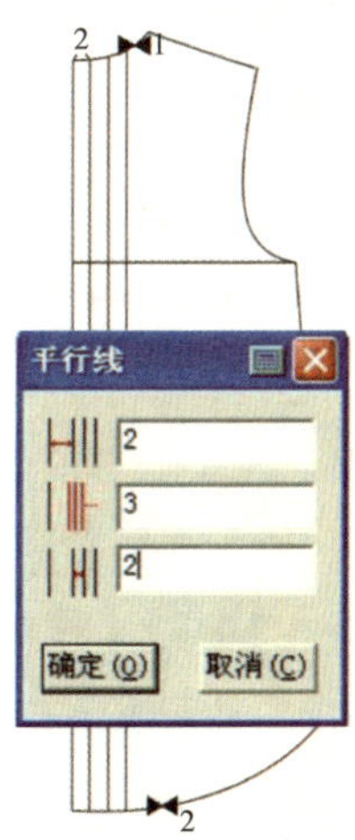

图 5.5.15 做后片分割线

3. 褶展开

【褶展开】工具，给后片加入褶量及褶标记。单击或框选操作线：框选整个后片，右键结束；靠近固定侧单击上段线：靠近A点，当A点亮星显示时单击领口弧线▶◀1；靠近固定侧单击下段线：靠近B点，当B点亮星显示时单击底摆线▶◀2；单击或框选展开线：框选3条褶线，右键结束，弹出【刀褶/工字褶展开】对话框，输入数值，单击【确定】，见图5.5.16（a）。完成效果见图5.5.16（b）。

4. 绘制前片分割线

（1）【智能笔】工具，绘制搭门线①。鼠标放在A点，该点亮星显示后，右键拖动进入【水平垂直线】功能，输入1.5（搭门宽），回车，15(任意数值)，回车，画出线①。再单击BP点，右键切换成水平线，画出线②。左键框选线①、线②，在▼1处单击右键，连接成角。完成搭门线①。

（2）继续【智能笔】工具，做肩育克线③。把鼠标放在肩线上，按下【shift】键的同时左键向下拖动，进入【相交等距线】功能，再分别单击相交的两边：领口线▶◀2和袖窿线▶◀3，在空白处单击左键，弹出【平行线】对话框，输入第一条间隔3厘米，条数：1，完成肩育克线③。

（3）继续【智能笔】工具，做门襟育克线④。快捷工具栏上输入等分数3，单击肩育克线③的1/3点，画圆顺门襟育克线④。

（4）继续【智能笔】工具，用相交等距线功能做门襟育克分割线⑤、线⑥、线⑦，间隔1.5厘米，操作方法和做后片分割线相同，见图5.5.17。

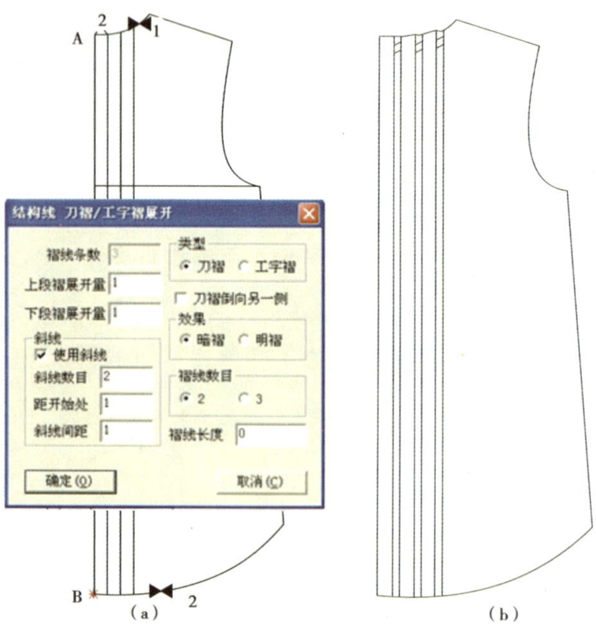

图5.5.16 褶展开

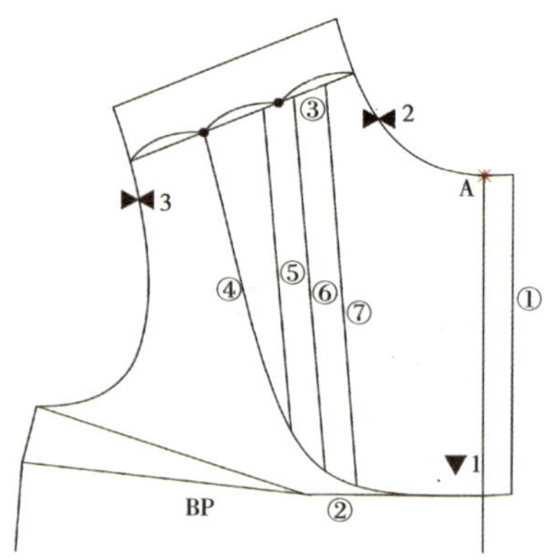

图5.5.17 绘制前片分割线

5. 分割纸样

（1）【移动】工具，分离肩育克和门襟育克。【shift】键切换成复制，框选构成肩育克的几条线，右键结束，单击任意一个参考点拖动到目标位置后单击。

（2）剪断线工具，将袖窿线在A点剪断，将领口线在B点剪断。点击袖窿弧线，再点击A点，则袖窿线在A点剪断。同样方法，将领口线在B点剪断。

（3）【删除】工具，删掉多余线段，以上见图5.5.18（a）。

（4）同样方法，分离门襟育克，见图5.5.18（b）。

6. 门襟育克展开

【褶展开】工具，给门襟育克加入褶量及褶标记。操作方法同后片褶展开，见图5.5.19。

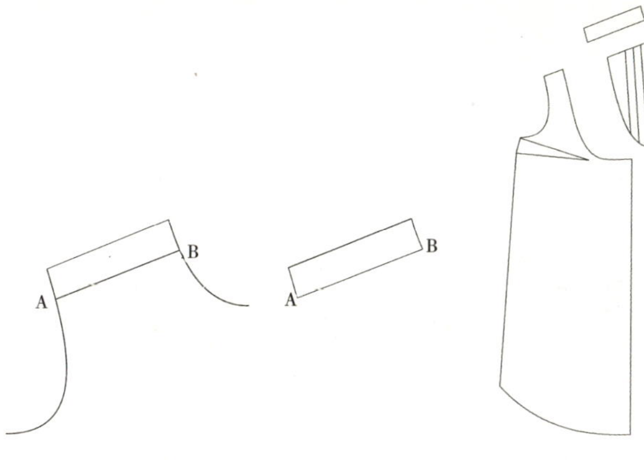

（a） （b）

图5.5.18 分割纸样

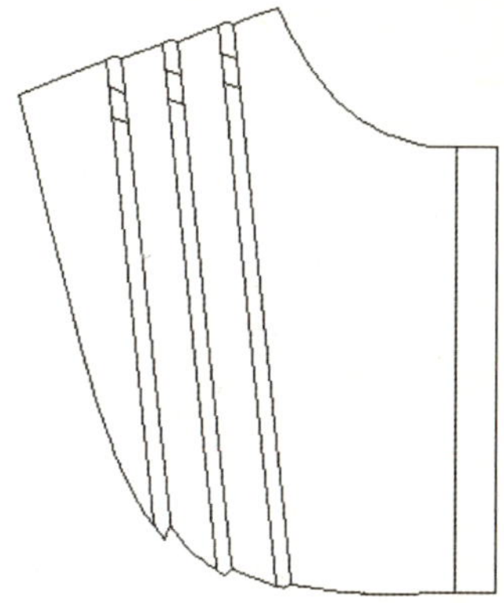

图5.5.19 门襟育克展开

7. 衣身省道转移

（1）【智能笔】工具，从BP点到前门襟轮廓线上画一条小短线①，作为转省辅助线，见图5.5.20（a）。

（2）【剪断线】工具，在A点把门襟育克线剪断。单击门襟育克线②，再单击A点，门襟育克线在A点断开，见图5.5.20（a）。

（3）【旋转】工具，转移胸省。单击或框选点、线：框选虚线标记的线，右键结束；单击旋转中心：BP点；单击旋转的起点：C点；单击旋转的终点：D点，完成省道的转移，见图5.5.20（b）。

8. 衣身褶展开

（1）【智能笔】工具，画衣身分割线①、线②、线③，见图5.5.21（a）。

（2）【褶展开】工具，给前片加入褶量及褶标记。单击或框选操作线：框选整个前片，右键结束；靠近固定侧单击上段线：靠近A点，当A点亮星显示时单击育克线▶◀1；靠近固定侧单击下段线：靠近B点，当B点亮星显示时单击底摆线▶◀2；单击或框选展开线：框选3条褶线①、线②、线③，右键结束，弹出【刀褶/工字褶展开】对话框，输入数值，单击【确定】，完成褶展开，完成效果见图5.5.21（b）。

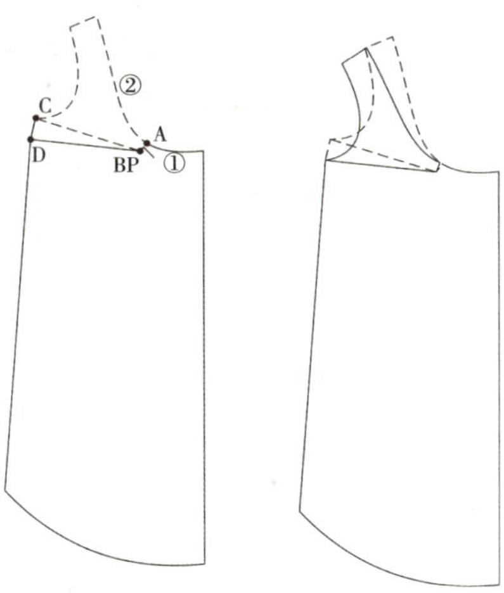

（a） （b）

图5.5.20 衣身省道转移

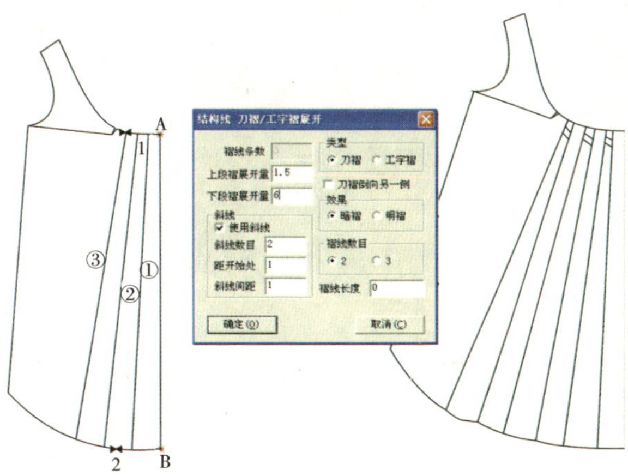

（a） （b）

图5.5.21 衣身褶展开

课题6　服装CAD放码综合应用实例

6.1　放码的相关知识

放码（Grading），又称“推板”、“推档”、“放号”，是服装工业生产中不可缺少的重要环节，它通常是以中间号型规格纸样作为基准，兼顾各个规格或号型系列之间的关系，进行科学计算，正确合理地分配尺寸，绘制出各规格或号型系列的裁剪用纸样，这个过程成为放码。

6.1.1　计算机辅助服装放码的优势

计算机辅助服装纸样放码系统（Computer Aided Grading Design）是服装CAD软件中最成熟、最传统的功能系统，它是服装CAD系统中最早研制成功、应用最广泛的系统，目前在服装工业生产企业已基本普及。在使用服装CAD之前，放码由技术人员手工完成，人为因素很多，效率低且重复工作量大，成为生产过程中的一个瓶颈。计算机放码，就是使手工放码的过程建立起一定的规则，然后用计算机的程序来实现。计算机服装纸样放码是最能体现服装CAD软件特色的功能之一。优势主要体现在，以下几点。

（1）放码过程快速、准确、灵活。放码系统几秒之间就可以把几十个号型的样板模型计算和生成出来。

（2）避免了大量的重复性劳动和人为因素。计算机放码可以代替人工完成样板制作过程中很多复杂的工作，如加缝份、贴边、计算缩水率，曲线修改，弧线测量，线段放码测量等。

（3）计算机放码使资料存储、应用和再次开发易如反掌。

6.1.2　计算机放码方式

计算机放码的基本原理是通过大幅数字化仪将样板输入计算机内或者用打板功能直接生成的纸样，通过表格文本编辑、公式解释、切开线等不同的操作方法，建立起样片上各放码点的放码规则表，放码系统在几秒钟之内就可以把几十个号型的样板模型计算和生成出来。在服装CAD放码系统中，通常使用点放码、公式法、切开线法和规则复制法等。

1. 点放码

点放码又称为坐标放码法。它是目前CAD系统中应用最为成熟和广泛的推板方法。它主要沿用了传统的手工逐点放码的方法，利用电脑强大的计算和记忆功能，再结合有效的放码规则，从而更加快捷、高效和高精度的实现放码。点放码法的基本原理是以样板轮廓上的某个点作为固定点，即不推放点，而样板的其他各关键点作为推放点，然后给出适合该点放码规则的横向与纵向的坐标值（即放码量），从而实现放码。其放码量是根据各点相对于固定点的位置和所占相关部位档差的比例来确定的。因此，放码量的正确给定是推板准确与否的关键所在。

2. 公式法

公式法就是对于纸样上的所有关键点，其长度方向和围度方向的移动量以代数式的形式给出，从而推算出各放码点的新位置。这种方式的依据就是绘制纸样时的基本公式。这种方式实际上是一种重新制板的过程，从手工制板的角度来说，过程重复就是效率减低，而对计算机来说，正是其优势所在。

3. 切开线法

切开线法是在衣片尺寸变化的部位加上假想的切开线，通过在这些部位拉开或者重叠衣片一定的量，得到放大或缩小号型的样板。每条线的切开量也是依据各部位的档差值来确定的。切开线放码，是比较科学、灵活、优秀的电脑放码方法之一，和手工放码相比，不用逐点分析移动量，缩短了分析计算大量数据的时间。这种方式是人工放码无法实现的，从中可以体会到计算机放码的优势。

4. 规则复制法

这种方式充分应用计算机存储记忆功能，将已推放过的板型的放码规则复制到当前的放码点上，完成衣片放码操作。

6.2 男西裤放码（点放码法）——NacPro服装CAD系统

训练目的：通过此例掌握NacPro服装CAD系统点放码的操作流程，基本工具的使用方法，推板尺寸控制部位以及档差分配等知识点，实现4～6个尺码的推放。

6.2.1 款式图（见图6.2.1）

图6.2.1 男西裤款式图

6.2.2 档差（见表6.2.1）

表6.2.1 男西裤规格及推板档差表，号型：170/88A

部位	裤长	腰围	臀围	立裆	裤口
档差（厘米）	3	4	4	0.7	1

6.2.3 放码规则

1. 前片（见表6.2.2）

表6.2.2 前片

放码点	档差分配		图示
	x	y	
1	固定点		
2	−0.45	0.7	
3	0.55	0.7	
4	0.55	0.23	
5	0.55		
6	侧兜长档差 0.5		
7	0.25	−2.3	
8	0.4	−1	
9	−0.25	−2.3	
10	−0.55		
11	−0.4	−1	
12	−0.45	0.23	
13		−1	
14		−2.3	
15、16、17		0.7	
18、19、20	0.275	0.7	
21	侧兜宽档差 0		
22	0.275	0.23	

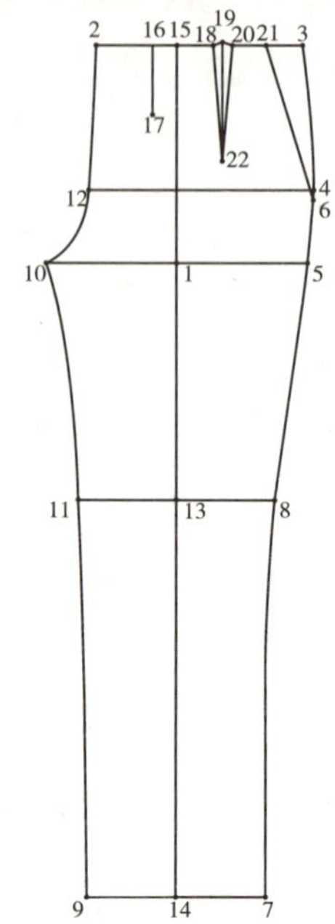

2. 后片（见表6.2.3）

表6.2.3 后片

放码点	档差分配		图示
	x	y	
23	固定点		
24	0.8	0.7	
25	0.7	0.23	
26	0.65		
27	0.4	−1	
28	0.25	−2.3	
29		−2.3	
30	−0.25	−2.3	
31	−0.4	−1	
32		−1	
33	−0.65		
34	−0.35	0.23	
35	−0.2	0.7	
36		0.7	
37、38	各号按腰线比例移动		
39、40	同点 37		
41、42	同点 38		
43	同点 37		
44	同点 38		
45	各号按后口袋比例移动		
46	后口袋档差 0.5		
47	后口袋档差 0.5		

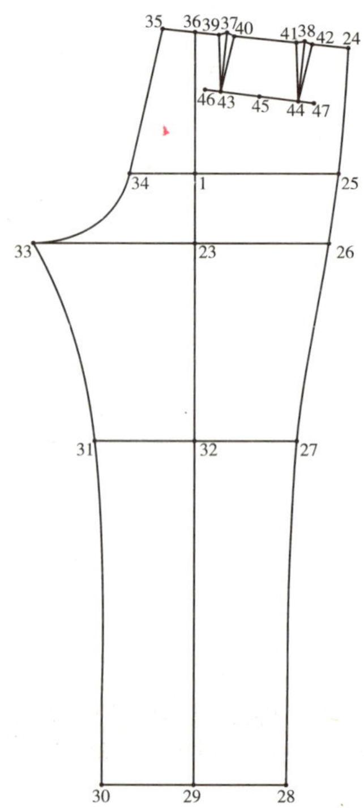

6.2.4 操作方法

1. 推板准备

（1）单击 NacPro 主画面上【推板】图标，或者如果正处在打板系统中，可以单击【文件】/【推板】，进入到推板系统。在推板主界面上单击【打开】工具，找到要推板的文件。

（2）单击界面左下方的【布片】按钮，可以在“布片显示状态”和“尺寸表状态”间切换。

（3）选择推板方式。NacPro 提供数值、尺寸表、参数表三种推板方式。在尺寸表状态下界面的下方可以切换推板方式。在推一套样板中可以只选择一种方式推板，也可以三种方式同时使用。本例中选择“数值”方式放码。

（4）单击【选项】/【设定】，取消【毛样】前的对勾，或单击“显示毛样”按钮，关掉缝边，这样推板比较容易分辨轮廓，见图 6.2.2。

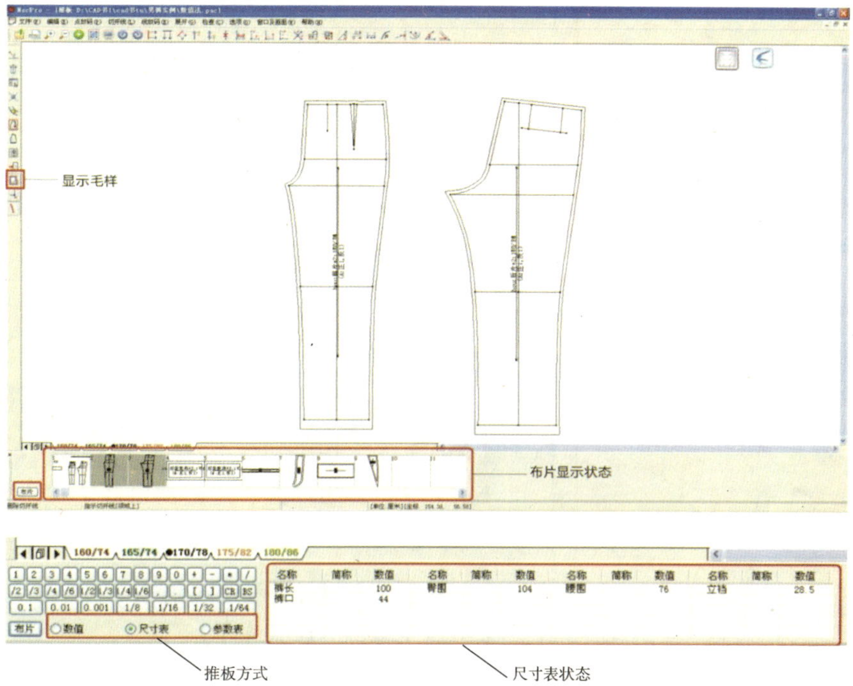

图 6.2.2 推板准备

2. 建立尺寸表

如果样板是通过 NacPro 打板系统完成的，尺寸表是建立好的，在推板系统中可以修改数值；如果样板是通过数化仪输入的，需要建立尺寸表，方法同“文化式女装原型打板实例”。本例中使用的尺寸表见图 6.2.3。

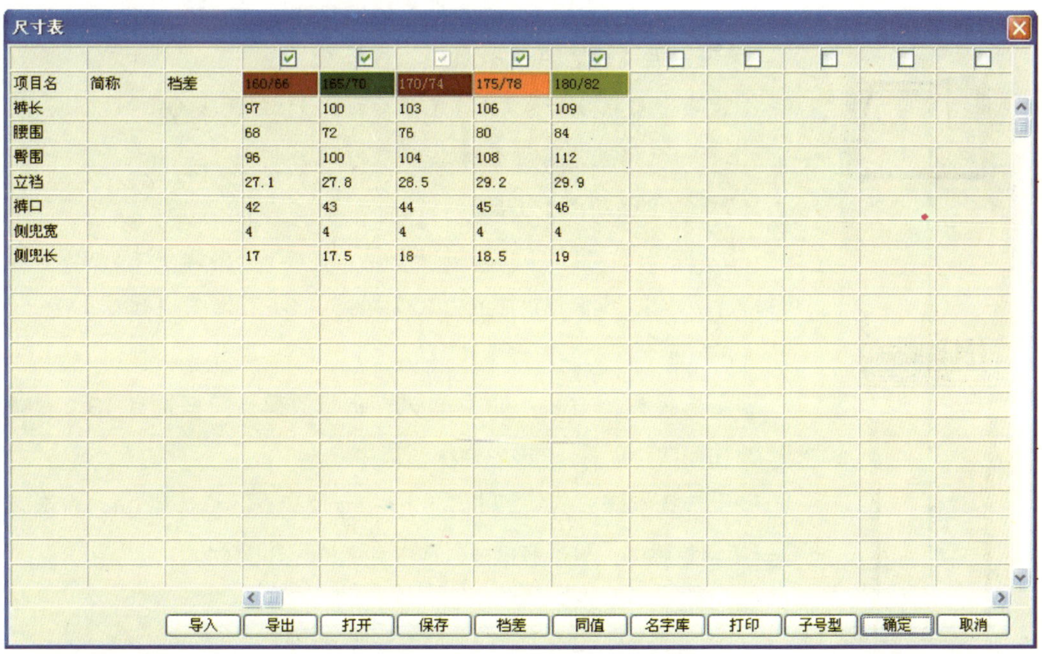

尺寸表

项目名	简称	档差	160/66	165/70	170/74	175/78	180/82
裤长			97	100	103	106	109
腰围			68	72	76	80	84
臀围			96	100	104	108	112
立裆			27.1	27.8	28.5	29.2	29.9
裤口			42	43	44	45	46
侧兜宽			4	4	4	4	4
侧兜长			17	17.5	18	18.5	19

导入 导出 打开 保存 档差 同值 名字库 打印 子号型 确定 取消

图 6.2.3 建立尺寸表

3. 前片轮廓线推板

（1）【固定点】工具。

指示放码点：框选点 1，右键确认。

（2）【移动点】工具。

1）指示放码点：框选点 2，右键确认，屏幕下方横偏移对应的输入框中输入：-0.45，纵偏移对应的输入框中输入：0.7，单击【确认】键。

2）指示放码点：框选点 3，右键确认，屏幕下方横偏移对应的输入框中输入：0.55，纵偏移对应的输入框中输入：0.7，单击【确认】键。

3）指示放码点：框选点 4，右键确认，屏幕下方横偏移对应的输入框中输入：0.55，纵偏移对应的输入框中输入：0.23，单击【确认】键。

（3）【单 x 方向移动点】工具。

指示放码点：框选点 5，右键确认，屏幕下方横偏移对应的输入框中输入：0.55，单击【确认】键。

（4）【移动点】工具。

指示放码点：框选点 7，右键确认，屏幕下方横偏移对应的输入框中输入：0.25，纵偏移对应的输入框中输入：-2.3，单击【确认】键。

（5）点 8 随点 5、点 7 按比例自动生成。如果点 8 规定了放码量，则选择【移动点】工具，重新输入放码量。指示放码点：框选点 8，右键确认，屏幕下方横偏移对应的输入框中输入：0.4，纵偏移对应的输入框中输入：-1，单击【确认】键。

（6）【移动参照点】工具。

1）选择参照方式：【反 x 同 y】；指示放码点：框选点 9，右键确认；指示参照点：单击裤口线，选中点 7。

2）选择参照方式：【单反 x】；指示放码点：框选点 10，右键确认；指示参照点：单击横裆线，选中点 5。

3）选择参照方式：【反 x 同 y】；指示放码点：框选点 11，右键确认；指示参照点：单击中裆线，选中点 8。

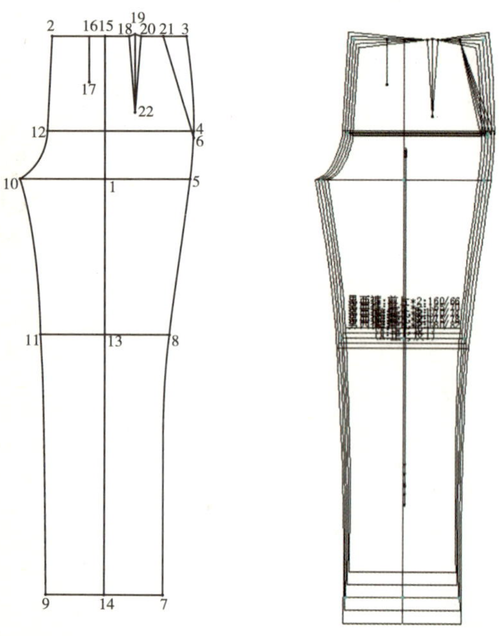

图 6.2.4　前片轮廓线推板

［技巧］当点 9 和点 10 放完码后，点 11 会自动按比例推放，放码量上有一定偏差，需要重新输入。

（7）【移动点】工具。

指示放码点：框选点 12，右键确认，屏幕下方横偏移对应的输入框中输入：-0.45，纵偏移对应的输入框中输入：0.23，单击【确认】键。

（8）【移动参照点】工具。

1）选择参照方式：【单 y】；指示放码点：框选点 13，右键确认；指示参照点：单击中裆线，选中点 8。

2）选择参照方式：【单 y】；指示放码点：框选点 14，右键确认；指示参照点：单击裤口线，选中点 7。见图 6.2.4。

4. 腰省、褶推板

（1）【移动参照点】。

选择参照方式：【单 y】；指示放码点：一起框选点 15、点

16、点 17，右键确认；指示参照点：单击侧缝线，选中点 3。

（2）【移动点】工具。

1）指示放码点：一起框选点 18、点 19、点 20，右键确认，屏幕下方横偏移对应的输入框中输入：0.275，纵偏移对应的输入框中输入：0.7，单击【确认】键；

2）指示放码点：框选点 22，右键确认，屏幕下方横偏移对应的输入框中输入：0.275，纵偏移对应的输入框中输入：0.23，单击【确认】键，见图 6.2.5。

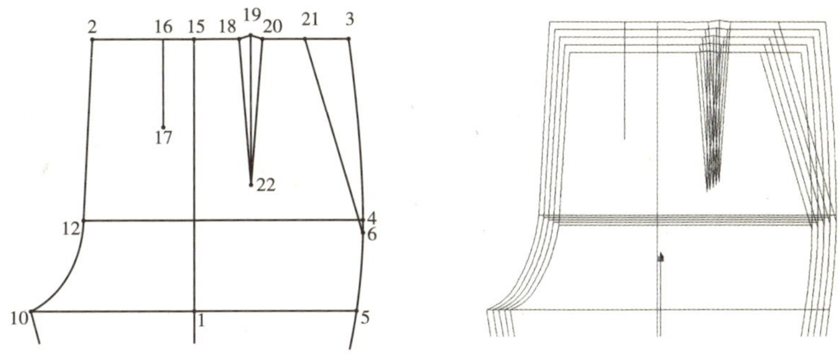

图 6.2.5　腰省、褶推板

5. 侧兜推板

（1）侧兜长推板。

侧兜长是指点 21 到点 6 的距离。点 6 是随点 3、点 5 的变化自动按比例推放出的。如果侧兜长没有档差的要求，此种推法最简单。如果侧兜长档差 0.5，即要求点 21 到点 6 各号长度差 0.5 厘米，推放方法如下。

【要素上移动点】工具：指示放码点：框选点 6，右键确认；指示要素起点：点 3；指示要素终点：点 5（侧缝线在点 5 处是断开的，即点 5 是侧缝线上的一个端点）；输入长度放码量：0.5。则展开后点 21 到点 6 的距离各号差 0.5 厘米。

［**技巧**］如果侧兜长是不均匀档差，要求比基码大的号型和基码的档差为 0.5 厘米，比基码小的号型和基码的档差为 0。则在输入长度放码量时各号型按下图输入，展开后前 3 个号型侧兜长 18 厘米，后 2 个号型侧兜长 18.5 厘米，见图 6.2.6。

	☑160/66	☑165/70	☐170/74	☑175/78	☑180/82
长度				0.5	0.5

图 6.2.6　侧兜长推板

（2）侧兜宽推板。

侧兜宽是指点 21 到点 3 的距离。点 21 是随点 20、点 3 的变化自动按比例推放出的。如果侧兜宽没有档差的要求，此种推法最简单。如果要求侧兜宽各号均为 4 厘米，推放方法如下。

【要素上移动点】工具：指示放码点：框选点 21，右键确认；指示要素起点：点 3；指示要素终点：点 20；输入长度放码量：0。则展开后点 21 到点 3 的距离各号均为 4 厘米，如图 6.2.7 所示。

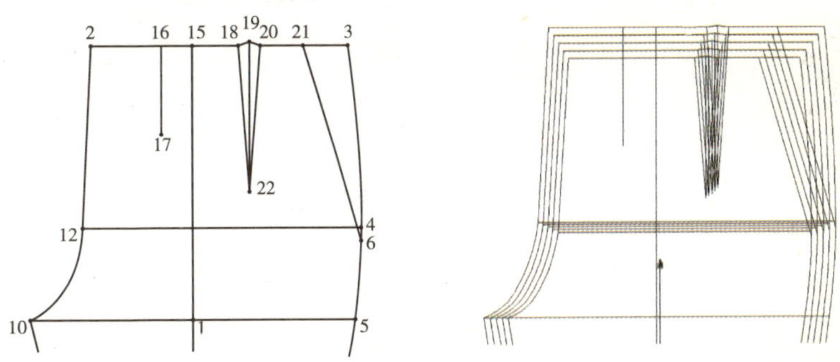

图 6.2.7　侧兜宽推板

6. 后片轮廓线推板

（1）【固定点】工具。

指示放码点：框选点 23，右键确认。

（2）【移动点】工具。

1）指示放码点：框选点24，右键确认，屏幕下方横偏移对应的输入框中输入：0.8，纵偏移对应的输入框中输入：0.7，单击【确认】键。

2）指示放码点：框选点25，右键确认，屏幕下方横偏移对应的输入框中输入：0.7，纵偏移对应的输入框中输入：0.23，单击【确认】键。

（3）【单x方向移动点】工具。

指示放码点：框选点26，右键确认，屏幕下方横偏移对应的输入框中输入：0.65，单击【确认】键。

（4）【移动参照点】工具。

1）选择参照方式：【同x同y】；指示放码点：框选点27，右键确认；指示参照点：单击前片中裆线，选中点8。

2）选择参照方式：【同x同y】；指示放码点：框选点28，右键确认；指示参照点：单击前片裤口线，选中点7。

3）选择参照方式：【同x同y】；指示放码点：框选点29，右键确认；指示参照点：单击前片裤口线，选中点14。

4）选择参照方式：【同x同y】；指示放码点：框选点30，右键确认；指示参照点：单击前片裤口线，选中点9。

5）选择参照方式：【同x同y】；指示放码点：框选点31，右键确认；指示参照点：单击前片中裆线，选中点11。

6）选择参照方式：【同x同y】；指示放码点：框选点32，右键确认；指示参照点：单击前片中裆线，选中点13。

（5）【单x方向移动点】工具。

指示放码点：框选点33，右键确认，屏幕下方横偏移对应的输入框中输入：-0.65，单击【确认】键。

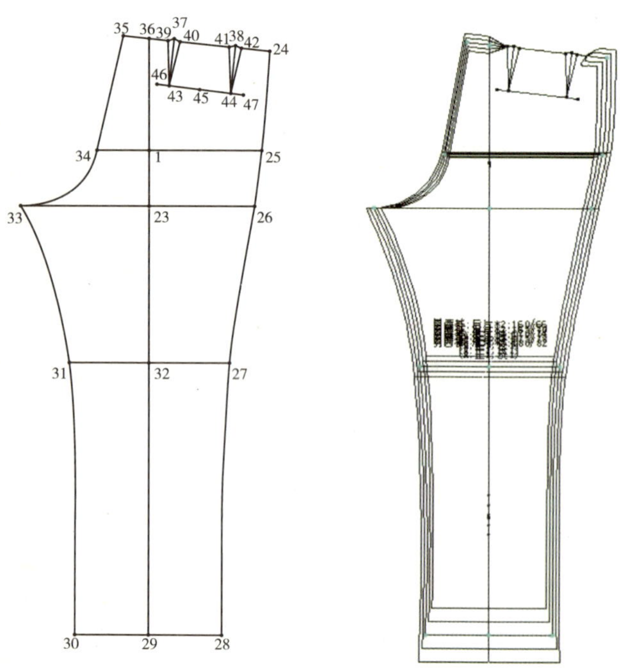

图6.2.8 后片轮廓线推板

（6）【移动点】工具。

1）指示放码点：框选点34，右键确认，屏幕下方横偏移对应的输入框中输入：-0.35，纵偏移对应的输入框中输入：0.23，单击【确认】键。

2）指示放码点：框选点35，右键确认，屏幕下方横偏移对应的输入框中输入：-0.2，纵偏移对应的输入框中输入：0.7，单击【确认】键。

（7）【单y方向移动点】工具。

指示放码点：框选点36，右键确认，屏幕下方纵偏移对应的输入框中输入：0.7，单击【确认】键，以上见图6.2.8。

7. 后片腰省推板

（1）【两点间比例移动点】工具。

指示放码点：框选点37、点38，右键确认；指示端点1：点35；指示端点2：点24。

（2）【移动参照点】工具。

1）选择参照方式：【同 x 同 y】；指示放码点：框选点 39、点 40，右键确认；指示参照点：单击省中线，选中点 37。

2）选择参照方式：【同 x 同 y】；指示放码点：框选点 41、点 42，右键确认；指示参照点：单击省中线，选中点 38。

3）选择参照方式：【同 x 同 y】；指示放码点：框选点 43，右键确认；指示参照点：单击省中线，选中点 37。

4）选择参照方式：【同 x 同 y】；指示放码点：框选点 44，右键确认；指示参照点：单击省中线，选中点 38，以上见图 6.2.9。

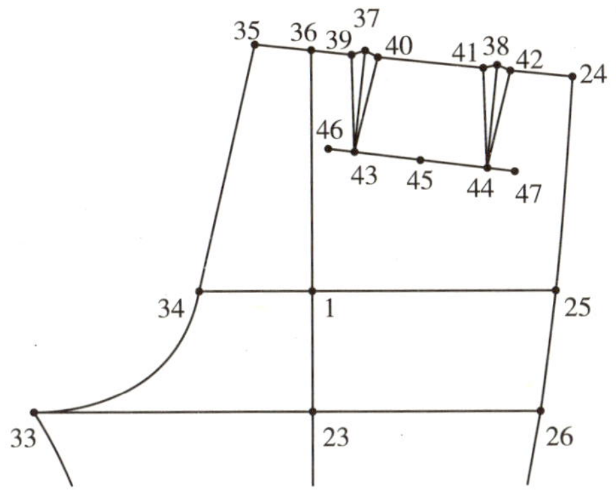

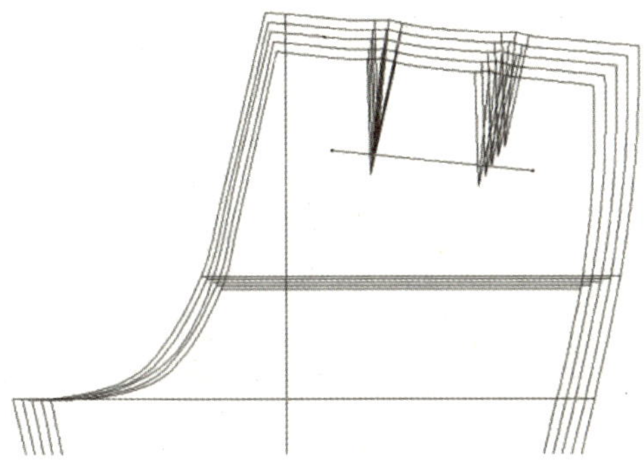

图 6.2.9 后片腰省推板

8. 后片口袋推板

（1）【点切断】工具，把后兜在中点处切断，产生点 45。

（2）【两点间比例移动点】工具。

指示放码点：框选 45，右键确认；指示端点 1：点 43；指示端点 2：点 44。

（3）【要素延长点】工具：选择第三个按钮【要素方向】。

1）指示放码点：框选点 46，右键确认；指示起点：单击后兜线，选中点 45；输入延长量：如果均匀变档，输入 0.25，回车；如果不均匀变档，在长度行里更改为不均匀档差，回车。

2）指示放码点：框选点 47，右键确认；指示起点：单击后兜线，选中点 45；输入延长量：如果均匀变档，输入 0.25，回车；如果不均匀变档，在长度行里更改为不均匀档差，回车，以上见图 6.2.10。

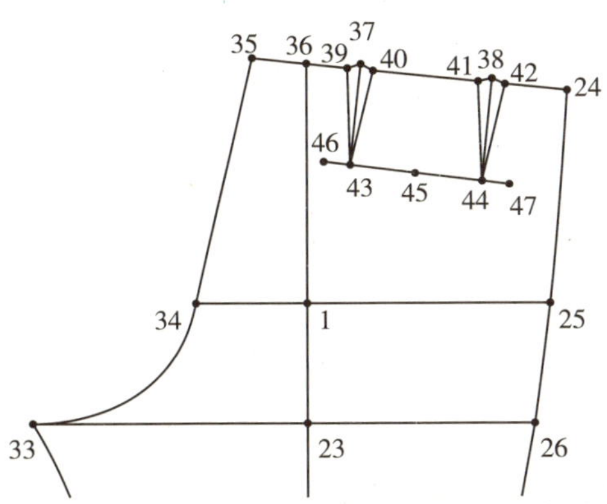

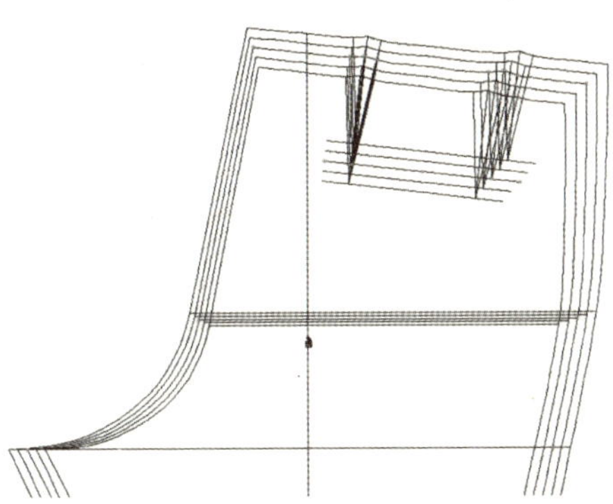

图 6.2.10 后片口袋推板

9. 推板结果（见图 6.2.11）

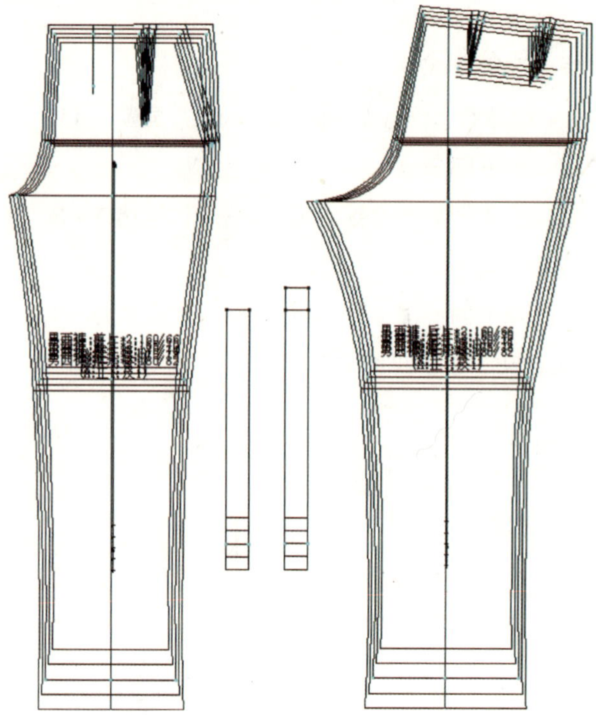

图 6.2.11 推板结果

6.3 男西服放码（公式放码法）——NacPro 服装 CAD 系统

知识要点：通过此例，掌握 NacPro 服装 CAD 系统公式放码的操作流程、基本工具的使用方法。

6.3.1 款式图（见图 6.3.1）

图 6.3.1 男西服款式图

6.3.2 档差（见表 6.3.1）

表 6.3.1 男西服规格及推板档差表 号型：170/88A

部位	衣长	胸围	总肩宽	腰围	臀围	腰节	袖长	袖口	领大
档差（厘米）	2	4	1.2	4	4	1	1.5	0.5	1

6.3.3 放码规则

1. 前片（见表 6.3.2）

表 6.3.2 前片

放码点	档差分配		图示
	x	y	
1、13、16	固定点		
2、3		窿深 – 领大 /5	
4	领大 /5	窿深	
5	肩宽 /2	保证各号肩线水平	
6、7	胸围 /6		
8、9、10	腰围 /6	窿深 – 腰节	
11	臀围 /6	窿深 – 衣长	
12	保证前中线各号垂直并同底摆线相交		
13	0	和驳口线相交	
14	保证串口线与领口线各号平行		
15	保证驳口线各号平行		
16	0	和驳口线相交	
17	各号按胸围比例移动		
18	延口袋方向移动，符合口袋档差 0.2		
19	同点 17		
20	同点 18		
21	腰围 /6	窿深 – 腰节	
22、23	前宽 /2	窿深 – 腰节	
24	前宽 /2	衣长 /2– 窿深 /2	
25	前宽 /2	窿深 – 腰节	

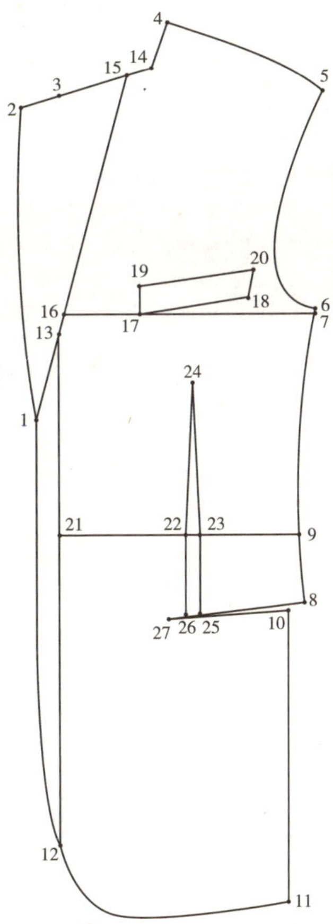

2. 侧片（见表6.3.3）

表6.3.3　　　　侧片

放码点	档差分配		图示
	x	y	
28、29	固定点		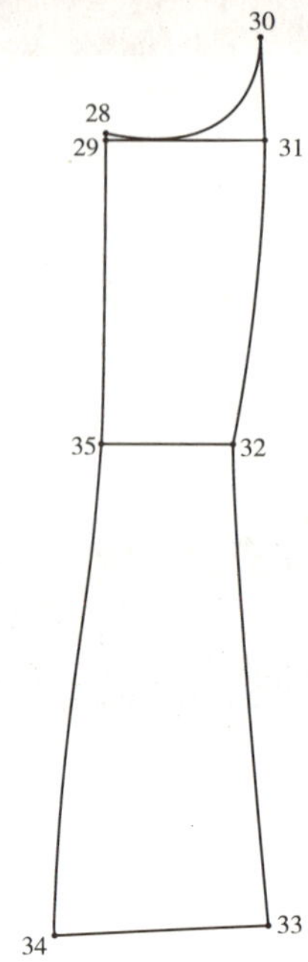
30、31	胸围/6		
32	腰围/6	窿深－腰节	
33	臀围/6	窿深－衣长	
34		窿深－衣长	
35		窿深－腰节	

3. 后片（见表6.3.4）

表6.3.4　　　　后片

放码点	档差分配		图示
	x	y	
36	固定点		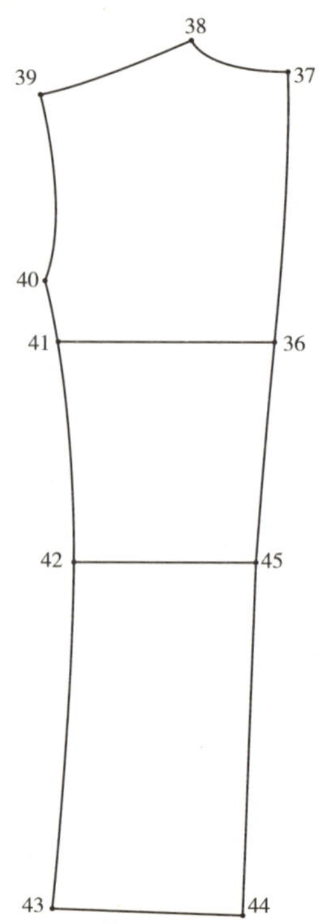
37		窿深－后领深	
38	－领大/5	窿深	
39	－肩宽/2	保证各号肩线水平	
40	－胸围/6		
41	－胸围/6		
42	－腰围/6	窿深－腰节	
43	－臀围/6	窿深－衣长	
44		窿深－衣长	
45		窿深－腰节	

4. 领子（见表 6.3.5）

表 6.3.5 领子

放码点	档差分配		图示
	x	y	
46、47、48	固定点		
49	领大 /2		
50	延点 49、点 50 连线方向移动 0.15		
51	翻折线各号平行并和领口线相交		
52	延点 50、点 52 连线方向移动 0.1		
53	领大 /2		
54	翻折线各号平行并和领口线相交		
55	延点 53、点 55 连线方向移动 0.15		
56	延点 55、点 56 连线方向移动 0.1		

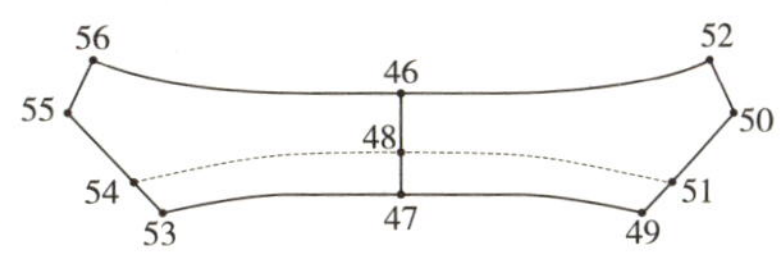

6.3.4 操作方法

6.3.4.1 前片

1. 推板准备

方法同男西裤放码实例相似，本例采用尺寸表方式放码，在界面下方切换成⊙尺寸表方式。使用的尺寸表见图 6.3.2。

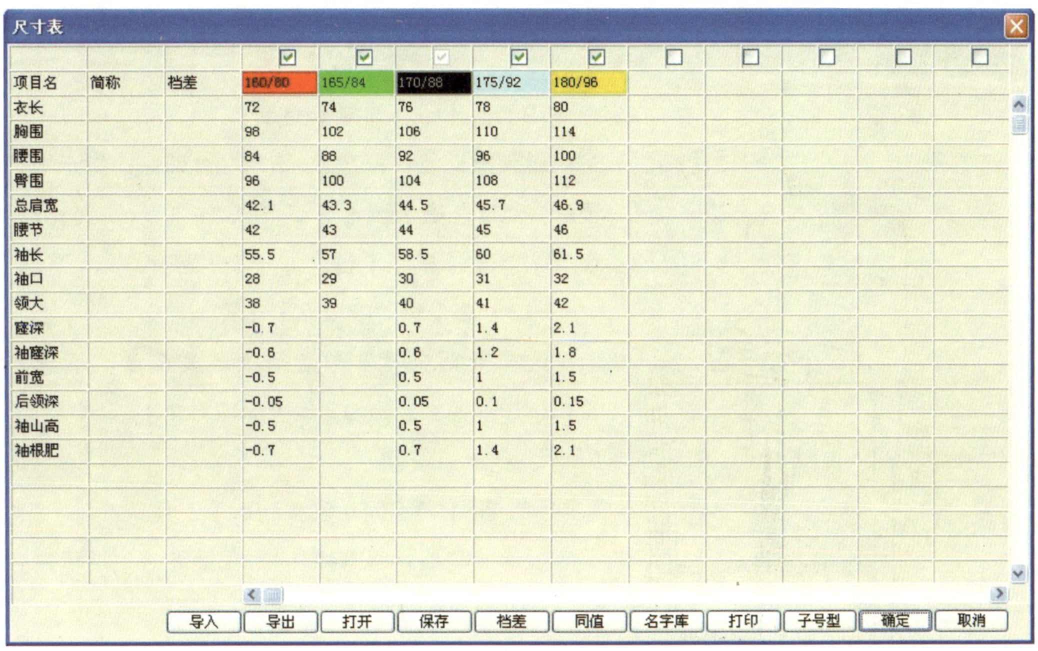

尺寸表

项目名	简称	档差	160/80	165/84	170/88	175/92	180/96
衣长			72	74	76	78	80
胸围			98	102	106	110	114
腰围			84	88	92	96	100
臀围			96	100	104	108	112
总肩宽			42.1	43.3	44.5	45.7	46.9
腰节			42	43	44	45	46
袖长			55.5	57	58.5	60	61.5
袖口			28	29	30	31	32
领大			38	39	40	41	42
窿深			-0.7		0.7	1.4	2.1
袖窿深			-0.6		0.6	1.2	1.8
前宽			-0.5		0.5	1	1.5
后领深			-0.05		0.05	0.1	0.15
袖山高			-0.5		0.5	1	1.5
袖根肥			-0.7		0.7	1.4	2.1

导入 导出 打开 保存 档差 同值 名字库 打印 子号型 确定 取消

图 6.3.2 推板准备

2. 前片轮廓线放码

（1）【固定点】工具。

指示放码点：框选点 1、点 13、点 16，右键确认。

（2）【单 y 方向移动点】工具。

指示放码点：一起框选点 2、点 3，右键确认，屏幕下方纵偏移对应的输入框中输入：【窿深】-【领大】/5，单击【确认】键。

（3）【移动点】工具。

指示放码点：框选点4，右键确认，屏幕下方横偏移对应的输入框中输入:【领大】/5，纵偏移对应的输入框中输入:【窿深】，单击【确认】键。

（4）【要素延长点】工具。

选择平行方式：选择第一个图标：【水平】；指示放码点：框选点5，右键确认；指示要素起点：点4；输入水平距离:【肩宽】/2，单击【确认】键。

（5）【单x方向移动点】工具。

指示放码点：一起框选点6、点7，右键，屏幕下方横偏移对应的输入框中输入:【胸围】/6，单击【确认】键。

（6）【移动点】工具。

1）指示放码点：一起框选点8、点9，点10，右键确认，屏幕下方横偏移对应的输入框中输入:【腰围】/6，纵偏移对应的输入框中输入:【窿深】–【腰节】，单击【确认】键。

2）指示放码点：框选点11，右键确认，屏幕下方横偏移对应的输入框中输入:【臀围】/6，纵偏移对应的输入框中输入:【窿深】–【衣长】，单击【确认】键。

（7）【平行与要素交点】工具。

指示放码点：框选点12，右键确认；指示平行起点：前中线上端点13；指示要素起点：点1；指示要素终点：点11。

（8）【要素交点】工具。

选择相交方式：选择第一个图标【平行】；指示放码点：框选点14，右键确认；指示要素1起点：点4；指示要素2起点：点2。

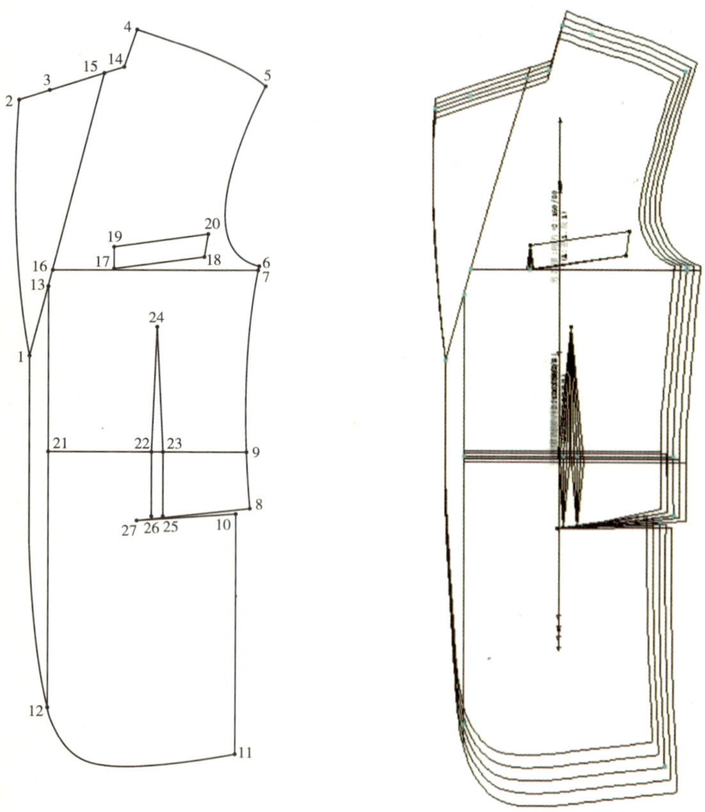

图6.3.3 前片轮廓线放码

（9）【平行与要素交点】工具。

指示放码点：框选点15，右键确认；指示平行起点：点1；指示要素起点：点3；指示要素终点：点14，单击【确认】键。

（10）【移动参照点】工具。

选择参照方式：单y；指示放码点：框选点21；指示参照点：点9，以上见图6.3.3。

3. 手巾袋放码

（1）【两点间比例移动点】工具。

指示放码点：框选点17，右键确认；指示端点1：点16；指示端点2：点7。

（2）【要素延长点】工具。

［技巧］先在屏幕下方切换成数值放码方式。

选择平行方式：选择第三个图标：【要素方向】；指示放码点：框选点18，右键确认，指示要素起点：点17；输入延长量：0.2；单击【确认】键。

（3）【移动参照点】工具。

1）选择参照方式：【同x同y】；指示放码

点：框选点 19，右键确认；指示参照点：点 17。

2）选择参照方式：【同 x 同 y】；指示放码点：框选点 20，右键确认；指示参照点：点 18，以上见图 6.3.4。

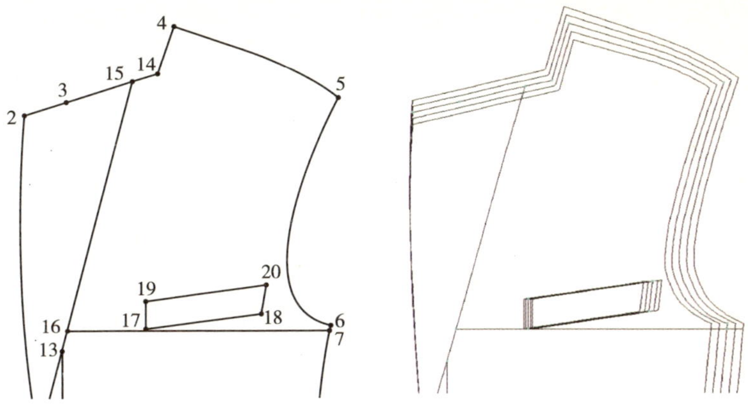

图 6.3.4 手巾袋放码

4. 腰省放码

【移动点】工具。

1）指示放码点：框选点 22，点 23，右键确认，屏幕下方横偏移对应的输入框中输入:【前宽】/2，纵偏移对应的输入框中输入:【窿深】–【腰节】，单击【确认】键。

2）指示放码点：框选点 24，右键确认，屏幕下方横偏移对应的输入框中输入:【前宽】/2，纵偏移对应的输入框中输入:【衣长】/2–【窿深】/2，单击【确认】键。

3）指示放码点：框选点 25，点 26，点 27，右键确认，屏幕下方横偏移对应的输入框中输入:【前宽】/2，纵偏移对应的输入框中输入:【窿深】–【腰节】，单击【确认】键，以上见图 6.3.5。

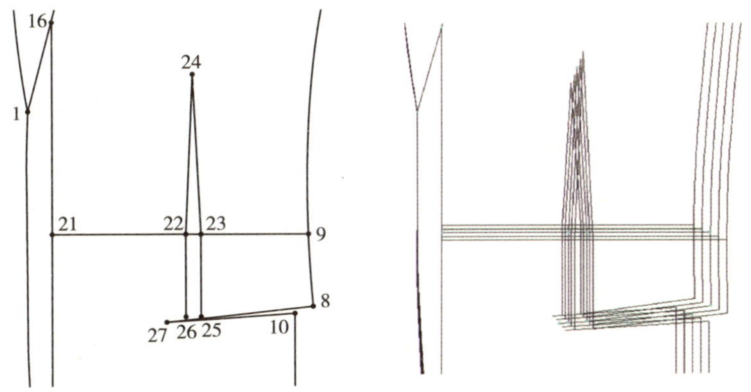

图 6.3.5 腰省放码

6.3.4.2 侧片

（1）【固定点】工具。

指示放码点：框选点 28，点 29，右键确认。

（2）【单 x 方向移动点】工具。

指示放码点：一起框选点 30、点 31，右键确认，屏幕下方横偏移对应的输入框中输入:【胸围】/6，单击【确认】键。

（3）【移动参照点】工具。

1）选择参照方式：【同 x 同 y】；指示放码点：框选点 32，右键确认；指示参照点：点 9。

2）选择参照方式：【同 x 同 y】；指示放码点：框选点 33，右键确认；指示参照点：点 11。

3）选择参照方式：【单 y】；指示放码点：框选点 34，右键确认；指示参照点：点 33。

4）选择参照方式：【单 y】；指示放码点：框选点 35，右键确认；指示参照点：点 32，以上见图 6.3.6。

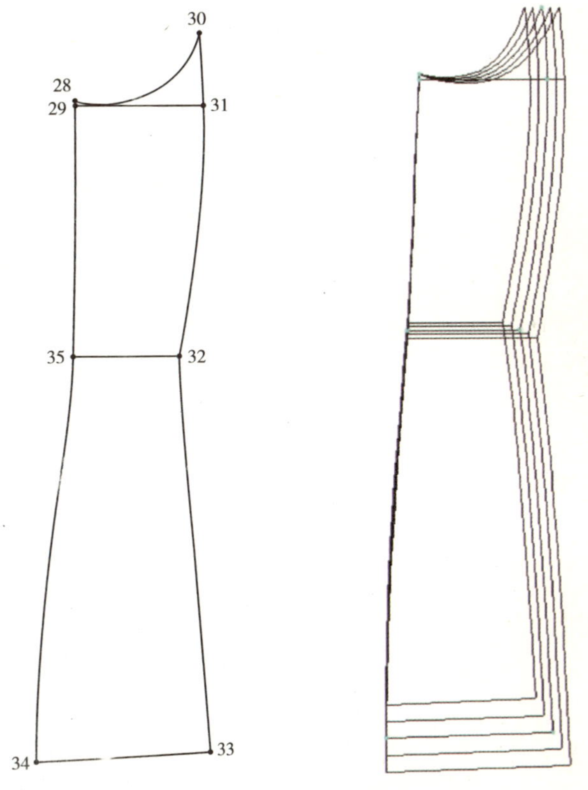

图 6.3.6 侧片

6.3.4.3 后片

（1）【固定点】工具。

指示放码点：框选点 36，右键确认。

（2）【单 y 方向移动点】工具。

指示放码点：框选点 37，右键确认，屏幕下方纵偏移对应的输入框中输入:【窿深】-【后领深】，单击【确认】键。

（3）【移动参照点】工具。

1）选择参照方式：【反x同y】；指示放码点：框选点38，右键确认；指示参照点：点4。

2）选择参照方式：【反x同y】；指示放码点：框选点39，右键确认；指示参照点：点5。

3）选择参照方式：【反x同y】；指示放码点：框选点40，右键确认；指示参照点：点30。

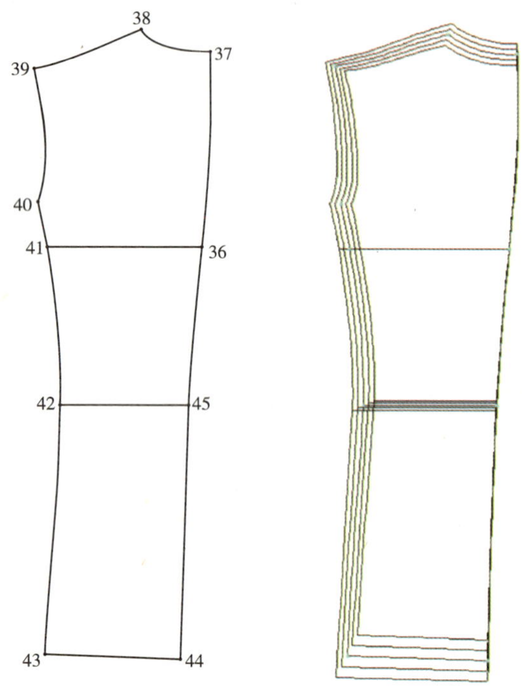

图 6.3.7 后片

4）选择参照方式：【反x同y】；指示放码点：框选点41，右键确认；指示参照点：点31。

5）选择参照方式：【反x同y】；指示放码点：框选点42，右键确认；指示参照点：点32。

6）选择参照方式：【反x同y】；指示放码点：框选点43，右键确认；指示参照点：点33。

7）选择参照方式：【单y】；指示放码点：框选点44，右键确认；指示参照点：点43。

8）选择参照方式：【单y】；指示放码点：框选点45，右键确认；指示参照点：点42。

如图6.3.7所示。

6.3.4.4 领子

（1）【固定点】工具。

指示放码点：一起框选点46，点47，点48，右键确认。

（2）【单x方向移动点】工具。

指示放码点：框选点49，右键确认，屏幕下方横偏移对应的输入框中输入:【领大】/2，单击【确认】键。

（3）【要素延长点】工具。

［**技巧**］*先在屏幕下方切换成数值放码方式。*

1）选择平行方式：选择第三个图标：【要素方向】；指示放码点：框选点50，右键确认；指示要素起点：点49；输入延长量：0.15，单击【确认】键。

2）选择平行方式：选择第三个图标：【要素方向】；指示放码点：框选点52，右键确认；指示要素起点：点50；输入延长量：0.1，单击【确认】键。

（4）【平行与要素交点】工具。

指示放码点：框选点51，右键，指示平行起点：点48；指示要素起点：点49；指示要素终点：点50，单击【确认】键。

（5）【移动参照点】工具。

1）选择参照方式：【反 x 同 y】；指示放码点：框选点 53；指示参照点，右键确认：点 49；

2）选择参照方式：【反 x 同 y】；指示放码点：框选点 54；指示参照点，右键确认：点 51；

3）选择参照方式：【反 x 同 y】；指示放码点：框选点 55；指示参照点，右键确认：点 50；

4）选择参照方式：【反 x 同 y】；指示放码点：框选点 56；指示参照点：点 52，以上见图 6.3.8。

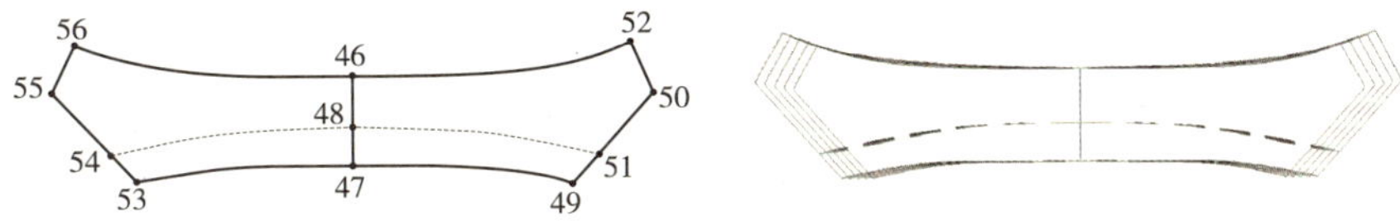

图 6.3.8 领子

6.3.4.5 推板结果（见图 6.3.9）

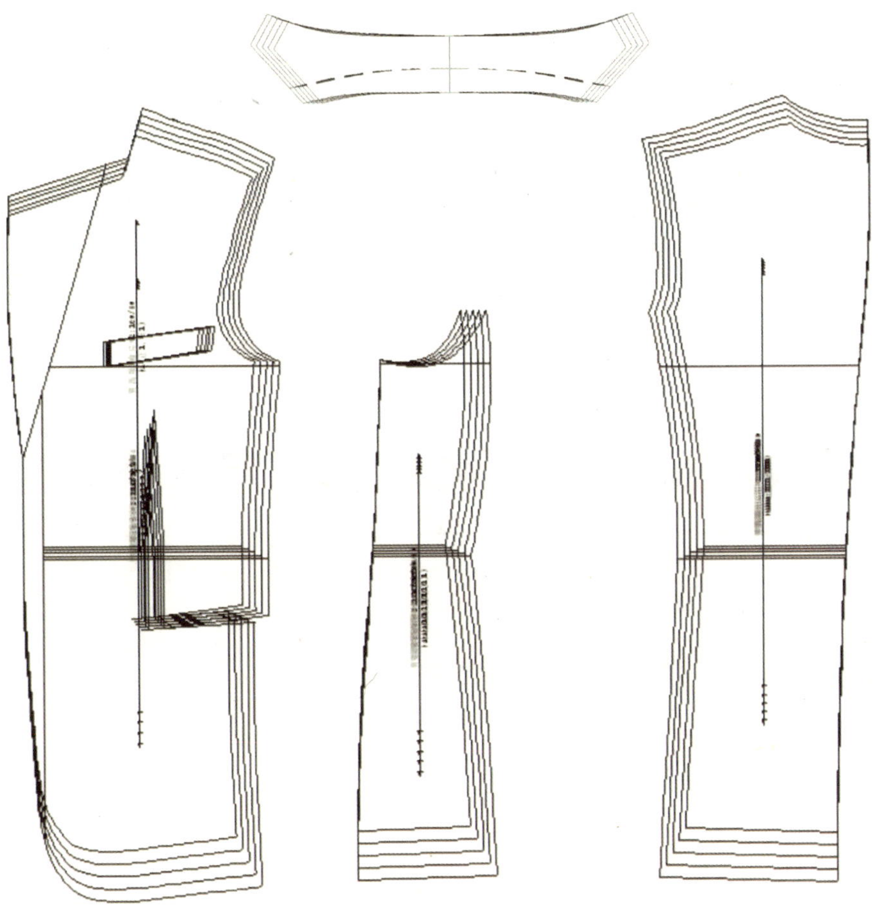

图 6.3.9 推板结果

6.4 宽松女衬衫放码（切开线法）——NacPro 服装 CAD 系统

训练目的：通过此例，掌握 NacPro 服装 CAD 系统切开线放码的操作流程，切开线位置的设计规律，切开量的设定规律及切开线放码基本工具的使用方法。

6.4.1 款式图（见图 6.4.1）

图 6.4.1　宽松女衬衫款式图

6.4.2 档差（见表 6.4.1）

表 6.4.1　　宽松女衬衫规格及推板档差表　　号型：160/84A

部　位	衣　长	胸　围	肩	袖　长	袖　口	领　围
档差（厘米）	2	4	1.2	1.5	0.5	1

6.4.3 操作方法

6.4.3.1 衣片

1. 推板准备

方法同上例，这里从略。

2. 输入切开线

［技巧］ 1）切开线位置的设定方法，在有档差变化的位置放置切开线。

2）通过颜色可以分辨切开线的类型：横向切开线为黄色，纵向切开线为红色。

（1）【输入纵向切开线】工具，画竖直方向的切开线，实现围度方向的放缩。左键单击切开线的开始点和终了点，右键确认，即可画出竖向切开线 1 ~ 9。

（2）【输入横向切开线】工具，画水平方向的切开线，实现长度方向的放缩。左键单击切开线的开始点和终了点，右键确认，即可画出横向切开线 10 ~ 14。

［技巧］在切开线位置和切开量相同的情况下，可以用一条切开线贯穿前片和后

片，既可以保证前片和后片在相对应的位置均设有切开线，又提高了操作效率，见图6.4.2。

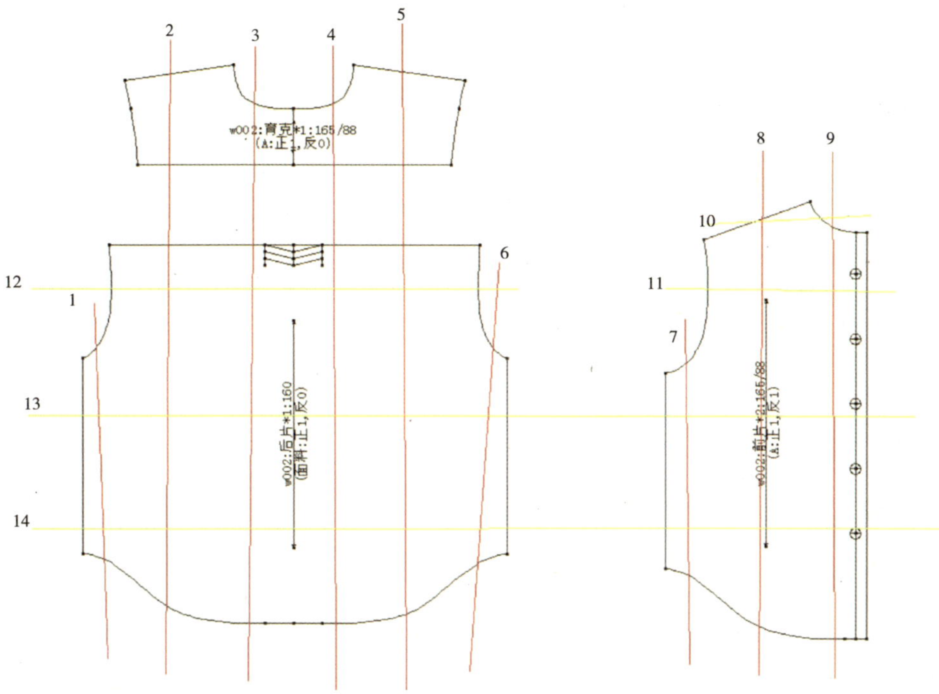

图 6.4.2 输入切开线

3. 输入切开量

在切开线上输入切开量。

［**技巧**］如果输入的切开量相等，可一起框选切开线，不用分纵横方向。输入过切开量的放码线，在首尾会出现一段小横线。

选择【输入切开量】工具。

（1）后片。

1）框选【线 1】,【线 2】,【线 5】,【线 6】，右键确认。数值表状态下，切开量 1 处输入 :0.4，回车。

2）框选【线 3】,【线 4】，右键确认。数值表状态下，切开量 1 处输入 :0.2，回车。

3）框选【线 12】,【线 13】，右键确认。数值表状态下，切开量 1 处输入 :0.5，回车。

4）框选【线 14】，右键确认。数值表状态下，切开量 1 处输入 :1，回车。

（2）前片。

1）框选【线 9】，右键确认。在数值表状态下，切开量 1 处输入 :0.2，回车。

2）框选【线 7】,【线 8】，右键确认。在数值表状态下，切开量 1 处输入 :0.4，回车。

3）框选【线 10】，右键确认。数值表状态下，切开量 1 处输入 :0.2，回车。

4）框选【线 11】，右键确认。数值表状态下，切开量 1 处输入 :0.3，回车，以上见图6.4.3。

6.4.3.2 袖子

1. 输入切开线

（1）【输入纵向切开线】工具。

左键单击切开线的开始点和终了点，右键确认，画出竖向切开线 1、线 2。

（2）选择切开线菜单中的【切开线移动】工具，按住【Ctrl】键（复制切开线），框选线1，线2，右键确认，松开【Ctrl】键，移至袖片右侧合适位置，再点击一次【Ctrl】键（翻转切开线）后，鼠标左键放下，画出竖向切开线3、线4。

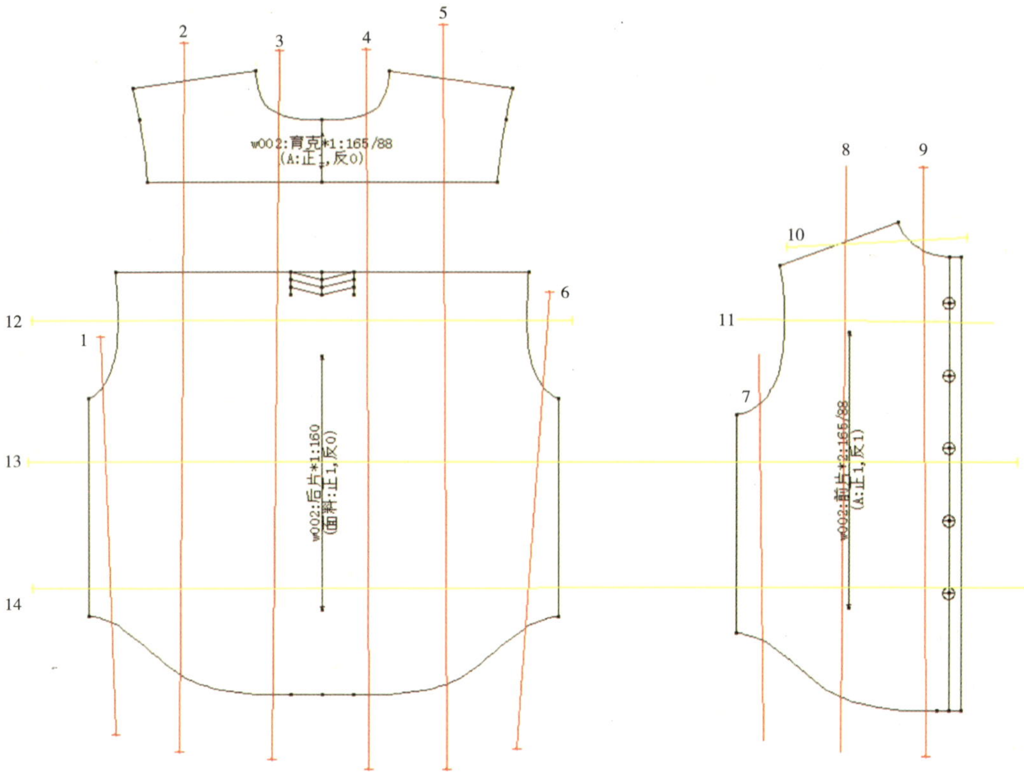

图6.4.3 输入切开量

（3）【输入横向切开线】工具。

左键单击切开线的开始点和终了点，右键确认，画出横向切开线5、线6、线7、线8，见图6.4.4。

2. 输入切开量

（1）【输入切开量】工具。

框选竖向切开线【线1】,【线2】、【线3】、【线4】右键确认。数值表状态下，切开量1处输入:0.25，回车。

（2）【追加切开量】工具。

点击【线1】和【线4】（尽量靠近袖肥线），右键确认，输入切开量：0.2，回车。

［技巧］此例演示了在同一条切开线上有多个不同的档差时的操作方法。在袖肥处，【线2】、【线3】的档差是0.25厘米，【线1】和【线4】的档差是0.25+0.2=0.45厘米，则袖肥档差应为0.25×2+0.45×2=1.4cm；袖口档差仍为0.25×4=1cm，满足了规定的档差要求。

（3）【输入切开量】工具。

1）框选横向切开线【线5】,【线6】，右键确认。数值表状态下，切开量1处输入:0.25（袖山高档差为0.5厘米），回车。

2）框选【线7】,【线8】，右键确认。数值表状态下，切开量1处输入:0.5（袖长档差为1.5厘米，减去袖山高已经放的0.5厘米，线7、线8应该共放1厘米），回车。

如图 6.4.5 所示。

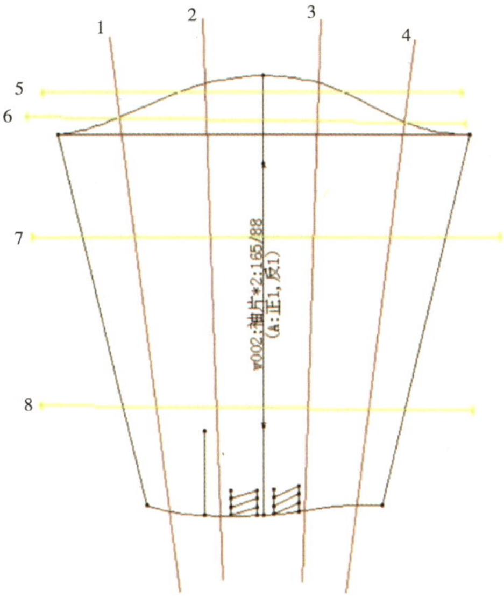

图 6.4.4 输入切开线

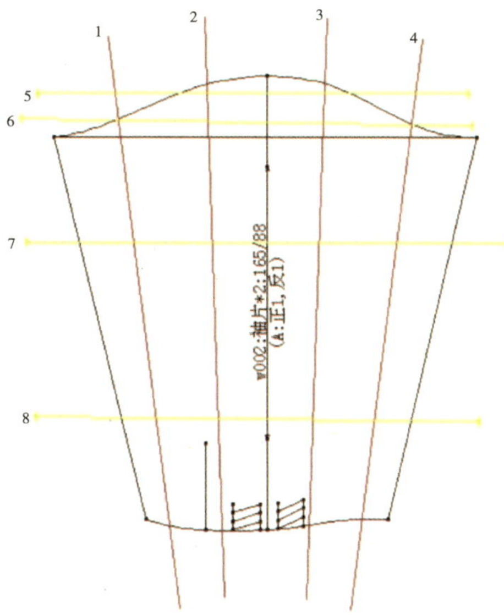

图 6.4.5 输入切开量

6.4.3.3 领面

（1）【输入纵向切开线】工具。

左键单击切开线的开始点和终了点，右键确认，画出竖向切开线 1、2。

（2）【输入切开量】工具。

框选【线 1】,【线 2】，右键确认。数值表状态下，切开量 1 处输入 :0.5（领围档差为 1 厘米），回车，以上见图 6.4.6。

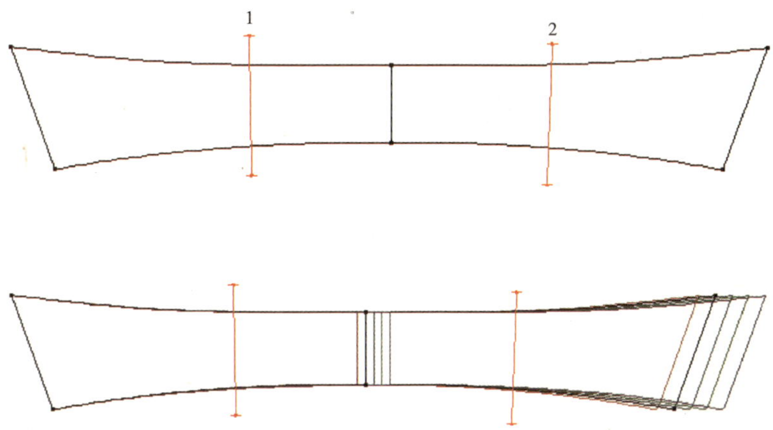

图 6.4.6 输入切开量

6.4.3.4 领座

（1）【输入斜向切开线】工具（沿切开线垂直方向拉开）

左键单击切开线的开始点和终了点，右键确认，画出竖向切开线 1 ～ 10。

［**技巧**］画斜向切开线时尽量使切开线与衣片的要素垂直。

（2）【输入切开量】工具。

框选【线 1】～【线 10】，右键确认。数值表状态下，切开量 1 处输入 :0.1（领围档差为 1 厘米，10 条切开线上的切开量总合为 1 厘米），回车。

如图 6.4.7 所示。

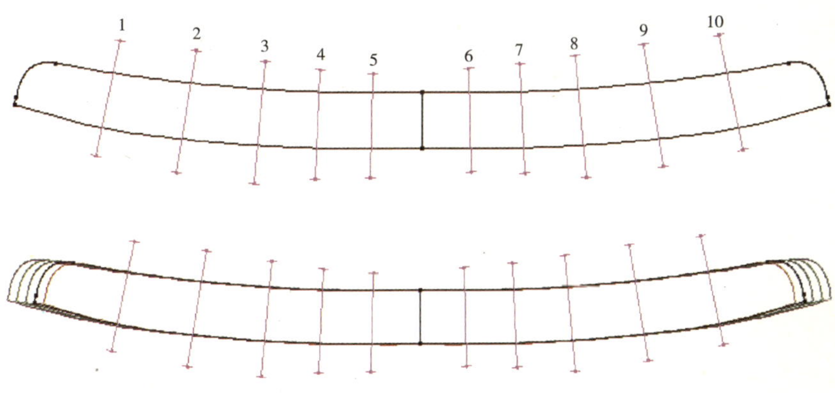

图 6.4.7 输入切开线及切开量

6.4.3.5 推板结果（见图6.4.8）

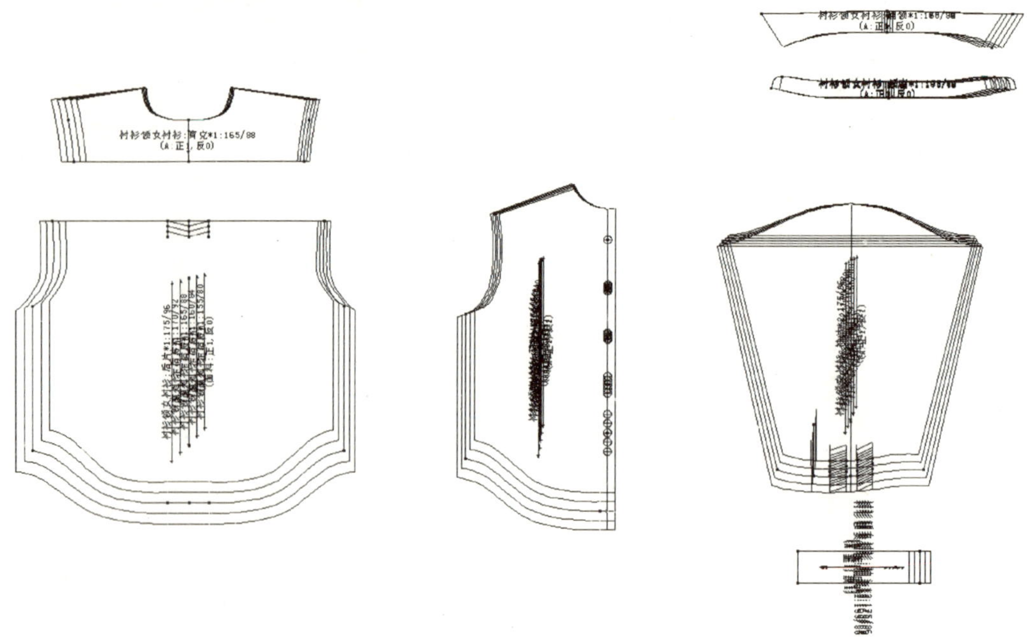

图6.4.8 推板结果

6.5 特殊部位放码实例——NacPro服装CAD系统

训练目的：通过此例掌握特殊部位的放码方式和放码工具的使用方法。

6.5.1 已知夹值长度档差推板

6.5.1.1 推板要求

在一些外单的尺寸表中，推放袖窿弧线时，有时只提供肩点1到腋下点2的直线距离档差，同时还要满足胸围档差，见图6.5.1。手工操作就是针对这两点的推放量进行反复调整，以达到要求。

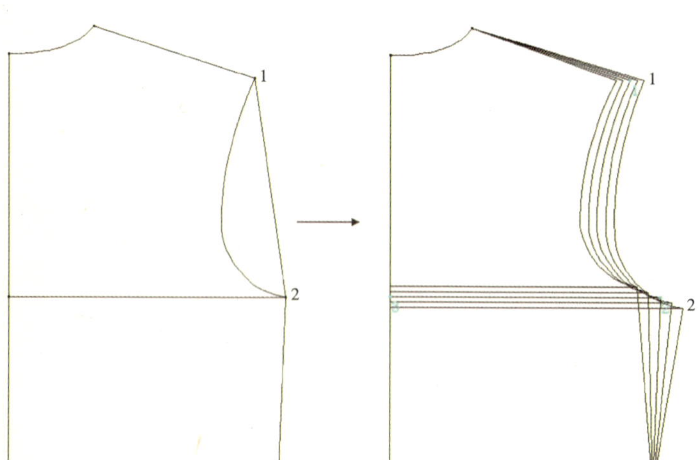

图6.5.1 已知夹值长度档差推板

6.5.1.2 操作方法

此例中，夹值档差（肩点1到腋下点2的直线距离）0.5厘米，胸围档差4厘米。

1. 选择放码工具

【长度控制点】工具。

选择控制方式或选择放码点：选择第一个图标【两点间垂直】；指示放码点：框选点2；指示要素起点：单击袖窿弧线，选择点1；输入水平距离或要素长度差：在【水平距离】上输入1，这是满足1/4胸围档差；在【长度】上输入0.5，这是满足夹值档差，单击【确定】。

如图6.5.2所示。

2. 展开

（1）【移动参照点】工具，选择【单Y参照方式】。

选择放码点：框选点3；选择参照点：框选点2。

（2）【单x方向移动】工具，推放肩点。输入放码量：0.6，这是满足肩宽的档差。

（3）【展开】工具，展开衣片，即满足了规定要求，见图6.5.3。

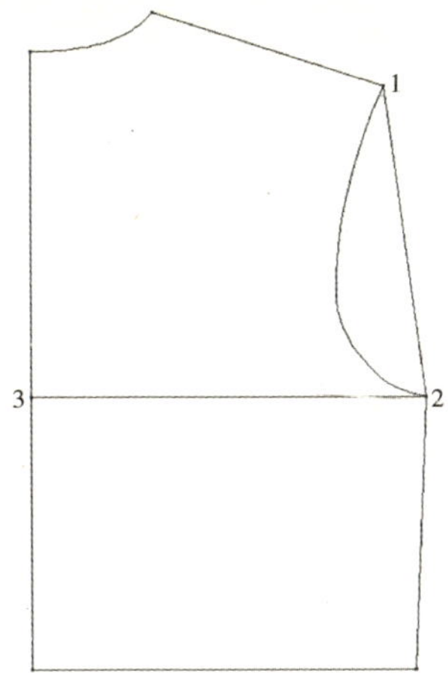

图6.5.2 选择放码工具

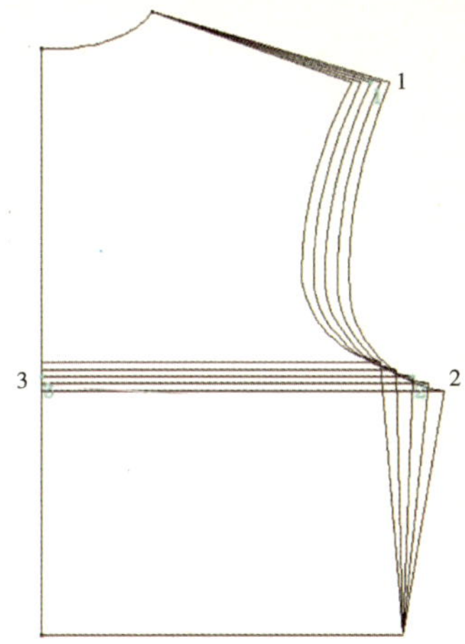

图6.5.3 展开

3. 检查推板结果

（1）【检查】/【要素长度】工具。

指示要素：胸围线，在下方的列表中可以看到各号的长度差为1厘米。

（2）【检查】/【两点距离】工具。

指示两点：指示肩点1和腋下点2，在下方的列表中可以看到各号的长度差为0.5厘米，符合规定的要求。

6.5.2 已知袖窿弧线档差推板

6.5.2.1 推板要求

在一些外单的尺寸表中，有时只提供袖窿弧长档差及胸围档差。在手工推板中，必须反复凑数，反复修改。

6.5.2.2 操作方法

此例中，弧长档差0.8厘米，胸围档差4厘米。

1. 选择放码工具

选择【长度控制点】工具。

选择控制方式或选择放码点：选择第三个图标【要素垂直】；指示放码点：框选点2；指示要素起点：单击袖窿弧线，选择点1；输入水平距离或要素长度差：在【水平距离】上输入1，这是满足1/4胸围档差；在【长度】上输入0.8，这是满足袖窿弧长档差，单击【确定】。

如图6.5.4所示。

2. 展开

（1）【移动参照点】工具，选择【单Y参照方式】。

选择放码点：框选点3，选择参照点：框选点2。

（2）【单x方向移动】工具，推放肩点。输入放码量：0.6，这是满足肩宽的档差。

（3）【展开】工具，展开衣片，即满足了规定要求，见图6.5.5。

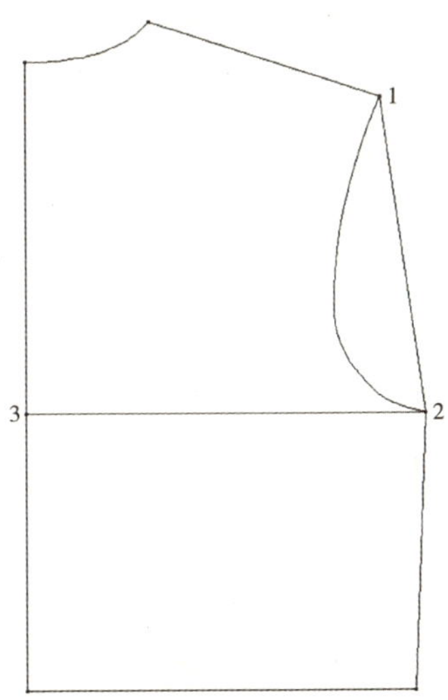

图6.5.4 选择放码工具

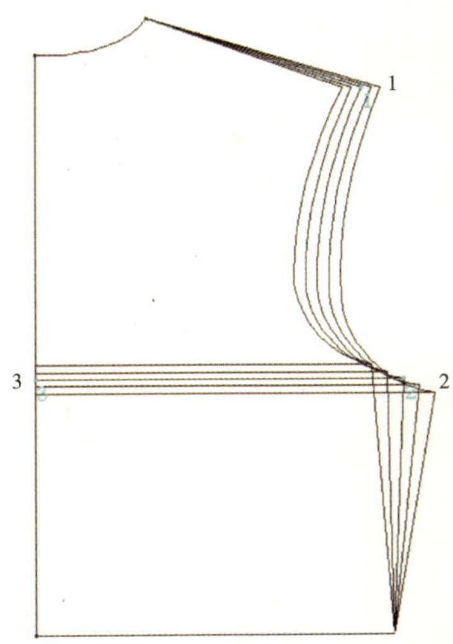

图6.5.5 展开

3. 检查推板结果

【检查】/【要素长度】工具。

（1）指示要素：胸围线，在下方的列表中可以看到各号的长度差为1厘米；

（2）指示要素：袖窿弧线，在下方的列表中可以看到各号的长度差为0.8厘米，符合规定的要求。

6.5.3 口袋与分割线平行

6.5.3.1 推板要求

口袋档差0.5，要求口袋与分割线平行，见图6.5.6。

6.5.3.2 操作方法

1. 做辅助线

【垂线】工具，做口袋推板的辅助线。指示基准要素：分割线①；输入垂线长度（0=向直线做垂线）：输入0，回车；指示通过点：A点；完成辅助线②。同样方法，完成辅助线③，见图6.5.7。

2. 口袋推板

（1）【两点间比例移动点】工具。

指示放码点：框选点3，右键确认；指示端点1：点1；指示端点2：点2。

（2）【要素上移动点】工具。

指示放码点：框选点4，右键确认；指示要素起点：点3；指示要素终点：点4；输入长度放码量：0.5，确定。

（3）【移动参照点】工具。

1）选择参照方式：【同x同y】；指示放码点：框选点5、点6，右键确认；指示参照点：点3；

2）选择参照方式：【同x同y】；指示放码点：框选点7、点8，右键确认；指示参照点：点4。

（4）【展开】工具，展开衣片，删除辅助线，即满足了规定要求，以上见图6.5.8。

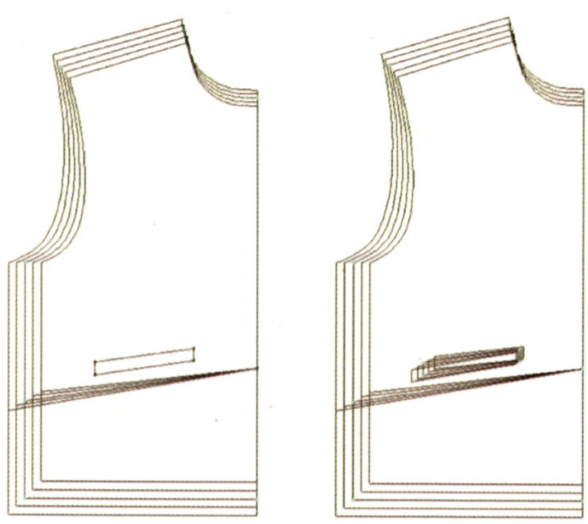

图6.5.6 口袋与分割线平行推板

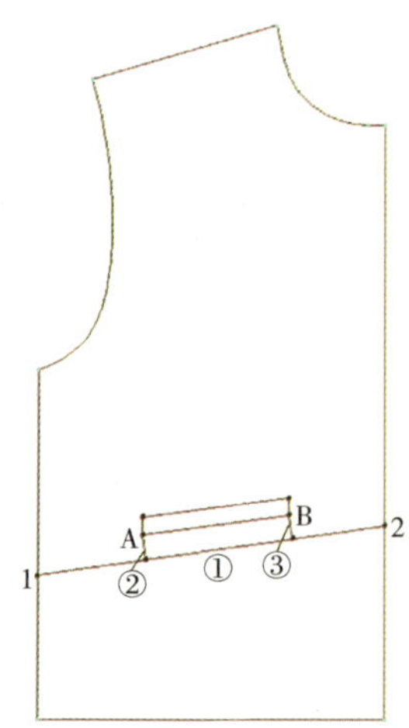

图6.5.7 做辅助线

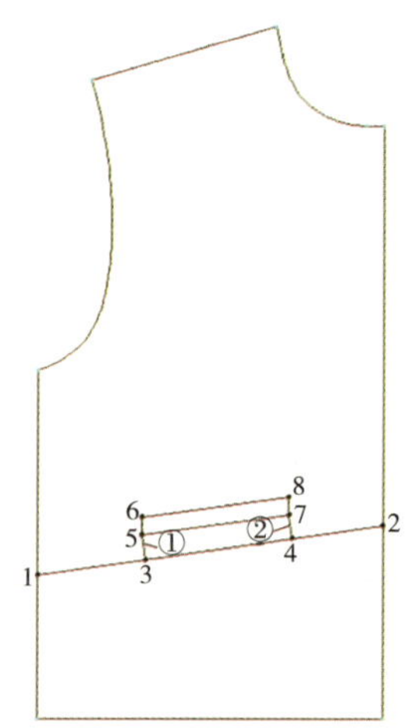

图6.5.8 口袋推板

3. 检查推板结果

【检查】/【要素长度】工具。

指示要素：兜口线，在下方的列表中可以看到各号的长度差为 0.5 厘米；符合规定的要求。

6.5.4 扣子和扣眼推板

6.5.4.1 推板要求

最后一粒扣距底摆的档差 0.8，其余扣位按比例推放，见图 6.5.9。

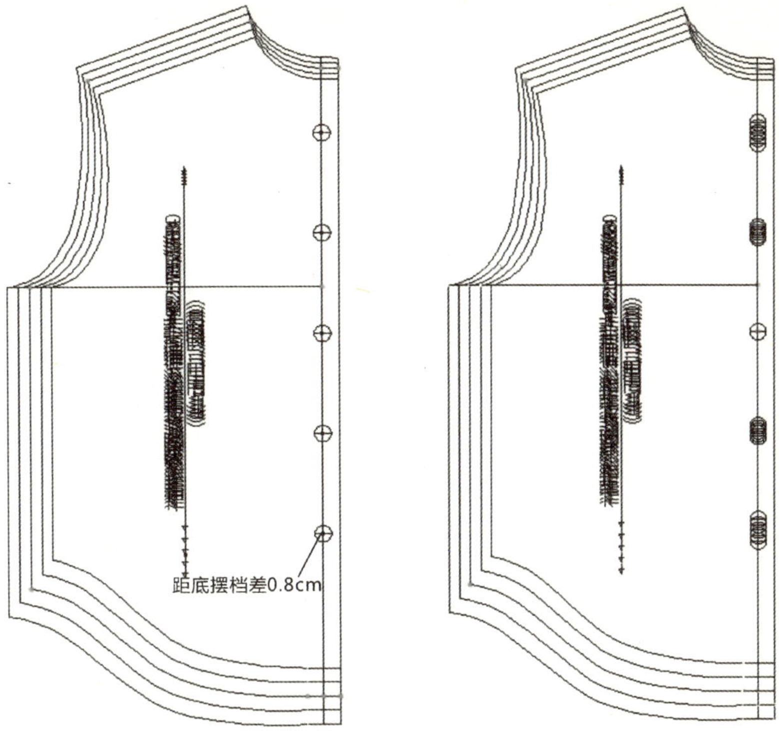

图 6.5.9 扣子推板

6.5.4.2 推板方法

1. 扣子推板

（1）【相对移动点】工具，推放最后一粒扣。

指示放码点：点 1，右键确认；指示对应点：点 A；输入放码量：在纵偏移中输入 0.8。

（2）【单 Y 方向移动点】工具，推放第一粒扣。

指示放码点：点 2，右键确认；输入放码量：0.5。

（3）【两点间比例移动点】工具，推放其他各扣位。

指示放码点：点 3、点 4、点 5，右键；指示端点 1：点 1；指示端点 2：点 2。

（4）【展开】工具，展开衣片，即满足了规定要求。

（5）【检查】/【两点距离】工具。

1）指示两点：点 A 和点 1，在下方的列表中可以看到各号差值为 0.8，符合规定要求。

2）指示两点：点 2 和点 3，在下方的列表中可以看到点 2 到点 3 的距离和点 5 到点 1 的距离相等，推放后满足等距扣眼的要求。

如图 6.5.10 所示。

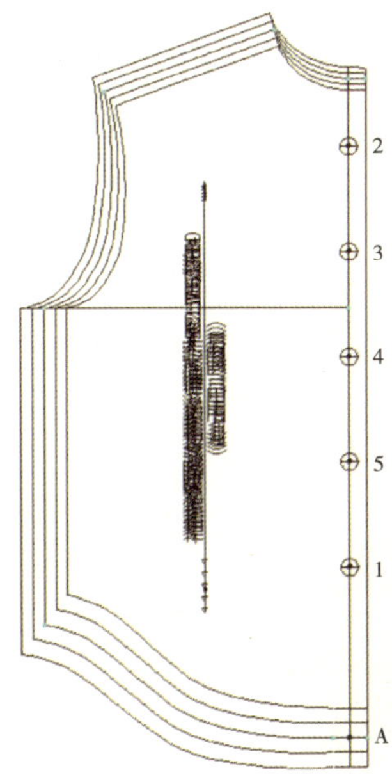

图 6.5.10 扣子推板

2. 扣眼推板

扣眼推板的方法和扣子推板相同，这里从略。

6.6 规则复制法放码实例——NacPro 服装 CAD 系统

在应用点放码的过程中，往往要对每一个放码点输入放码数据，对于一套服装的所有样板，要输入的数据量大，增加了出错的概率。如果能利用电脑存储记忆功能把放码规则储存，在进行类似款式的放码操作时就可以调用以前存储的放码规则文件，放码规则文件可重复使用，达到规范和简化放码操作的目的。

规则复制法就是对于类似款式和相同尺码规格的服装，把已推放的板型，将其规则文件复制到所需推放的纸样文件中进行推放的方法。对于一个服装企业和一个打板师来说，将自己的放码数据按照一定的款式进行分类并存储为放码数据库，在以后的放码过程中就可以用已建立起来的类似款式的放码数据库较快速和准确的进行放码，减少了重复操作，提高了推放效率和操作质量。

规则复制法有以下几种方式。

6.6.1 点规则复制法

日升 NacPro 提供了 8 种参照方式，见图 6.6.1，将已知放码点的规则复制到当前放码点上。此例在点放码实例中已有介绍，这里不再赘述。

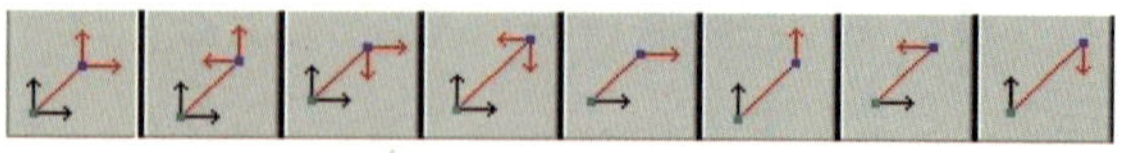

图 6.6.1 NacPro8 种移动参照点方式

6.6.2 片规则复制法

片规则复制是将衣片的放码规则拷贝到另一个形状类似的衣片上。

6.6.2.1 日升 NacPro 的规则表推板——筒裙放码

NacPro 的规则表推板就是将某个衣片的放码规则复制到一个相似的衣片上。筒裙和斜裙款式类似、放码规则类似，可以应用规则表推板。

操作流程如下：建立规则表→对应规则表中的放码部位和当前放码点→有变化的部位单独推放→展开。

1. 制定规则表

【编辑】/【修改规则表】命令，制定和修改规则点库。

（1）在“规则名”栏中填写各部位名称。

（2）在“档差“栏中分别填写各部位 X 和 Y 方向的档差。

（3）点击【档差】按钮（特殊号型的档差单独修改），规则表中的所有号型档差全部生成。

（4）点击【保存】按钮保存到合适的位置，然后点击【确定】，以上见图 6.6.2。

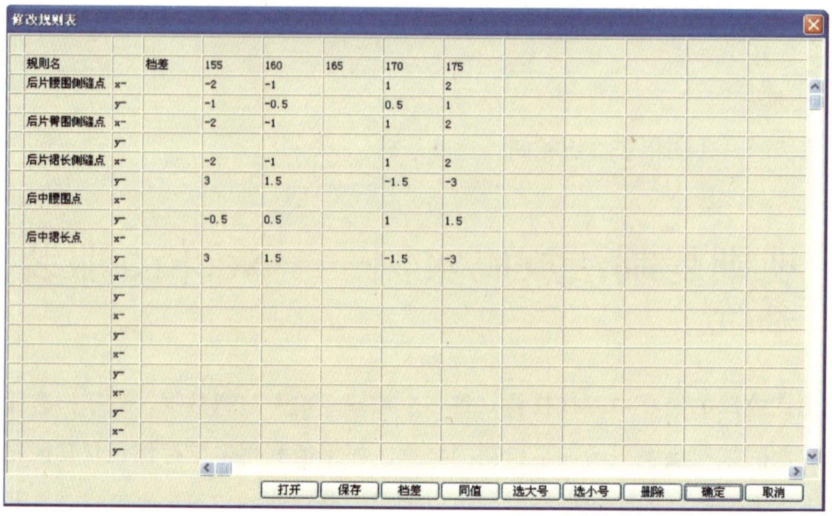

规则名		档差	155	160	165	170	175
后片腰围侧缝点	x-		-2	-1		1	2
	y-		-1	-0.5		0.5	1
后片臀围侧缝点	x-		-2	-1		1	2
	y-						
后片裙长侧缝点	x-		-2	-1		1	2
	y-		3	1.5		-1.5	-3
后中腰围点	x-						
	y-		-0.5	0.5		1	1.5
后中裙长点	x-						
	y-		3	1.5		-1.5	-3

图 6.6.2 制定规则表

2. 规则参照并展开

（1）打开要放码的文件——西服裙，选择【规则参照点】工具，打开系统规则表。

1）在系统规则表中选中序号 1，再框选点 1，右键确认。

2）在系统规则表中选中序号 2，再框选点 2，右键确认。

3）在系统规则表中选中序号 3，再框选点 3，右键确认。

4）在系统规则表中选中序号 4，再框选点 4，右键确认。

5）在系统规则表中选中序号 5，再框选点 5，右键确认。

（2）【展开】工具，展开裙片，见图 6.6.3。

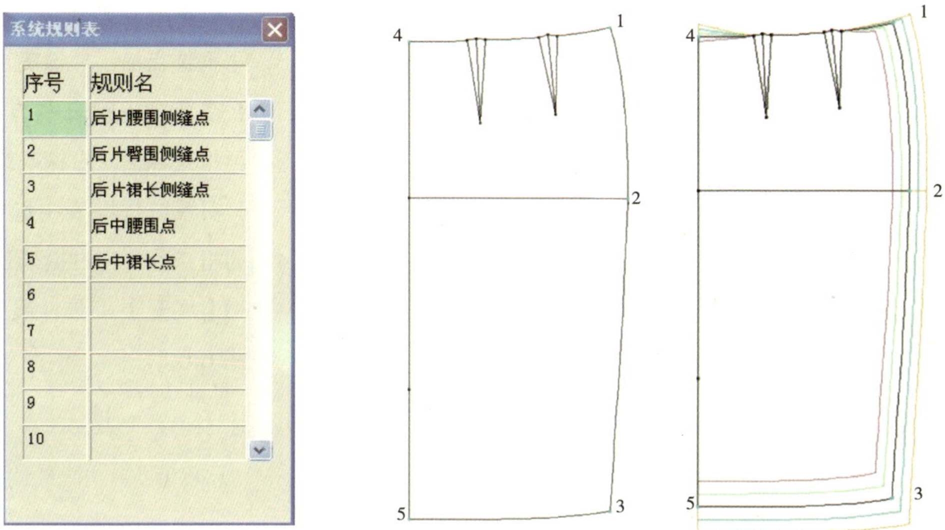
系统规则表

序号	规则名
1	后片腰围侧缝点
2	后片臀围侧缝点
3	后片裙长侧缝点
4	后中腰围点
5	后中裙长点
6	
7	
8	
9	
10	

图 6.6.3　规则参照并展开

3. 腰省放码

省整体位置按照腰围线的变化按比例移动，省长的档差为 0.5 厘米。

（1）【两点间比例移动点】工具。

指示放码点：框选点 6 和点 7，右键确认；指示端点 1：点 4；指示端点 2：点 1。

（2）【移动参照点】工具。

1）选择参照方式：【同 x 同 y】；指示放码点：一起框选点 8 和点 9，右键确认；指示参照点：点 6。

2）选择参照方式：【同 x 同 y】；指示放码点：一起框选点 10 和点 11，右键确认；指示参照点：点 7。

（3）【要素延长点】工具。

1）选择平行方式：选择第三个图标【要素方向】；指示放码点：框选点 12，右键确认；指示要素起点：点 6 ；输入延长量：0.5；单击【确认】键。

2）选择平行方式：选择第三个图标【要素方向】；指示放码点：框选点 13，右键确认，指示要素起点：点 7；输入延长量：0.5；单击【确认】键，以上见图 6.6.4。

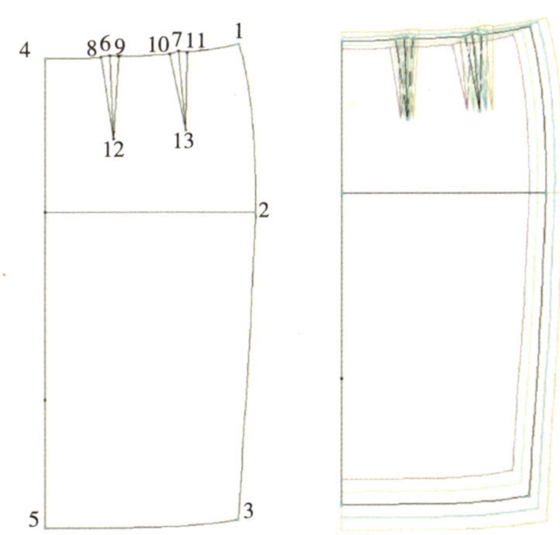

图 6.6.4　腰省放码

6.6.2.2 日升 NacPro 的规则表推板——斜裙放码

斜裙和西服裙款式相似，放码规则相似，可以使用同一个规则表，提高放码效率。

(1)【编辑】/【修改规则表】，可以修改有变动的档差。

(2) 打开要放码的文件——斜裙，选择【规则参照点】工具，打开系统参照表。

1) 在系统规则表中选中序号 1，再框选点 1，右键确认。

2) 在系统规则表中选中序号 3，再框选点 2，右键确认。

3) 在系统规则表中选中序号 5，再框选点 3，右键确认。

4) 在系统规则表中选中序号 4，再框选点 4，右键确认。

(3)【展开】工具，展开裙片，见图 6.6.5。

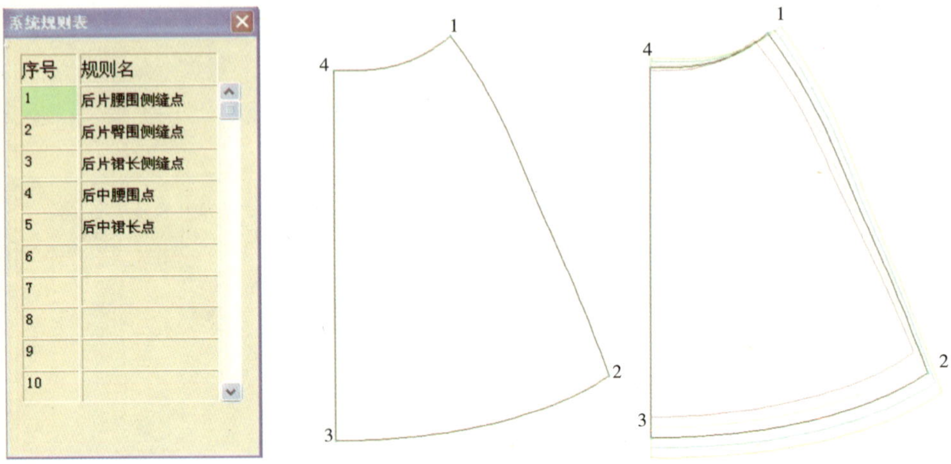

图 6.6.5　斜裙放码

6.6.3　文件间规则复制法

文件间规则复制法是将整个文件的放码规则复制到当前文件，文件中可以包括多个衣片。这种方法将推板时间缩短的更多。

1. 参照放码

(1) 打开要推板的文件——裤裙。

(2) 单击【检查】/【打开参照窗口】，弹出【放码参照】对话框，选择下方的【打开文件】，调出已经推过板的文件作为参照文件。

(3) 在【放码参照】窗口下方选择匹配的参照方式，则放码规则复制到当前文件中，见图 6.6.6。

[技巧] 参照方式有两组工具，一组是用切开线推板方式的参照工具，包括：切开线自动、切开线按片，切开线手动；一组是用点放码推板方式的参照工具，包括放码点自动、放码点按片、放码点手动。只有当参照文件和当前文件的布片名称完全一致时才可以应用切开线自动或放码点自动，这两个工具是完全自动参照；当参

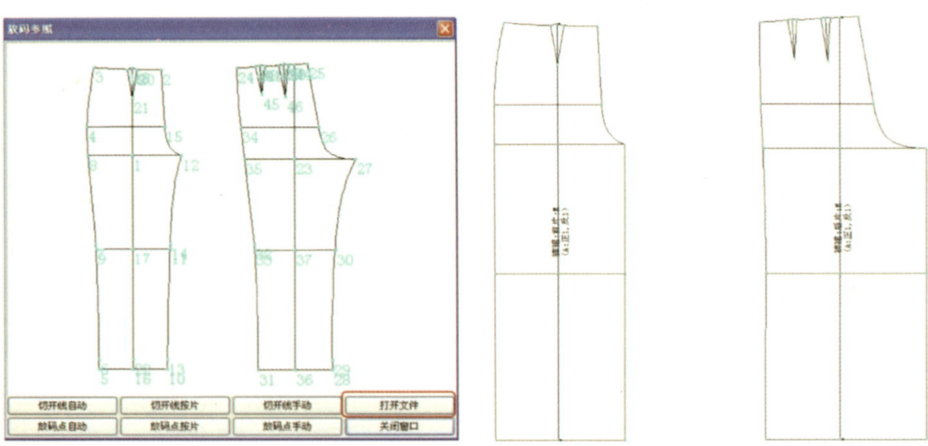

图 6.6.6　参照放码

照文件和当前文件的布片名称不同，但是放码规则相同时，可以应用切开线手动或放码点手动，依次选择点进行参照。

2. 展开

单击【展开】，裤子前片、后片推放好，放码规则和参照文件完全相同，见图6.6.7。

图 6.6.7 展开

6.7 女休闲上衣放码实例——富怡服装 CAD 系统

训练目的：通过此例掌握富怡服装 CAD 放码的操作流程，基本工具的使用方法。

6.7.1 款式图（见图 6.7.1）

图 6.7.1 女休闲上衣款式图

6.7.2 档差（见表 6.7.1）

表 6.7.1　休闲衬衫规格及推板档差表　号型：160/84A

部　位	衣　长	胸　围	肩　宽	袖　长	袖　口
档差（厘米）	2	4	1	1.5	1

6.7.3 放码规则

1. 后片（见表6.7.2）

表6.7.2 后片

放码点	档差分配 x	档差分配 y	图示
1	0.2	0.7	
2	0.5	保持肩线水平	
3	1		
4	1	1.3	
5		1.3	
6		0.65	

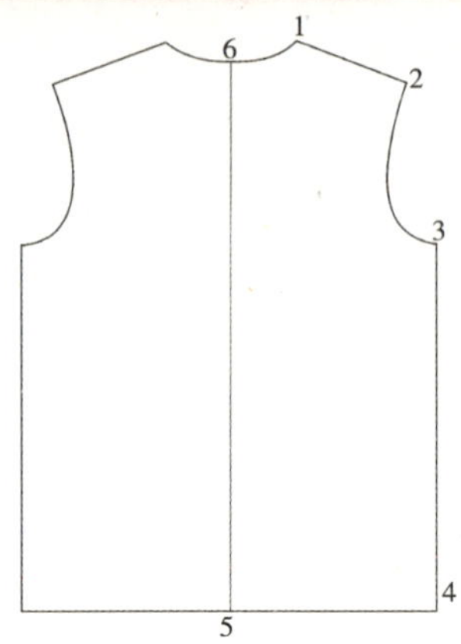

2. 前片（见表6.7.3）

表6.7.3 前片

放码点	档差分配 x	档差分配 Y	图示
7		0.5	
8	0.2	0.7	
9	0.5	保持肩线水平	
10	1		
11	1	1.3	
12		1.3	

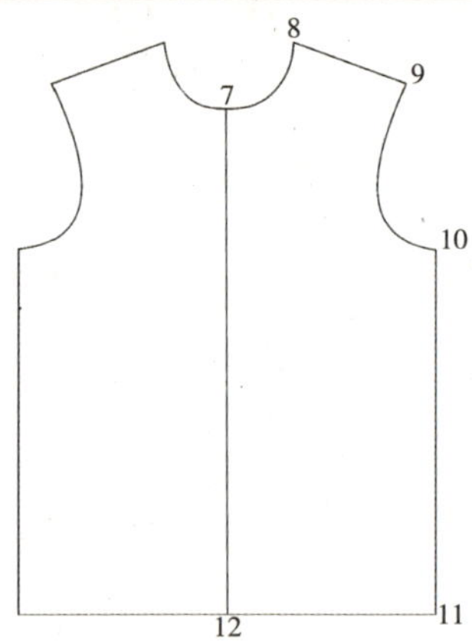

3. 袖子（见表6.7.4）

表6.7.4 袖子

放码点	档差分配 x	档差分配 y	图示
13		0.5	
14	0.7		
15	0.5	1	
16		1	
17	−0.5	1	
18–27	随15–17点放码比例移动		
28	−0.7		

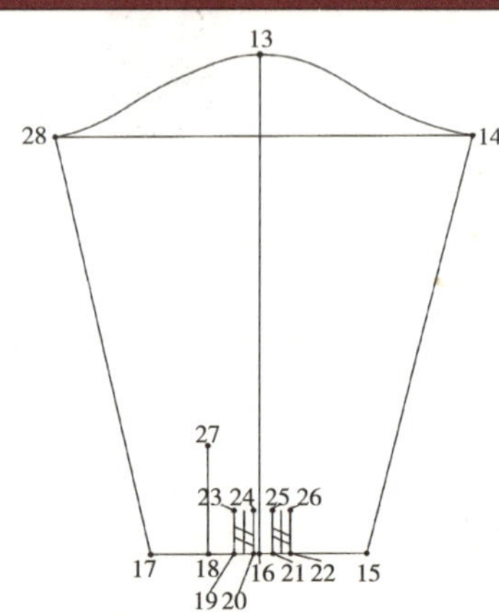

4. 领子、贴袋（见表 6.7.5）

表 6.7.5 领子与贴袋

放码点	档差分配		图示
	x	Y	
29	0.25		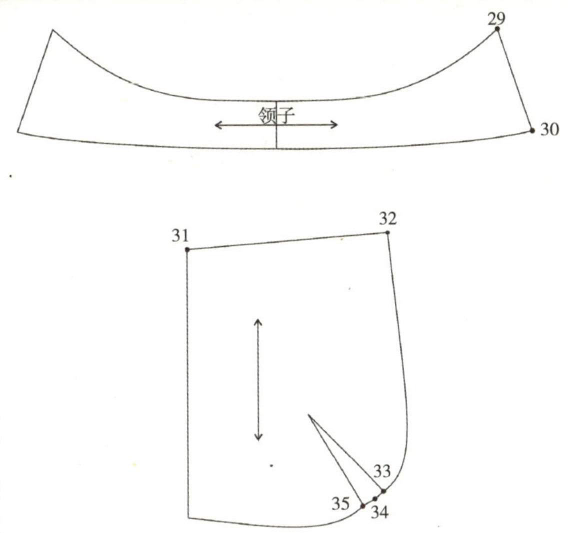
30	0.25		
31		0.6	
32	0.5	0.6	
33–35	0.5		

5. 小部件（见表 6.7.6）

表 6.7.6 小部件

放码点	档差分配		图示
	x	y	
36–39		0.5	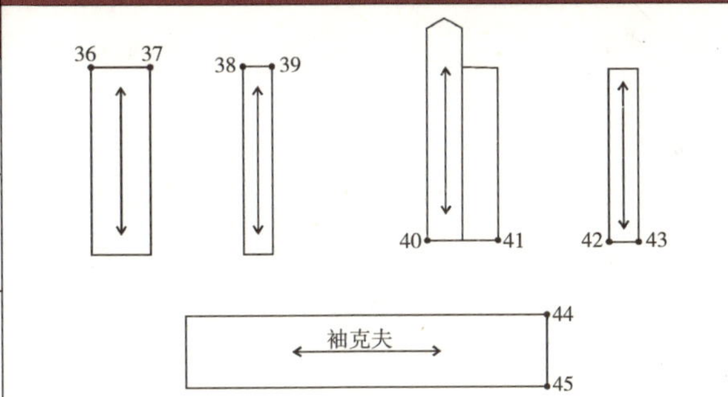
40–43		0.5	
44–45	0.5		

6.7.4 操作方法

1. 编辑号型规格表

单击【号型】/【号型编辑】，弹出【设置号型规格表】对话框。在最后一行上单击，会自动附加行，在最后一列上单击，会自动附加列。在第一列中输入款式的部位名称，如：衣长，胸围等；在第一行中输入号型名，如 S、M、L 等；在号型后面的“颜色框”上可设置各码的显示色；在“基码”中输入实际尺寸，然后在“档差栏” 2 cm 内输入此部位的档差，单击 组内档差 按钮，则各号型的实际尺寸生成，见图 6.7.2。

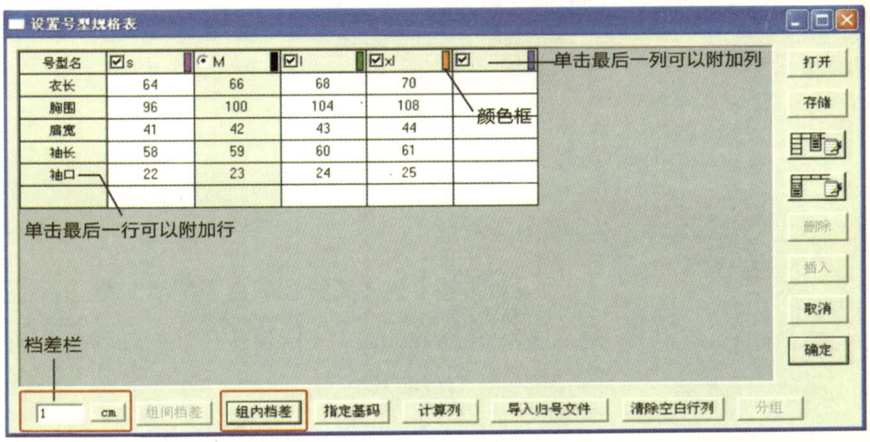

图 6.7.2 编辑号型规格表

2. 放码准备

（1）单击快捷工具栏中的【显示 / 隐藏结构线】工具，隐藏结构线，只显示做成的纸样。

（2）选择【水平垂直翻转】工具，【shift】键切换成【垂直翻转】功能，把前片垂直翻转，变成和后片相同方向，方便放码操作，见图 6.7.3（a）。

（3）单击 F7 键，关掉缝边，只显示净样。

（4）单击快捷工具栏中的【点放码表】工具，弹出【点放码表】，选中“自动判断放码量正负”按钮，见图 6.7.3（b）。

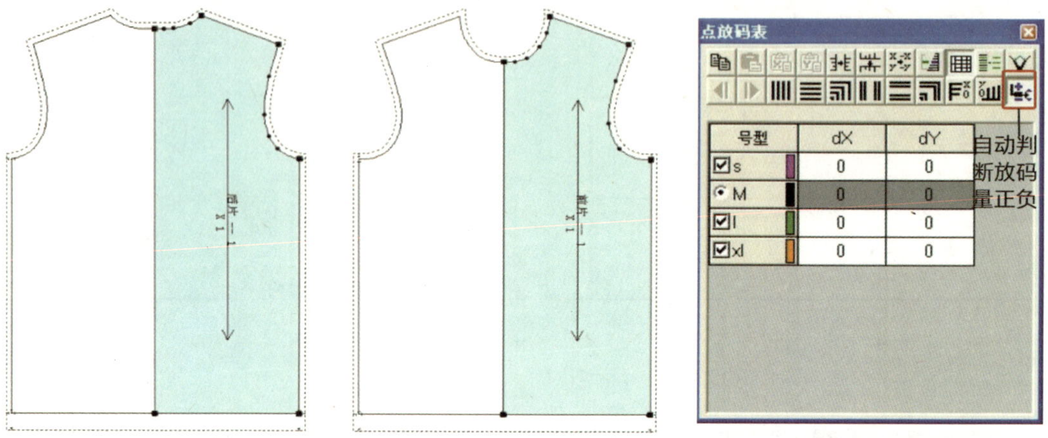

（a）　　　　　　（b）

图 6.7.3　放码准备

3. 前后片放码

（1）【选择纸样控制点】工具，框选放码量相同的放码点：前后片底摆放码点 5、点 4、点 12、点 11，选中的放码点变红显示。在点放码表的 DY 中除基码外的任何一个码中输入放码量 1.3，单击【Y 相等】，屏幕上显示出该点的放码状态，见图 6.7.4。

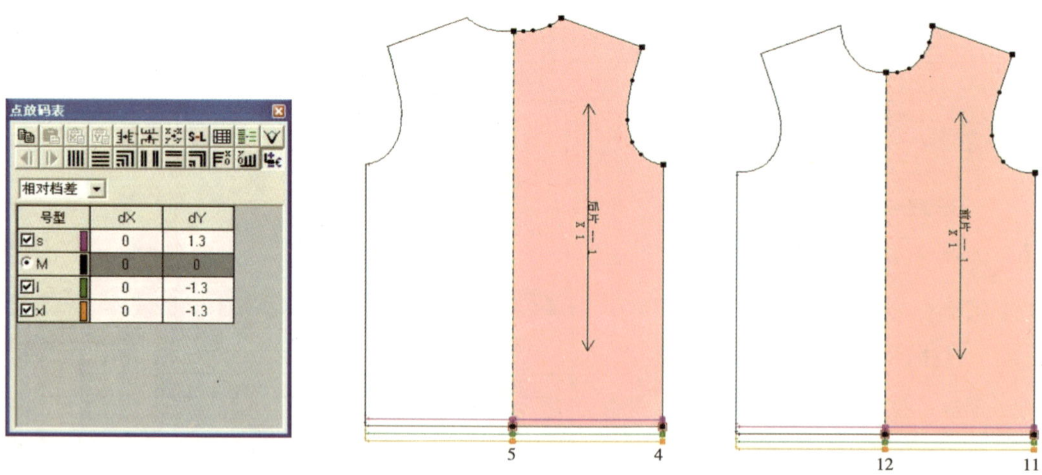

图 6.7.4　放码状态（一）

（2）【选择纸样控制点】工具，框选前后片的侧缝线上的放码点 3、点 4、点 10、点 11，在点放码表 DX 中除基码外的任何一个码中输入 1，单击【X 相等】，屏幕上显示出该点的放码状态，见图 6.7.5。

（3）【选择纸样控制点】工具，按住【ctrl】键连续点选前后片肩点 2、点 9，在点放码表 DX 中除基码外的任何一个码中输入 0.5，DY 中输入 0.7，单击【XY 相等】，屏幕上显示出该点的放码状态，见图 6.7.6。

［**技巧**］用选择和修改工具，在放码点上框选或按住【ctrl】键连续选取有相同放码量的放码点，可以同时放码。

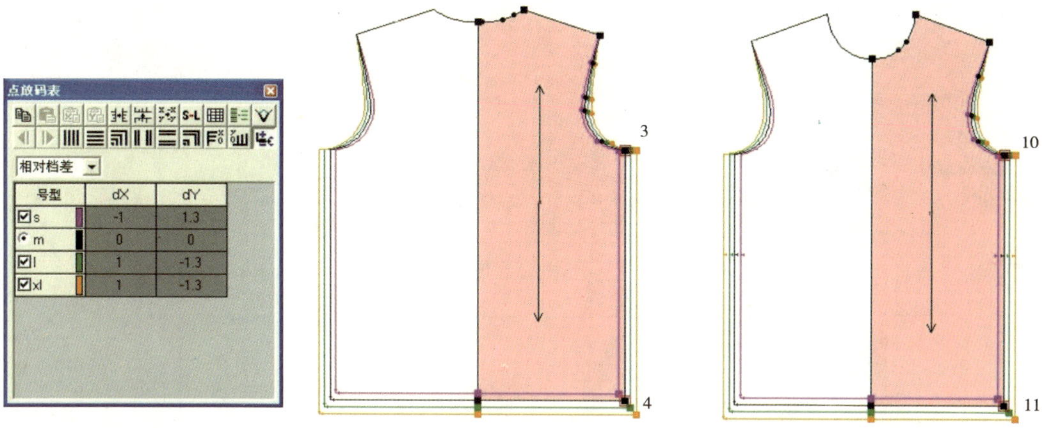

图 6.7.5　放码状态（二）

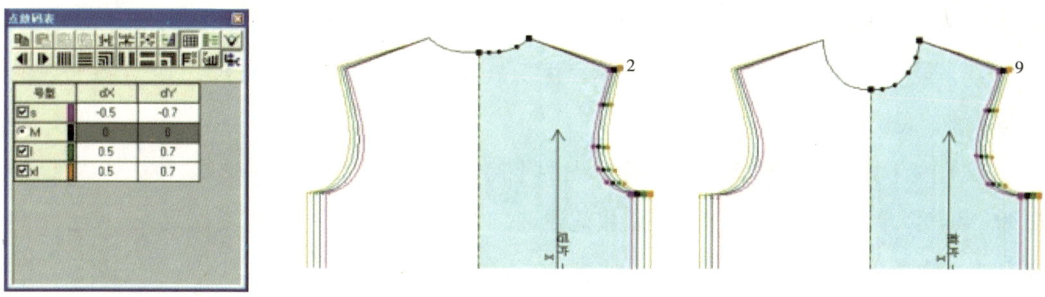

图 6.7.6　放码状态（三）

如果放码要求各码肩线平行，可以选择【肩斜线放码】工具，单击布纹线，再单击肩点，在弹出的【肩斜线放码】对话框中，选择“与前放码点平行”，单击【确定】，则肩线改成各码水平，见图 6.7.7。

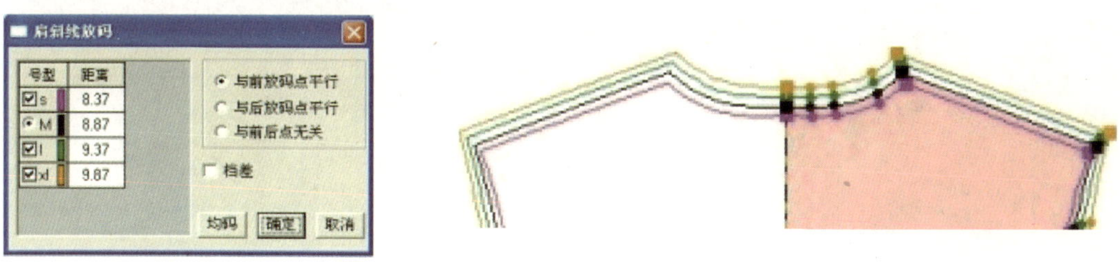

图 6.7.7　放码状态（四）

（4）【选择纸样控制点】工具，按住【ctrl】键连续点选前后片颈侧点 1、8，在点放码表 DX 中除基码外的任何一个码中输入 0.2，DY 中输入 0.7，单击【XY 相等】，屏幕上显示出该点的放码状态，见图 6.7.8。

（5）【选择纸样控制点】工具，点选后领深点 6，在点放码表 DY 中除基码外的任何一个码中输入 0.65，单击【Y 相等】，屏幕上显示出该点的放码状态，见图 6.7.9。

（6）【选择纸样控制点】工具，点选前领深点 7，在点放码表 DY 中除基码外的任何一个码中输入 0.5，单击【Y 相等】，屏幕上显示出该点的放码状态，见图 6.7.10。

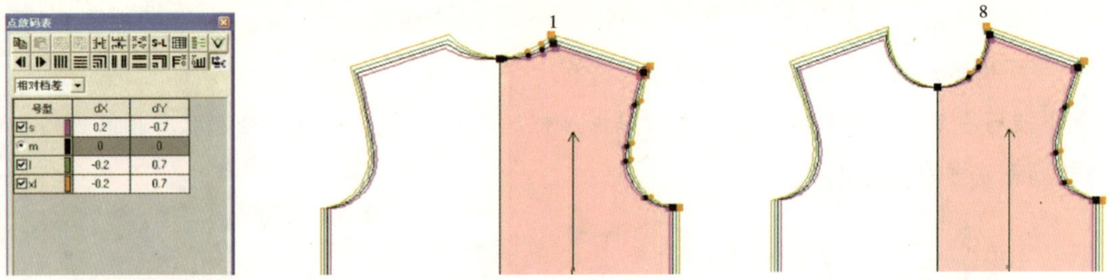

图 6.7.8 放码状态（五）

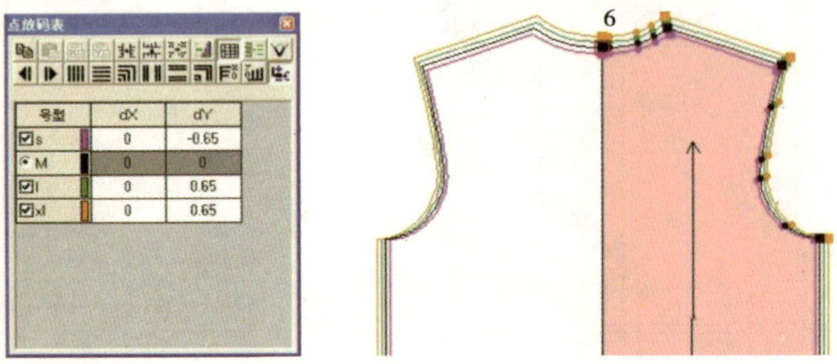

图 6.7.9 放码状态（六）

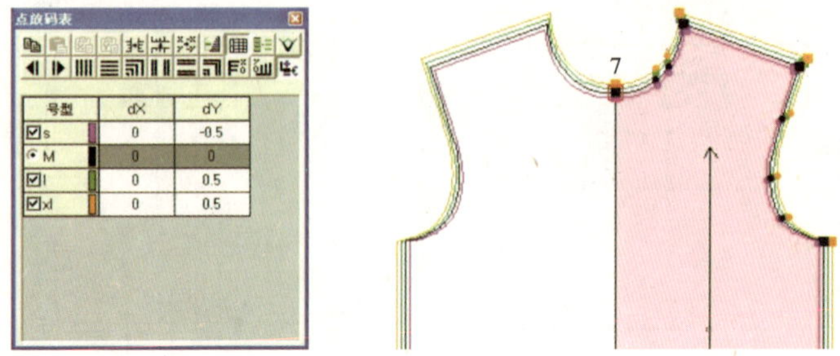

图 6.7.10 放码状态

4. 袖子放码

（1）同样操作，【选择纸样控制点】工具，按所给放码量完成 13、14、15 号点的放码操作，见图 6.7.11。

（2）【拷贝放码量】工具，在弹出的【拷贝放码量】对话框中选择“X→-X”，单击 15 点，再单击 17 点，则把 15 点放码量 X 方向取反，Y 方向相同复制到 17 点上。同样方法，单击 14 点，再单击 28 点，完成 28 点的放码，见图 6.7.12。

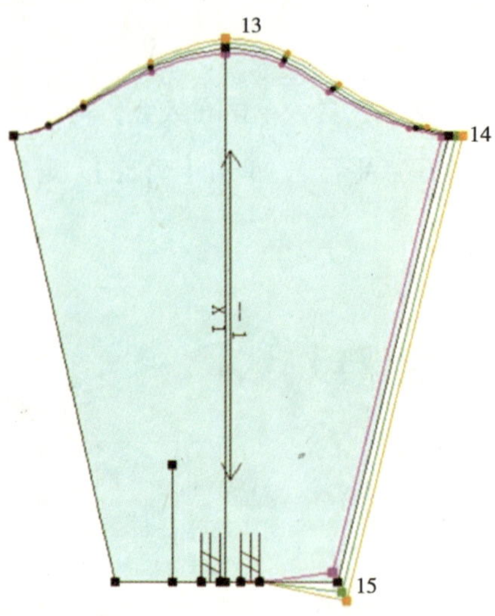

6.7.11 袖子放码（一）

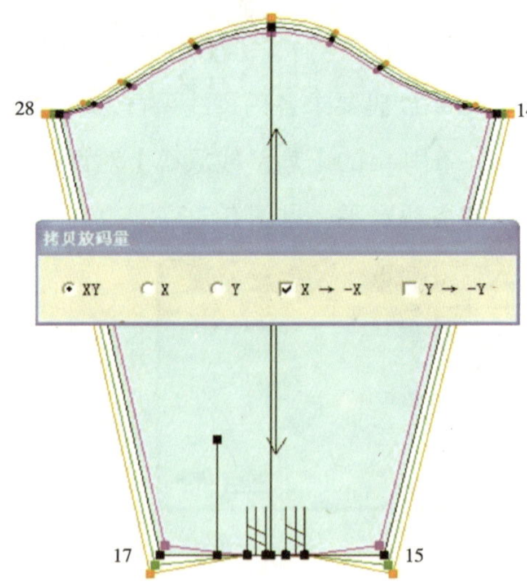

6.7.12 袖子放码（二）

（3）【选择纸样控制点】工具，框选放码量相同的袖口线上的所有控制点 15 ~ 点 22，在点放码表 DY 中除基码外的任何一个码中输入 1，单击【Y 相等】，系统自动给各点加上放码量，见图 6.7.13。

（4）【点随线放码】工具，分别单击袖口两端点 17、点 15，再框选袖开衩、袖口褶部分所有放码点 16、点 18 ~ 27，则此部分的放码点及辅助线随袖口的缩放比例一起放码，见图 6.7.14。

（5）【选择纸样控制点】工具，框选点27，在点放码表DY中除基码外的任何一个码中输入0.5，单击【Y相等】，系统自动给袖开衩加上Y方向放码量，见图6.7.14。

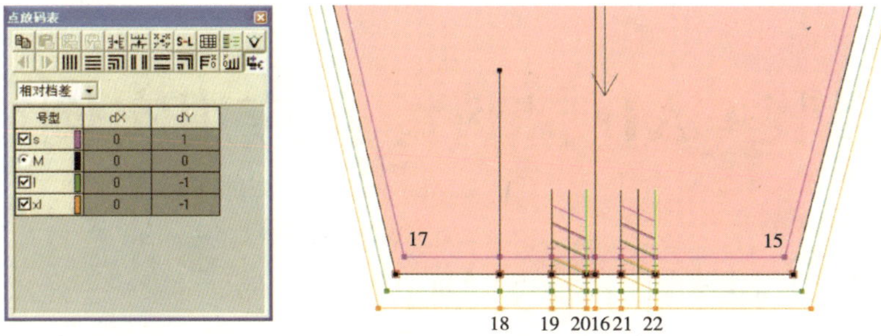

图6.7.13 袖子放码（三）

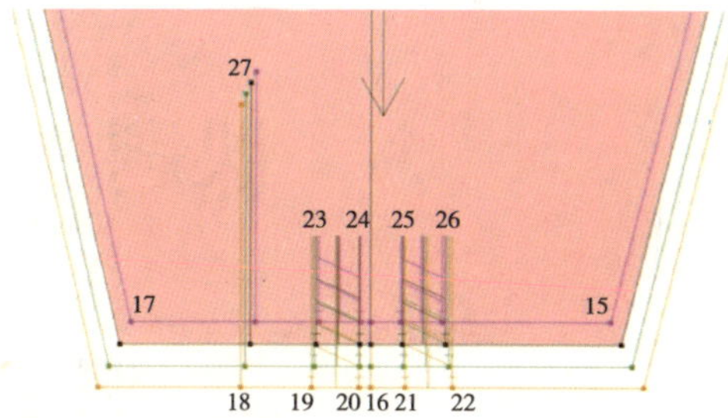

图6.7.14 袖子放码（四）

5. 领、小部件放码

按照所给放码规则，继续完成领片、贴袋、袖克夫、大小袖开衩、门襟、里襟等小部件的放码，见图6.7.15。

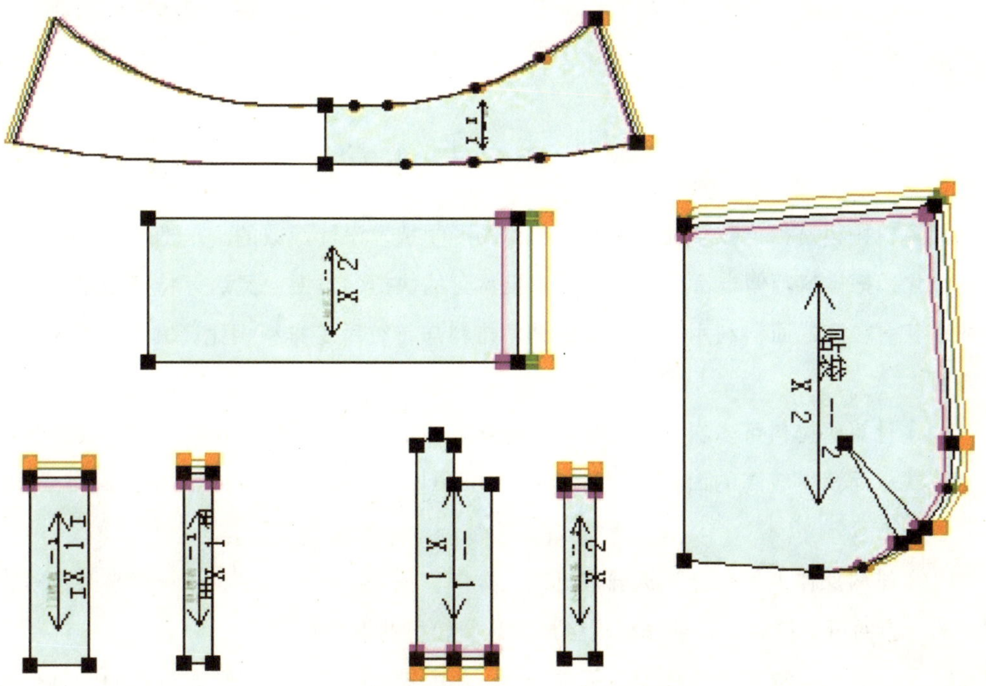

图6.7.15 领、小部件放码

课题 7 服装 CAD 排料综合应用实例

7.1 服装 CAD 排料的相关知识

服装生产中，面料利用率的高低直接影响服装生产的成本。如何提高面料利用率是服装生产中一个重要而实际的问题。排料也称排板、套料，是在满足成衣外观特点、裁片规格质量及生产工艺等要求的前提下，将服装各规格的所有衣片样板在指定的面料幅宽内进行合理的排列，排出用料所需的最短长度，使面料的利用率达到最高，以降低产品成本，同时给铺料裁剪等工序提供可行的依据。如何摆放服装衣片最合理，最能节省面料，是排料要解决的问题。

7.1.1 计算机辅助服装排料的优势

计算机排料是根据数学优化原理，利用图形学技术设计而成的。是把传统的排料作业计算机化，把排料师傅丰富的经验和计算机具有的快捷、方便、灵活等特征结合起来，从而快速获得较高的面料利用率。计算机辅助排料与传统手工排料相比，其优势在于以下 4 个方面。

（1）计算机排料可多次试排并精确的计算各种排料图的面料利用率，以寻找最佳衣片组合方式从而获得较高的面料利用率。同时由于计算机高度的精确性，不会漏排或重排，降低了差错率。

（2）排料操作人员在计算机屏幕上进行排料，一方面可减轻手工排料时来回走动的劳累；另一方面可通过换屏等操作纵观全局以进行较好的衣片布局。

（3）计算机排料可大大减小手工排料时占用的较大厂房面积，同时排料的信息有助于用来进行各方面的管理，如估料成本核算等。

（4）计算机排料信息可传输给自动裁床直接用机器代替人工裁剪。

7.1.2 计算机辅助服装排料的要求

服装排料问题就是寻找平面最优布局的优化问题，即把用同匹面料制作的服装衣片合理地排放在面料中，使面料的利用率最高，并满足下列要求。

（1）所有衣片在面料之内。

（2）面料上的所有衣片互不重叠（有时为节省面料可以允许衣片的某些部位有一定的重叠）。

（3）衣片排列时，考虑服装工艺的要求（如衣片的丝络方向、倒顺毛、对条对格以及花纹图案的完整性等）。

7.1.3 计算机辅助服装排料的基本原则

（1）经济性原则，在裁剪时节约用料是排料的基本目的之一。

（2）工艺性原则，无论如何省料，都不能违背排料的工艺性要求。衣片的丝络必须严格按照设计要求进行排列，不可为省料而随意更改。

（3）设计性原则，在实际生产中，有时板型稍作修改，可以节省一些面料，而不会对设计效果造成影响，这时排料技术人员就需要及时向上级技术部门反映，以综合考虑造型效果、成本和利润等问题。

7.1.4 计算机辅助服装排料的技巧

1. 先长后短

服装排料时面料的宽度是一定的，企业寻求最高的面料利用率，最直观的就是使面料的长度最短，由于长的衣片比短的衣片对面料长度的影响大，所以排料时一般采用先长片后短片。

2. 先大后小

大片之间容易产生一些空隙，先排大片后排小片，这样可以利用大片中的空隙来放置小片，即使部分小片无法在空隙中排下，需直接排，那么小片对面料长度的影响也比大片的影响小。

3. 先主后次

先排暴露在外面的袋面、领面等，然后再排次要的裁片。外面的袋面、领面若无特殊的设计要求，一般都是整块不允许拼接，而挂面、领里、腰头、袋布等部件的衣片通常可采用拼接的方法以节省面料。

4. 对称排料

组成服装的衣片基本上是对称的，如上装的前片、后片、袖片。在制作样板时，这些对称衣片通常只绘出一片样板。排料时，要将样板正、反各排一次，确保裁出的衣片为一左一右对称，并尽量避免漏排。

5. 精密排料

衣片与衣片之间要靠近划样，在不影响规格和裁割质量的情况下，有时可以两片合用一条划线（一般指直线部位），一刀裁开，这样可以省划和省割一条划线，提高排料和裁割面料的效率。

6. 紧密套排

排料时要利用最佳排列原理，根据衣料的形状，采取直对直、斜对斜、凸对凹，尽量减少衣片间的空隙，做到排列紧密。在各个裁片形状相吻合的情况下，利用一切可以利用的面料，如果两片样片不能紧密套排，不可避免的出现缝隙时，将具有凹状缺口的样片摆在一起，使缺口增大以摆下其他样片。对于外观没有影响的样片可以采用拼接的技术，以最大程度地节省面料，降低服装成本。

7.1.5 计算机辅助服装排料的方法

1. 交互式排料

交互式排料过程是先将所有待排衣片小样均显示在屏幕上，同时显示每个衣片的数量。可用鼠标取出要排的衣片，被取出的衣片可随光标移动，根据排料要求，对衣片进行平移、旋转、翻转等操作。还可以向所需方向进行滑动，计算机可以在该方向上自动寻找合适的位置，靠拢已经排定的衣片或面料的边缘。如果该衣片与已经排定的衣片有重叠发生，或者超出面料的边缘，计算机会发出警告。在排料过程中，随时可以报告用料长度、面料利用率、待排衣片的数目等。

在现有的排料系统中，交互式排料的功能比较完善，它可以充分利用人工排料的经验，事实上交互式排料的过程相当于人工排料，只是用显示屏代替了面料，使操作人员无需走动，坐在电脑前就可以完成排料图的工作。另外它还具有人工排料不能实现的功能和优越性，交互式排料具有自动靠紧、重叠报警、旋转、翻转等功能，而且由于计算机管理很方便，它不会像人工排料那样会出现多排、错排及漏排等现象，所以目前企业一般采用交互式排料制作排料图。

2. 自动排料

自动排料是由用户将服装衣片及面料信息提供给系统，由系统按照预先设定的数学计算方法自动地进行排料。按照这种方法进行的排料，每排一次将得出不同的排料结果，由于计算机运算速度快，所以排一次料所用的时间很短，这样就可以多排几次，从中选出比较好的排料结果，最后将排料图输出。自动排料可以用于估料，便于企业向客户报价和定购面料。一般自动排料率没有人工排料或交互式排料的排料率高，所以其排料图一般可用来估料、报价。自动排料还可以做到人休息而机器正常工作，比如排料操作人员在下班之前将排料作业提供给排料系统，让系统进行自动排料，待第二天上班时就可以直接取排料图。这样可以省去等待的时间，提高工作效率。

3. 自动排料与交互式排料相结合

首先进行自动排料，然后进行交互式调整。由于目前自动排料软件不太完善，如在工艺要求和利用率等方面与人工排料相比还有距离，所以经自动排料后的排料图往往需再通过交互调整来提高面料的利用率。

7.2 NacPro 服装 CAD 排料系统应用实例

7.2.1 自动排料

1. 布片设定

【新建】工具或【设定配置】/【布片设定】工具，进入【布片设定】对话框，设定步骤如下。

（1）单击 增加 按钮，找到要进行排料的文件。

（2）设定进行排料的号型：点击号型边上的对勾 160/84 ✓，可隐藏或显示号型，被隐藏的号型将不参加排料。

（3）设定每个号型排料所需的套数。为了增加面料使用率，系统会自动按照一正一转的方式排料。“正 / 转”指该号型衣片在排料区中是否旋转 180°，“正 / 转”加起来等于此号型排料时的一共套数。

（4）旋转角度：设定此片排料时是否需要旋转角度，若此片排料时需要旋转 45°，则在格子中填 45，不需要旋转的布片，在格子中默认为 0°。

（5）180° 旋转锁定：设定此片排料时是否可以任意掉头，若可以旋转 180°，则是 - ，若不可以旋转 180° 则左键点击，使之成为 X 。

（6）翻转锁定：设定此片排料时是否可以忽略正反面，若可以翻转，则是 - ，若不可以翻转，则左键点击，使之成为 X 。

（7）最大旋转角度：设定此片在排料时可以旋转最大的角度，若最大可以旋转 5°，则在格子中填 5，若此片排料时不可以旋转，在格子中默认为 0°。

（8）单片缩水设定：直接填入布长方向（上面的格子）及幅宽方向（下面的格子）的缩水率，选择“用除法计算”缩水率的计算公式为：1/（1– 缩水率），否则按 1*（1+ 缩水率）计算。

（9）间隔设定：设定相邻两个布片上下左右间的间隔。

（10）点击“新建”按钮，进入排料界面。

［**技巧**］*每个衣片下方有左右两个格子，左边的格子代表左边的片数，右边的格子代表右边的片数，是在打板系统下布片生成时设定的，进入到排料系统后，衣片的片数设定会在布片设定中自动显示。如果需要改动，可进行如下操作。*

1）按住 Ctrl 键，鼠标左键单击选择要修改的衣片，衣片显示红色外框，再次单击即被取消，或鼠标左键单击 全选→ 全选↓，可选中所有布片；鼠标右键单击 全选→ 全选↓ 可以取消选中的衣片。

2）在选中的衣片下方格子中，左边输入左片的片数，右边输入右片的片数，回车，选中的衣片将同时设置，然后取消选中的衣片，以上见图 7.2.1。

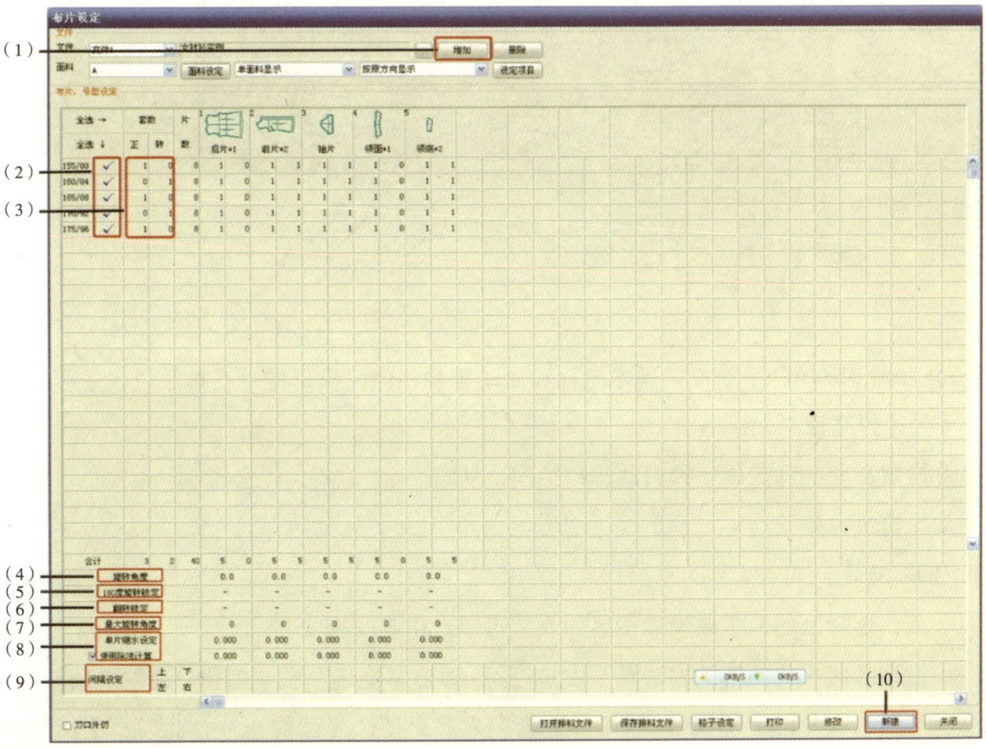

图 7.2.1　布片设定

图 7.2.2 面料设定

2. 面料设定

【设定配置】/【面料设定】工具或选择【布片设定】对话框中的【面料设定】或单击【面料设定】，设定各种面料的幅宽，料长和床数，按“确定”按钮完成设定。

（1）幅宽：输入布料的有效宽度。

（2）料长：输入预设排料图的长度。

（3）床数：设定几床，一个文件排在一张排料图上为一床，一个文件排在相同幅宽的多个排料图上为多床，以上见图 7.2.2。

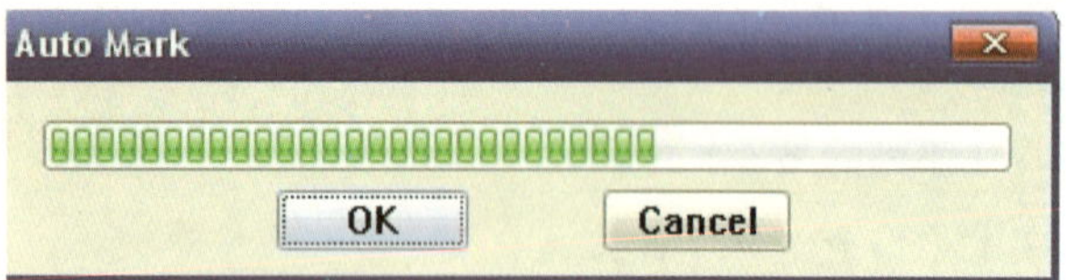

图 7.2.3 自动排料

3. 排料

（1）自动排料。

单击【自动排料】工具或选用菜单【排料方式】/【自动排料】，弹出“AutoMark”对话框，单击【OK】，见图 7.2.3。

［**技巧**］自动排料的面料使用率往往不如采用人机对话方式的使用率高，可以结合对话式排料调整自动排料时不合理的地方。

（2）部分自动排料。

部分自动排料就是先用对话排料方式排好大面积的布片，然后再选择【排料方式】菜单下的【自动排料】，小面积的布片就自动插空排到排料图的空当位置，即提高了使用率又节省了时间，排料结果见图 7.2.4。

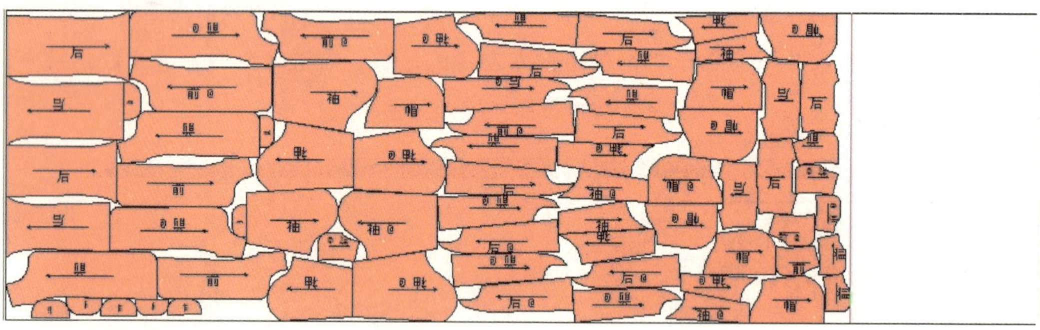

图 7.2.4 部分自动排料

7.2.2 手动排料

NacPro 服装 CAD 手动排料基本流程和自动排料相似，只是排片在排放过程中可以通过人工干预来提高面料使用率。

布片设定和面料设定操作和自动排料相同，从略。

手动排料步骤如下。

1. 选取排片

（1）点击选择区的数字或辅助图区的衣片可以选中某一个衣片。

（2）在选择区衣片图示的左边单击右键，弹出“全选”和“每行一套”选项，“全选”可以拿下该衣片的全部左片，“每行一套”只拿出每个号型的一片，此时，鼠标自动

进入排料工作区，鼠标上攥着拿出的多个布片，一一滑动到欲排位置即可。同理：在选择区衣片图示的右边单击右键，“全选”可以拿下该衣片的全部右片，“每行一套”只拿出每个号型的一片。

（3）在选择区号型上左键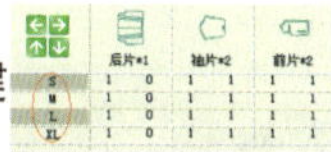可以拿下该号型全部衣片。

（4）收回纸样：单击选择要收回的衣片，再单击 Delete 键将选中布片收回到选择区。或执行【排片编辑】中的相关命令收回衣片。

2. 调整排片

在此过程中，操作者可以对样片进行调整，以提高布料利用率。

（1）移动排片。

1）单击布片，鼠标变成小手形状，挪动纸样到适当位置，再单击鼠标左键，布片即移动到指定位置。

2）单击布片，按住鼠标左键不放滑动鼠标至【位置 2】，再松开鼠标左键，可以把衣片滑动到合适的位置（1 至 2 这条线的方向即是衣片滑动的方向），见图 7.2.5。

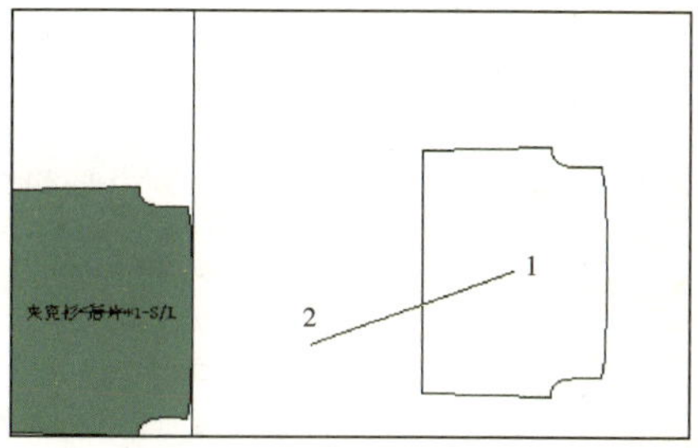

图 7.2.5 调整排片

（2）翻转和旋转纸样。

根据布片的纱向条件，布片可以进行翻转或旋转。进行翻转或旋转前，需先把【翻转锁定】和【旋转锁定】工具关闭，然后才能作翻转或旋转。在选中衣片使之跟着鼠标走的状态下，按 F1 ~ F8 键可以对衣片实现翻转和旋转（具体方法见第 2 部分基础篇课题 3 中常用快捷键表）。

【选项】/【移动参数设定】可以设定翻转和旋转角度。，设定【F3】键和【F4】键的旋转角度，设定【F5】键和【F6】键的旋转角度。

（3）重叠排片。

为了节省布料，有时需要对纸样进行少量重叠。

单击布片，将衣片移动到与另一衣片重叠位置，按住【ctrl】键，松开鼠标左键放下衣片，即可强制衣片重叠。执行【检查】/【显示重叠布片】命令，可以在排料图中标出所有重叠的衣片，并显示重叠量，见图 7.2.6。

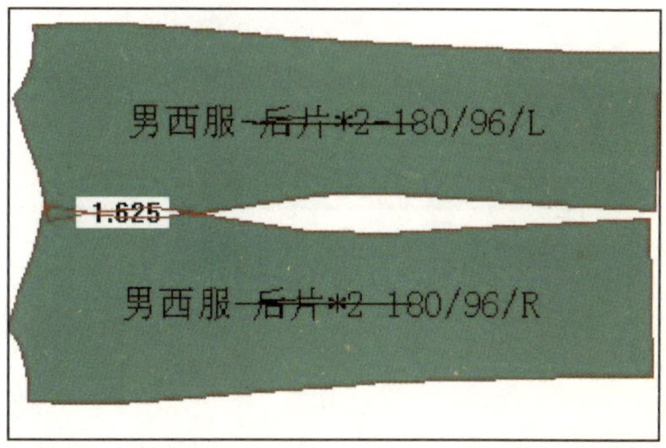

图 7.2.6 重叠排片

7.2.3 多文件套排

多文件排料是指面料相同但款式不同、保存为多个文件名的服装样板进行排料，为了节省面料，可以采用多文件套排的方式。

1. 调出文件

（1）单击 增加 按钮，调出要排料的文件 1，勾选参加排料的号型，设定衣片的左右片数、旋转角度、180° 旋转锁定、翻转锁定、最大旋转角度、单片缩水设定、衣片间隔等。

（2）继续单击 增加 按钮，添加要排料的文件 2，并对其进行设定。

（3）通过【布片设定】对话框左上角文件项的下拉箭头，可以在文件1、文件2中切换，每个文件都设定好后，按【新建】，进入排料界面。

［技巧］NacPro最多可以允许三个文件排在同一张排料图中，如图7.2.7所示。

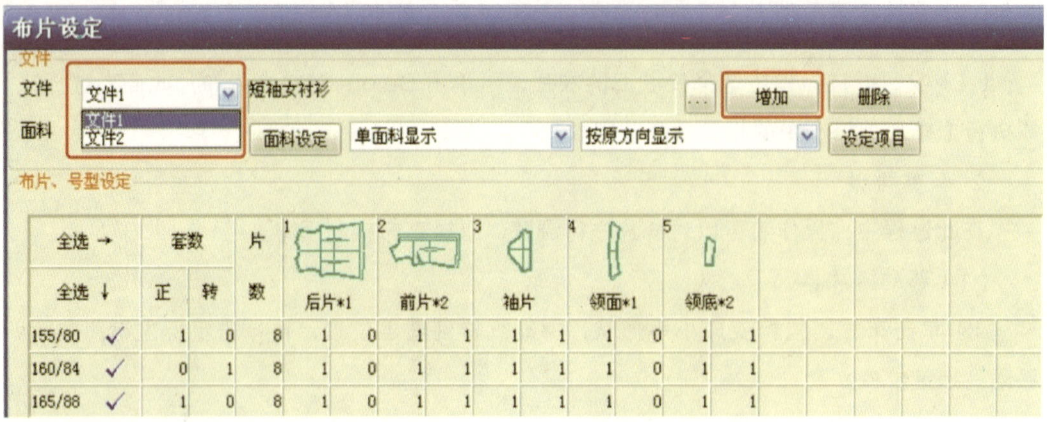

图7.2.7 调出文件

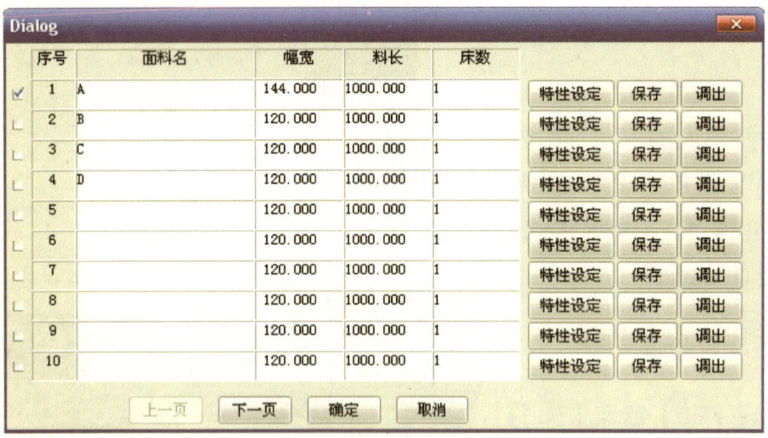

图7.2.8 面料设定

2. 面料设定

执行【设定配置】/【面料设定】命令或选择【布片设定】对话框中的【面料设定】或单击【面料设定】，设定各种面料的幅宽，料长和床数，按【确定】按钮完成设定，如图7.2.8所示。

3. 多文件排料

（1）选择排片。多文件同时排料，可以采用自动排料方式，也可以采用手动排料方式。当采用手动排料时，可以在工具行中的文件选择区切换不同的文件，从中选择排片。

［技巧］要想快速切换多个排料文件，可以执行【选项】/【文件快速选择】命令，在屏幕上会出现【文件快速选择框】，单击不同的数字，可以快速切换到相应文件，选择不同文件的布片即可进行套排。

（2）调整排片。可以根据纱向条件，对排片进行翻转、旋转、切割、重叠等操作。当所有文件的所有布片都排入排料图后，即完成了多文件排料。

［技巧］单击【选项】/【布片实色方式设定】，选择“按文件”，排料图中的布片按文件不同以不同颜色显示，这样通过颜色就可以分辨排片来自哪个排料文件，见图7.2.9。

4. 多面料排料

多面料排料，可以在工具行中的【面料选择区】切换不同的面料。面料属性的设定是在【布片取出】或【布片做成】时，单击“面料”，进入【面料设定】对话框中设定的。选择不同的面料种类系统会显示属于该种面料的所有布片，选择布片就可排料了。

5. 多床排料

多床排料，可以在工具行中的【床数选择区】切换不同的床号。床数的设定，是在【面料设定】中完成的。

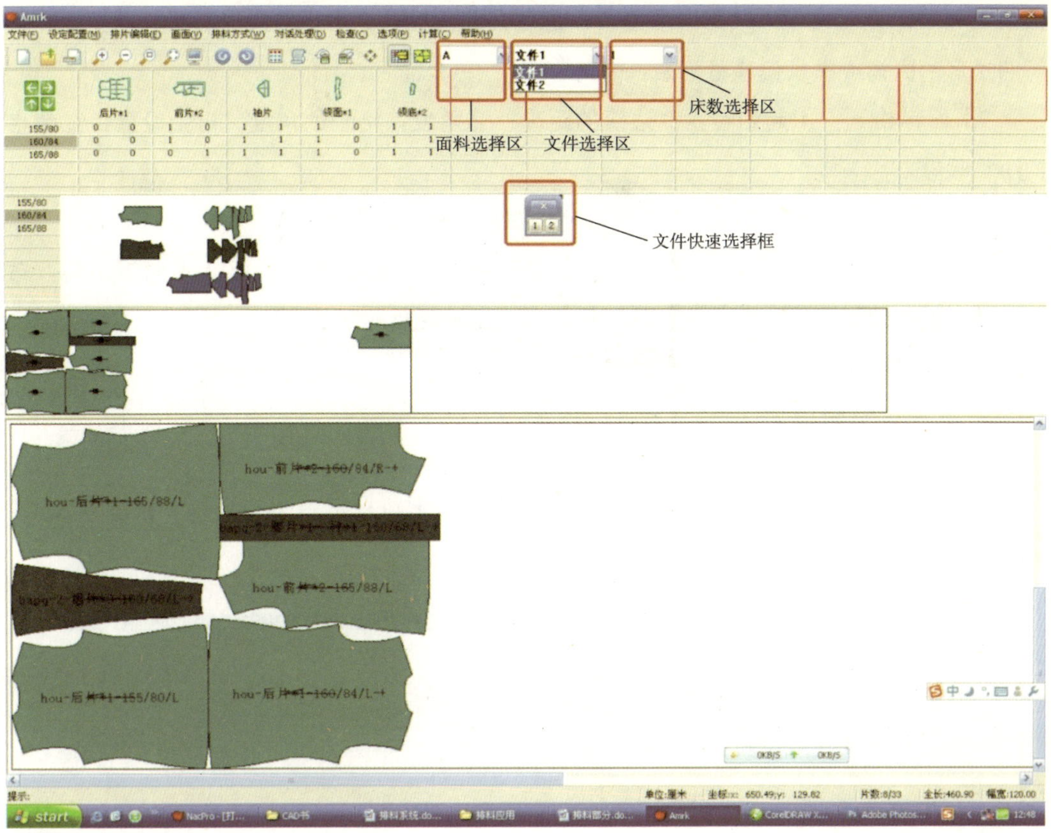

图 7.2.9　多文件排料

7.2.4　对格排料

选用条格面料做服装，在排料划样时，服装衔接的部位必须按要求做到对条、对格。如果任意乱划，不考虑条格对称、吻合，就会有损于服装外形的美观。高档服装对条对格都有严格的要求。

对条要求条纹图案在排料时要左右对称、横竖对准。如横向、竖向或斜向的条纹对位，明贴袋、袋盖的条纹与衣身对位等。这些可视效果要与整体衣身协调。领面要左右对称，领中要与后中线对接；挂面要拼接对条；袖子左右对条；裤子裆缝左右呈人字形的斜向对条；裤后袋、前斜袋都要求与整体裤身对条。

对格是横竖两个方向都要求对应，但对应的重点是左右门襟、背缝、领中、大袖与小袖。在这些主要部位对格之后再考虑前后身侧缝、袖子与前胸后背、贴袋和袋盖等位置。

1. 面料格子的设定

设定面料格子的间距和方向。

（1）【布片设定】工具调出参加排料的文件，单击【面料设定】，设定好幅宽，料长和床数之后，点击【特性设定】，进入【面料特性】设定对话框，见图 7.2.10。

1）面料形状：①长方形面料，第一方向格子（布长方向的

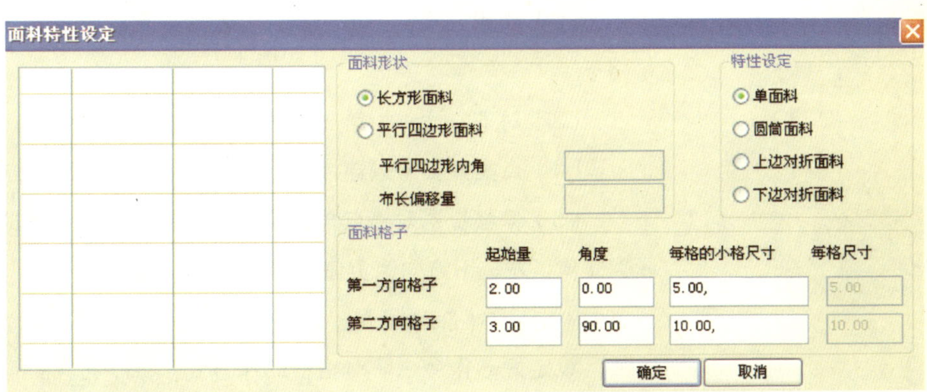

图.7.2.10　面料特性设定

横条）和第二方向格子（幅宽方向竖条）是垂直的情况；②平行四边形面料，需要设定平行四边形的内角或布长偏移量（如：内角 =60 ）。

2）面料格子：①起始量：离边缘的距离；②角度：格子的角度，自由设置；③每格的小格尺寸。

[技巧] 如果一个方向有多个格子的时候要用逗号隔开。

3）特性设定：①单面料：单层面料；②圆筒面料：圆形面料；③上边对折面料：布边上端对折的双层面料；④下边对折面料：布边下端对折的双层面料。

（2）点击【确定】。

2. 布片格子的设定

设定布片在格子中的位置和布片与布片之间的格子对应关系。

打开【布片设定】下方的【格子设定】，弹出【格子设定】对话框，见图 7.2.11，有如下内容。

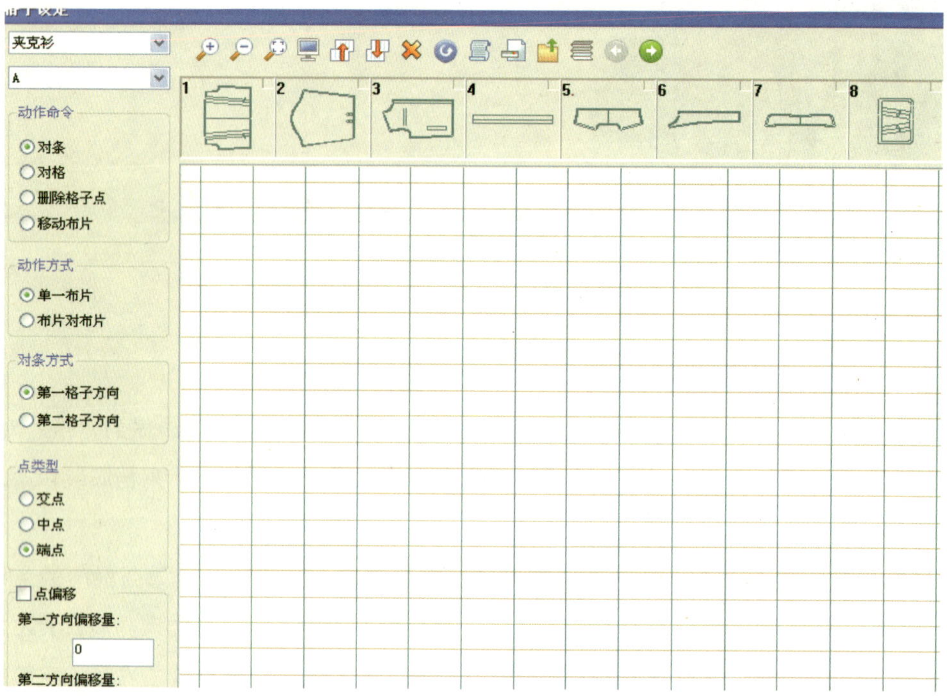

图 7.2.11 布片格子的设定

（1）动作命令：①对条：只对面料中的第一格子方向或第二格子方向；②对格：对面料中的格子；③删除格子点：删除错误的或不需要的格子点；④移动布片：调整布片的位置。

（2）动作方式：①单一布片：衣片对面料上的格子；②布片对布片：衣片对衣片上的格子。

（3）对条方式：①第一格子方向：布长方向对条；②第二格子方向：布宽方向对条。

（4）点类型：可以选择交点、中点、端点（格子点的不同类型）。

（5）偏移量：对格点与端点、交点等点有偏移量时，可以在此输入数值。右、上方向为正值，左、下方向为负值。

3. 后片对条格排料

设定好动作命令：对格；动作方式：单一布片；点类型：端点。选择后片，点击后中线领圈点，再点击格子点，见图 7.2.12。

4. 前片对条格排料

（1）选择前片，更改动作方式为布片对布片，单击前片腋下点，再单击后片腋下点，使之端点对上。

（2）其他衣片同理。

（3）单击【确定】，再单击【新建】。

（4）在排料界面中选择【面料对格】，以上见图 7.2.13。

5. 排料结果

点击选择区的数字或辅助图区的衣片进行排料，布片的格子点会自动找到，见图 7.2.14。

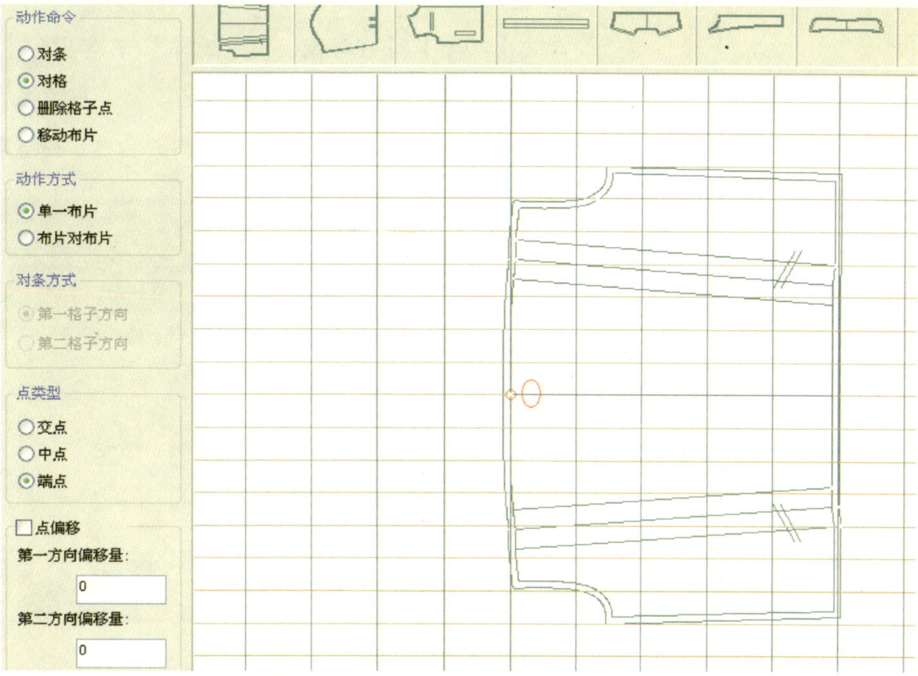

图 7.2.12　后片对条格排料

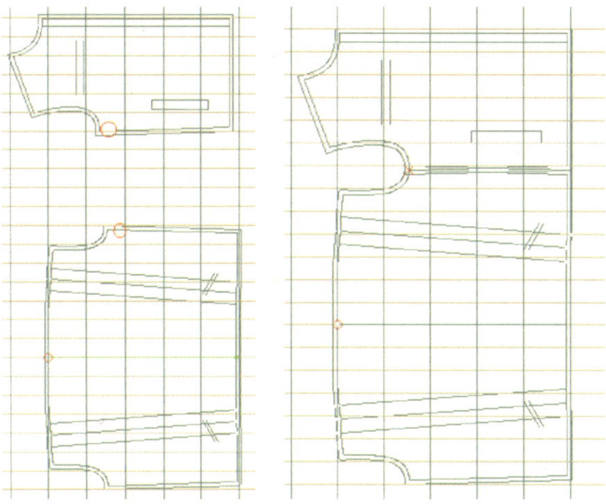

图 7.2.13　前片对条格排列

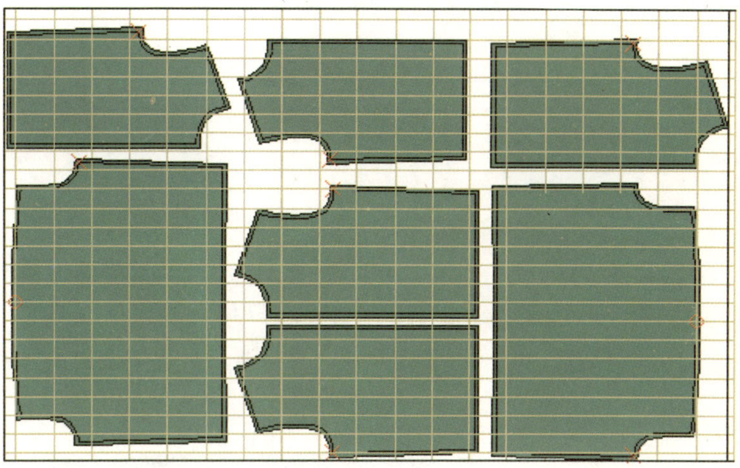

图 7.2.14　排料结果

7.3　富怡服装 CAD 排料系统应用实例

7.3.1　全自动排料

富怡服装 CAD 系统提供了两种自动排料方式：自动排料和定时排料，第一种是一次完成排料，速度快；第二种是在设定的时间内完成排料，速度虽然没有第一种快，但能在指定的时间内对排料结果进行优化，提高了面料使用率。

1. 单位设定

在桌面上单击排料图标，进入富怡服装 CAD 排料系统，单击快捷工具匣中的【单位选择】工具，弹出【量度单位】对话框，根据排料习惯，设定长度、面积和重量的常用单位、小数位数及唛架单位。如图 7.3.1 所示。

2. 显示设定

单击【选项】/【在唛架上显示纸样】，在弹出的【显示唛架纸样】对话框中勾选所需选项，对纸样的显示与打印进行参数设定。单击布纹线右边的三角箭头，选择要显示的内容，完成后单击【确定】。选中的各项在排料时会显示在屏幕上或随文档输出。如图 7.3.2 所示。

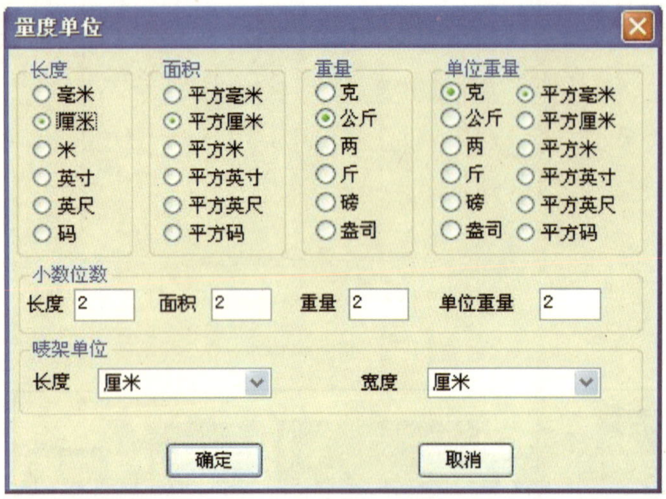

图 7.3.1 单位设定

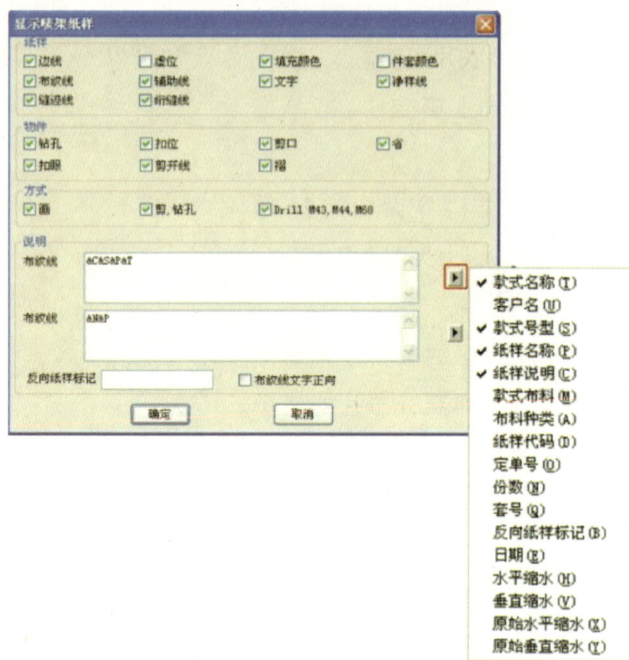

图 7.3.2 显示设定

3. 唛架设定

【新建】工具，在弹出的【唛架设定】对话框中，输入唛架的宽度 150 厘米，长度 2000 厘米，层数 50。根据实际情况设定唛架边界。比如，对于存在残次边的布料可通过设定唛架边界来避开。唛架设定完成后单击【确定】按钮，弹出【选取款式】对话框。如图 7.3.3 所示。

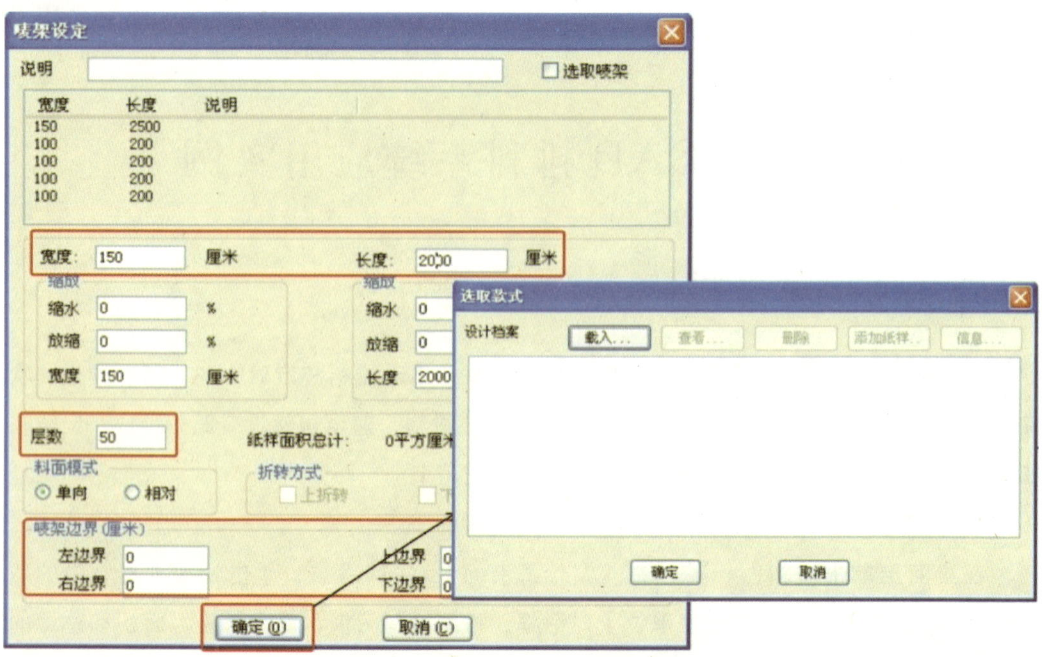

图 7.3.3 唛架设定

［技巧］唛架的长度应根据裁床的长度来设定。如果文档中的纸样数目过多超出裁床的长度，系统自动排料功能不会执行，因此初次排料时长度可尽量长一些，然后通过分床调整适应裁床的长度要求。

4. 载入款式文件

在弹出的【选取款式】对话框中单击【载入】按钮，弹出【选取款式文档】对话框，选择参加排料的款式文件，单击【确定】，弹出【纸样制单】对话框。在此对话框中对纸样的各属性进行修改和编辑，包括每套裁片数、布料种类、显示属性、对称属性、缩水；再在下方的“号型套数”中输入各号型需要排料的套数，完成后单击【确定】，返回【选取款式】对话框。此时选中某个文件后【选取款式】对话框中的“查看”、“删除”、“添加纸样”、“信息”按钮变为可用。单击【查看】可检查纸样制单中的各项属性和数据，并可进行重新编辑。也可通过单击【添加纸样】按钮载入新的款式文件，将多个款式文件排在同一个唛架上。完成后单击【确定】，进入排料工作界面，见图 7.3.4。

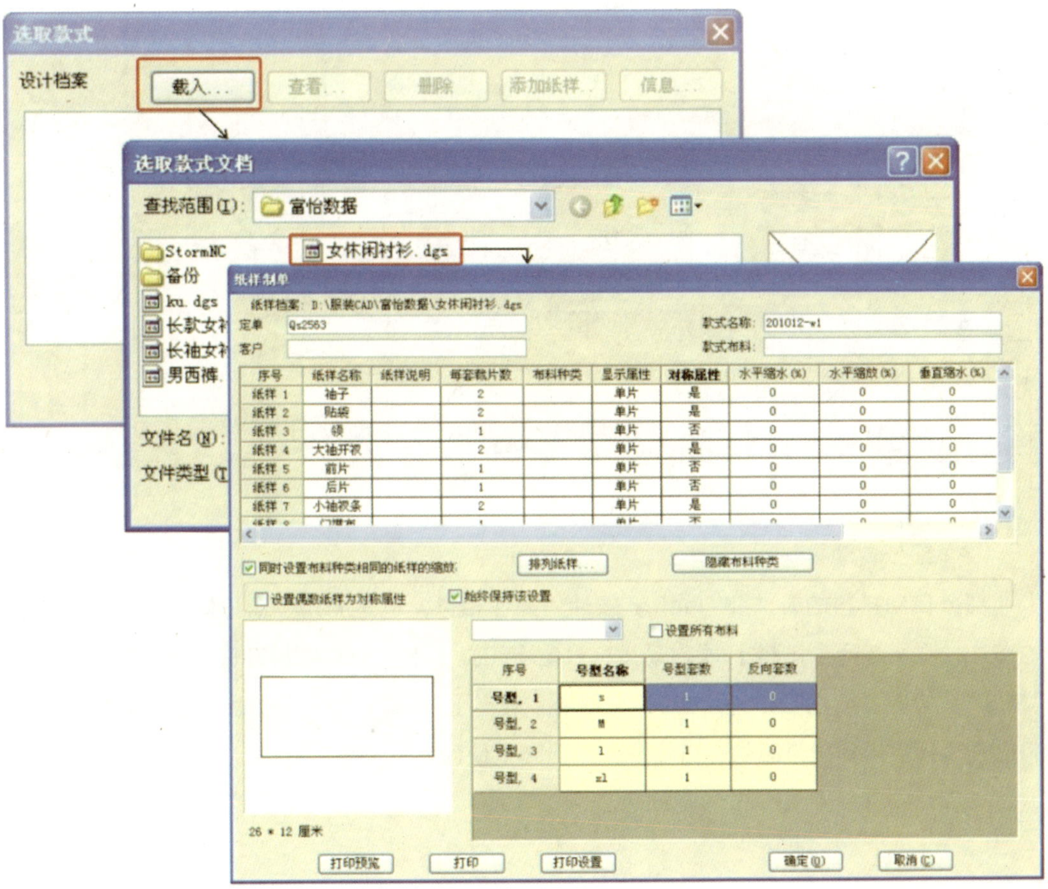

图 7.3.4 载入款式文件

5. 选择排料方式

（1）自动排料。

1）执行【排料】/【自动排料设定】工具，在弹出的【自动排料设置】对话框中，选择“精细”，勾选“填充已排样片空洞”，单击【确定】，见图 7.3.5。

2）执行【排料】/【开始自动排料】工具，计算机自动执行排料，操作完毕弹出【排料结果】对话框。在【排料结果】对话框中显示参加排料的尺码、套数、布料利用率等信息，在状态栏里也可查看到排料的相关信息，见图 7.3.6。

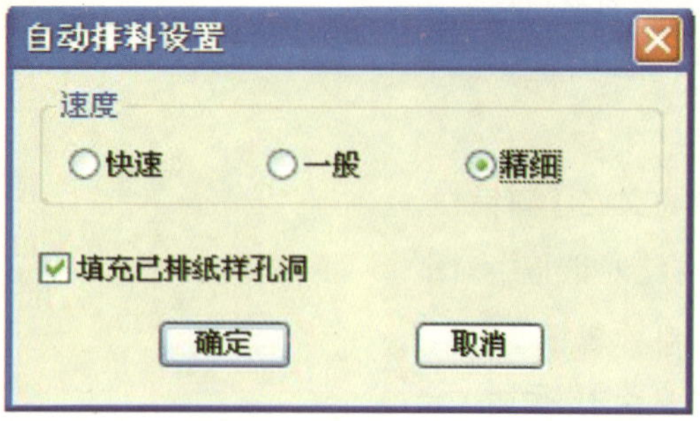

图 7.3.5 自动排料设置

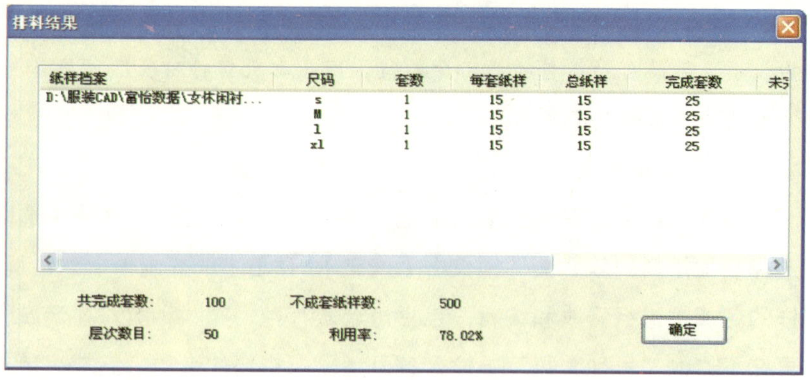

图 7.3.6 自动排料结果

（2）定时排料。

执行【排料】/【定时排料】工具，在弹出的【显示自动排料】对话框中设定排料时间和期望达到的利用率，单击【确定】，系统即开始自动排料，并在指定的时间内对排料结果进行优化。定时排料结果，见图 7.3.7。

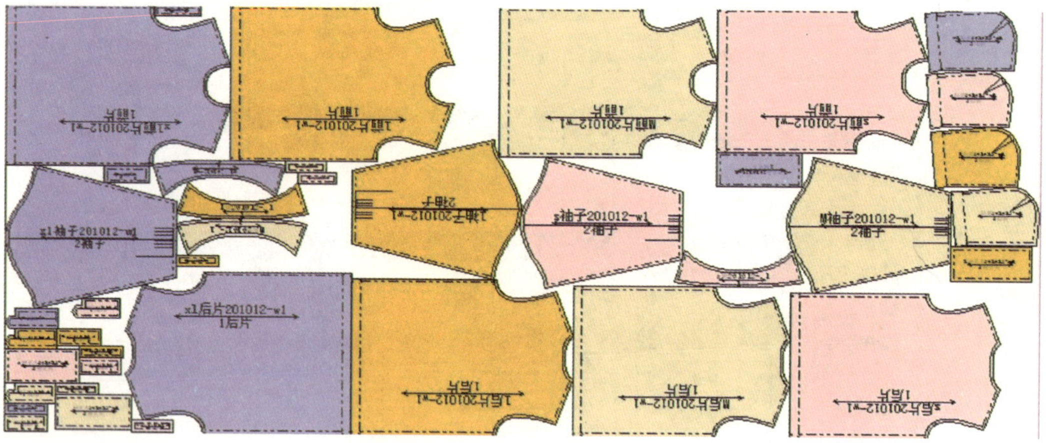

图 7.3.7 定时排料结果

（3）部分自动排料。

部分自动排料的方法和 NacPro 软件的操作相似，也是先用手动排料方式排好大面积的布片，然后选择【排料】/【自动排料设定】工具，在【自动排料设置】对话框中，选择“精细”，勾选“填充已排样片空洞”，单击【确定】，小样片按自动方式排料，系统会自动将小样片插空排到排料图的空当位置，即提高了使用率又节省了时间。

7.3.2 手动排料

手动排料要求操作者具有相关的专业知识和经验，同时排料的效率又与操作者对富怡排料系统工具掌握的熟练程度有关。

7.3.2.1 1.2.3.4 步操纵和自动排料相同，从略

7.3.2.2 手动排料

1. 选取排片

单击【纸样选择】工具，在纸样窗或尺码表中选择纸样后，系统会自动将纸样放入工作区。选择纸样的方法如下。

（1）从纸样窗选取纸样。

1）双击纸样图标，这个衣片会自动放置到唛架区空白处。

2）【Shift】键 + 双击某纸样的某号型，系统会按布料宽度将这个纸样这个号型的样片按最大的样片数排入唛架区，如果这个号型排料后，还有空位能排入其他号型的样片，系统会自动将其他号型适合的纸样排进去。

3）【Ctrl】+ 双击某纸样的某号型，系统会将这个纸样这个号型的所有样片排入唛架区。

（2）从尺码表选取纸样。

在一个衣片对应的尺码表内一次拖选多个号型，单击右键即可将选中的衣片自动排料到唛架区。也可选中样片的某一号型，单击右键，该号型的所有纸样放入工作区。

（3）收回排片。

对于唛架区的纸样要放回纸样窗，可以双击要放回的纸样，也可框选，再双击鼠标，还可以单击唛架工具匣 1 中的【清除唛架】工具，把工作区所有纸样都放回纸样窗。

2. 调整排片

在此过程中，操作者可以对样片进行调整，以提高布料利用率。

（1）移动排片。

【纸样选择】工具，单击衣片不松手，鼠标变为手形，拖动纸样到适当位置。或者单击右键不松手，再拖动光标至目标方向，松开右键，衣片自动移至空白处与其他衣片紧靠。

（2）翻转排片。

【翻转限定】工具凸起状态下，可以对衣片进行翻转。先选中要翻转的衣片，再单击【水平翻转】或【垂直翻转】工具即可。或者把鼠标放在要翻转的衣片上按右键，每单击一下纸样即水平或垂直翻转一次。

（3）旋转排片。

在【旋转限定】工具凸起状态下，可以对衣片进行旋转。先选中要旋转的衣片，再单击【旋转唛架纸样】工具，在弹出的【旋转选中纸样】对话框中输入旋转角度，选择旋转方向，纸样依据设定进行旋转。【顺时针 90 度旋转】工具，每按一次可对纸样进行 90 度旋转。

（4）重叠排片。

单击【参数设定】工具，在【排料参数】选项卡中【自动调整重叠纸样】内的各项不勾选，【纸样移动步长】文本框中输入每次移动的距离，【纸样旋转角度】文本框中输入旋转角度，单击【应用】和【确定】，即可采用小键盘上的 8、2、4、6 数字键对纸样进行上下左右移动，用 1、3 数字键对纸样进行顺时针、逆时针旋转，见图 7.3.8。

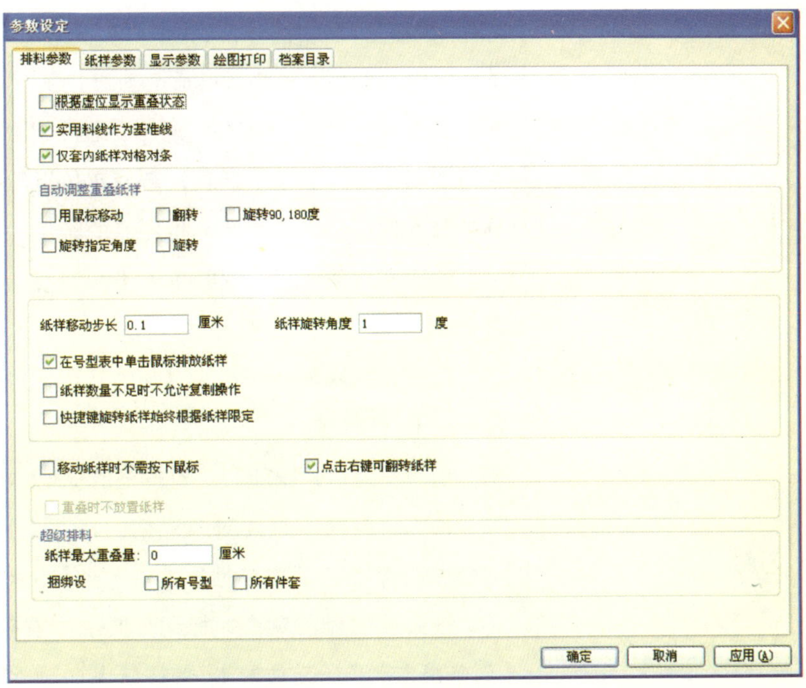

图 7.3.8　重叠排片

（5）分割排片。

为了节省布料，有时需要对纸样进行分割。

在纸样窗中单击要分割的衣片，单击主

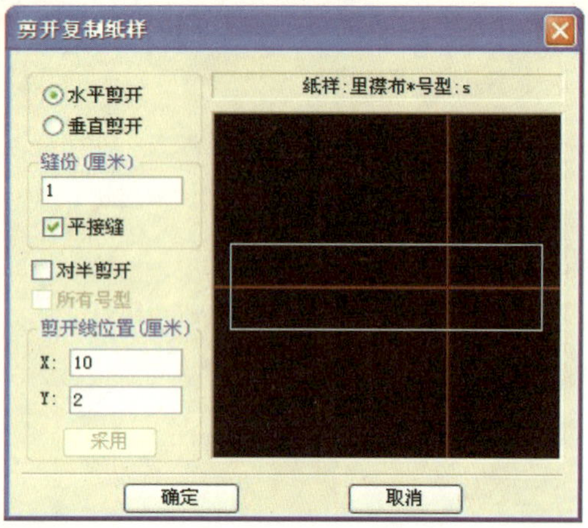

图 7.3.9 剪开复制纸样

工具匣中的【分割纸样】工具，在弹出的【剪开复制纸样】对话框中设置分割参数即可按要求将选定纸样分割，分割后生成两个新纸样放在纸样窗中。见图 7.3.9。

7.3.3 对条对格排料

1. 新建一床唛架，载入款式文件

操作方法同上例（1）~（4）步操作。

［技巧］对要对条格的纸样，在调入排料系统之前需加上对条格标记（剪口或钻孔）。

2. 对条对格选项设定

在【选项】菜单下勾选【对格对条】和【显示条格】命令，排料工作区模拟显示条格布料图案。

3. 布料条格设定

单击【唛架】/【定义对条对格】，弹出【对条对格】对话框。单击“布料条格”按钮，根据面料的图案，在【水平条格】、【垂直条格】文本框中输入数值，如 10。单位可更改，见图 7.3.10。

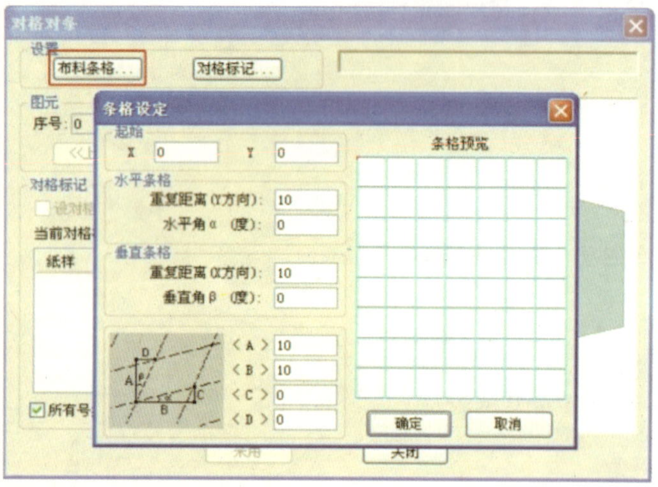

图 7.3.10 布料条格设定

4. 对条对格标记设定

单击【对条对格】对话框中的“对格标记”按钮，在弹出的【对格标记】对话框中单击“增加”按钮，弹出【增加对格标记】对话框。在“名称”文本框中输入一个对格标记名称，设置对格属性，即对格方向和对格位置。数字、字母、汉字都可作为标记名称。

［技巧］对条对格有两种方式，一种是纸样和布料对格，一种是纸样随另一纸样对格。纸样和布料对格，对格属性需要同时设置方向和位置，纸样随纸样对格只需要设置方向。

比如，后片中心和布料对格，在【名称】中输入“后中”，勾选水平方向属性下【对条格】和【设定位置】选项，若设定位置与布料条格有一定偏移，可在【位置】后的文本框中输入偏移量，即距单元格原点的距离，此时设定好后片与布料的对格标记。如果需要更多的对格对条标记，继续单击【增加】，完成后单击【确定】。此例中增加如下 5 个对格对条标记。

后中：后片与布料对格对条的标记，对格属性勾选水平方向属性的【对条格】和【设定位置】，偏移量为 0。

侧缝：为前片跟随后片对条格的标记，对格属性勾选垂直方向属性的【对条格】。

袖山：为两个袖片对条对格的标记，要求两袖对称，对格属性勾选水平方向属性的【对条格】和垂直方向属性的【对条格】。

领：领的对条对格的标记。要求左右领尖条格对称，对格属性勾选垂直方向属性的【对条格】和【设定位置】，偏移量为 0。

袖头：袖克夫对条对格的标记，要求以直条对称，水平方向属性的【对条格】和【设定位置】，偏移量为 0，见图 7.3.11。

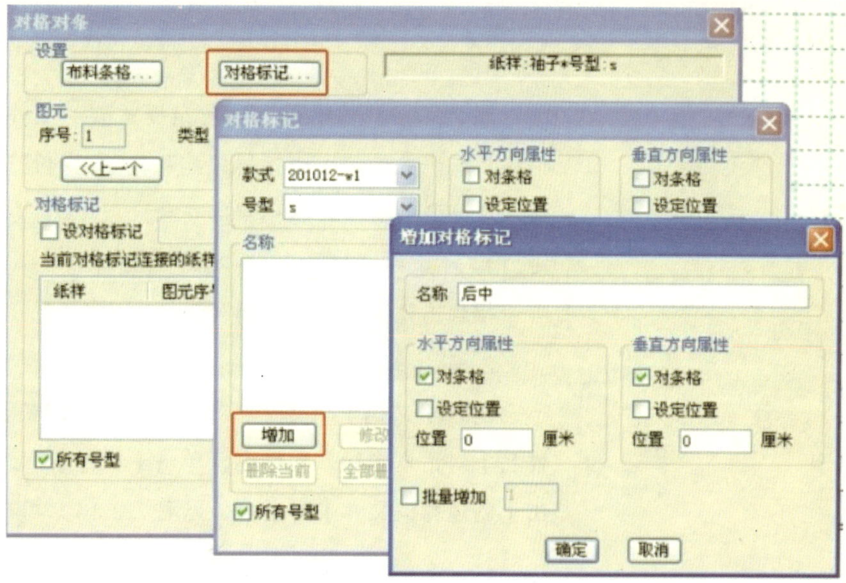

图 7.3.11　对条对格标记设定

5. 后片纸样对条对格

（1）单击纸样窗中的后片，在【对格对条】对话框的纸样框中即显示出纸样上的剪口序号。

（2）单击【图元】栏内的【上一个】或【下一个】按钮，选中对格对条的标记剪口。

（3）在【设对格标记】前打√，在其后的下拉列表中选择对格对条标记“后中”，单击【采用】按钮，即可在【对格对条】对话框左下方显示“当前对格标记连接的样片图元”。

（4）继续选择剪口序号 2，选择对格对条标记“侧缝”，单击【采用】按钮，完成后片的对格设置，见图 7.3.12。

6. 前片纸样对条对格

（1）单击纸样窗中的前片，【对格对条】对话框中将显示前片的标记，选中对格对条标记剪口 1、2，选择对格对条标记“袖山”，单击【采用】按钮。

（2）再选中对格对条标记剪口 3、4，选择对格对条标记“侧缝”，单击【采用】按钮。

（3）同样方法，完成袖片、领片、袖头对格对条设置，全部纸样对格完成，单击【关闭】按钮。如图 7.3.13 所示。

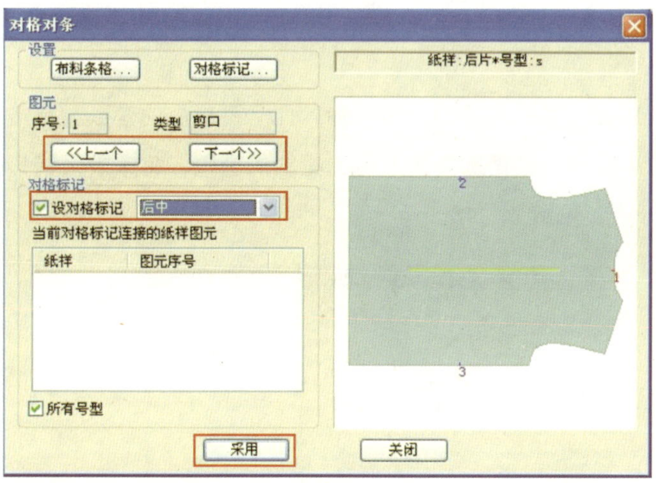

图 7.3.12　后片纸样对条对格

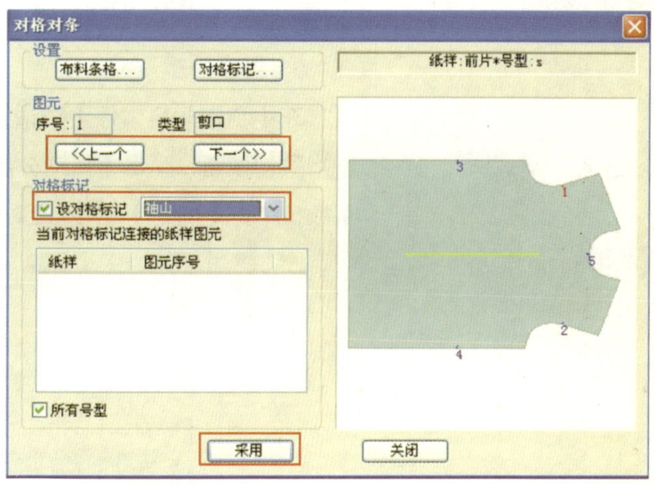

图 7.3.13　前片纸样对条对格

7. 调整布片

按照手动排料的方式，在纸样窗或尺码表中双击后片，衣片会自动放置到唛架区。再单击前衣片，系统会自动按已设好的对条对格标记将前片与后片对位。同样方法，单击拖动其他衣片，系统均会按设置好的对条对格要求将衣片放置在适当的位置。作为操作者要控制衣片尽量靠近，提高布料使用率。

7.3.4 算料

服装厂接单估价是一项复杂而重要的工作。该功能可按订货要求及所提供参数进行估料。准确的估料可以指导采购和裁断下料管理，实现用量的精确订购，有效控制物料发放，从而降低材料采购和库存成本。

1. 新建一床唛架，载入款式文件

操作方法同“自动排料”示例中的（1）~（4）步操作。

2. 新建算料文件

执行【文档】/【算料文件】/【新建单布号算料文件】命令。在弹出的【选择算料文件名】对话框中输入文件名，单击【保存】，即建立了一个单布号算料文件 *.cmf，随即弹出【创建算料文件】对话框，见图 7.3.14。

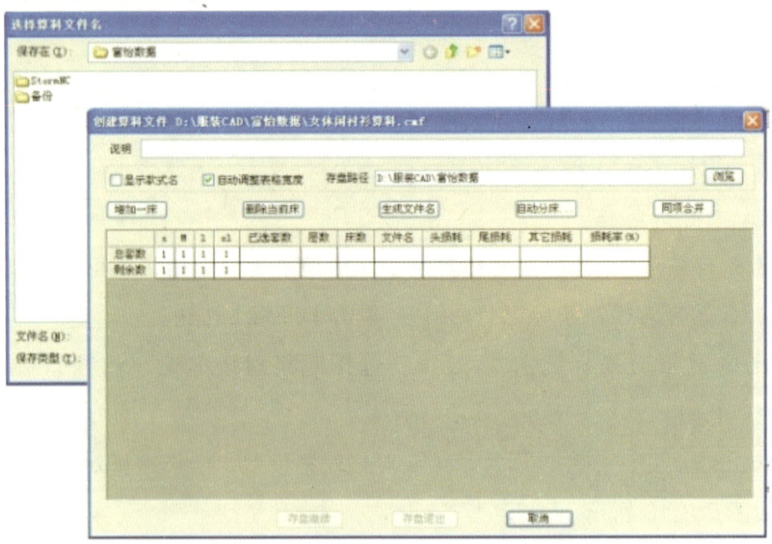

图 7.3.14 新建算料文件

3. 自动分床

在【创建算料文件】对话框中总套数后的各号型列表中输入此号型对应的套数，单击 自动分床... 按钮，弹出【自动分床】选项框，根据需要输入每床排料的套数，每床最大铺料层数，单击【确定】，系统自动分好床，见图 7.3.15。

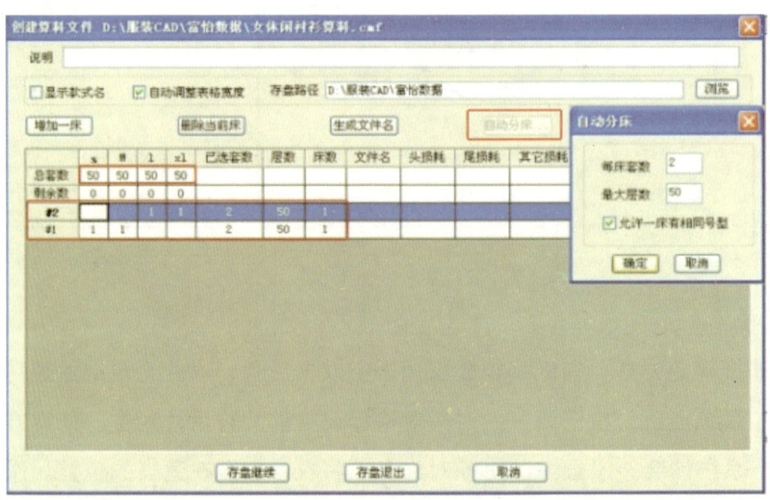

图 7.3.15 自动分床

4. 生成文件名

单击 同项合并 按钮合并相同的分床文件，单击 生成文件名 按钮，并为各床输入【头损耗】、【尾损耗】、【其他损耗】、【损耗率】，单击“存盘继续”，见图 7.3.16。

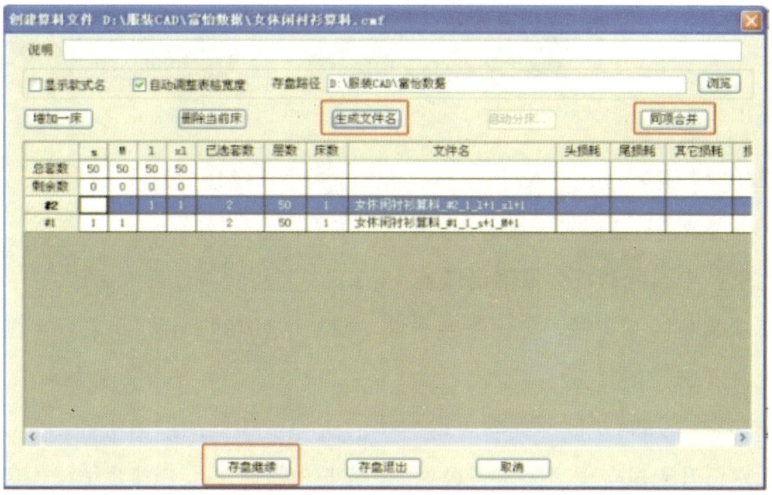

图 7.3.16 生成文件名

5. 算料

在随即出现的【算料】对话框中，单击 自动排料 即可算出各床及总的用布量。

也可选中某一床，单击 人工排料 ，调出该床唛架进行手动调整，完成后单击【文档】/【采用返回】，即可回到【算料】对话框，可以对比自动排料和人工排料用料率。重复以上步骤排好其他床，单击【保存】，见图 7.3.17。

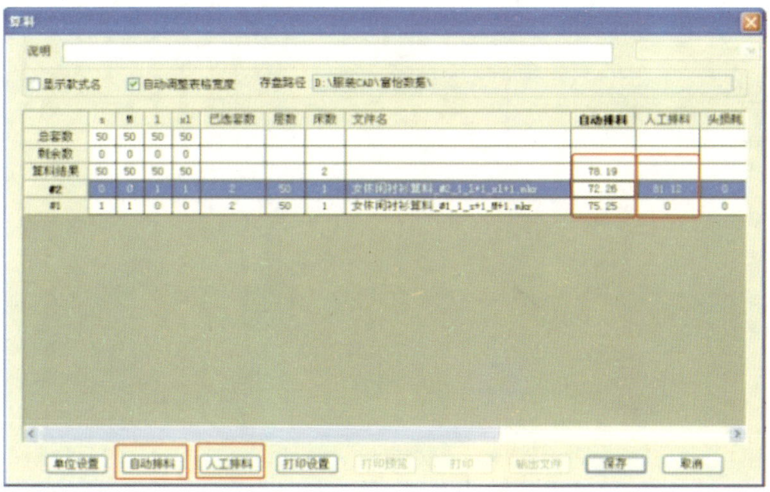

图 7.3.17 算料

参考文献

[1] 谭雄辉．服装CAD［M］．2版．北京：中国纺织出版社，2009.
[2] 人力资源和社会保障部教材办公室、中国纺织服装教育学会．服装CAD实践［M］．北京：中国劳动社会保障出版社，2009.
[3] 日本文化服装学院．文化服装讲座［M］．范树林，译．北京：中国轻工业出版社，2006.
[4] 张鸿志．服装CAD原理与应用［M］．北京：中国纺织出版社，2005.
[5] 北京日升天辰电子有限责任公司．北京日升天辰NacPro系统操作说明.
[6] 深圳市盈瑞恒科技有限公司．富怡服装CAD系统V8.0版本使用手册.